"十三五"职业教育国家规划教材

平法识图与钢筋算量

第二版

新世纪高职高专教材编审委员会　组编

主　编　张玉敏　司道林

副主编　于洪胜　院　龙

U0244161

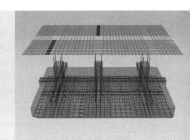

大连理工大学出版社

图书在版编目(CIP)数据

平法识图与钢筋算量 / 张玉敏,司道林主编. --2
版. --大连:大连理工大学出版社,2019.6(2021.8重印)
新世纪高职高专建筑工程技术类课程规划教材
ISBN 978-7-5685-1881-9

Ⅰ.①平⋯ Ⅱ.①张⋯ ②司⋯ Ⅲ.①钢筋混凝土结
构—建筑构图—识图—高等职业教育—教材②钢筋混凝土
结构—结构计算—高等职业教育—教材 Ⅳ. ①TU375

中国版本图书馆 CIP 数据核字(2019)第 011930 号

大连理工大学出版社出版
地址:大连市软件园路 80 号　邮政编码:116023
电话:0411-84708842　邮购:0411-84708943　传真:0411-84701466
E-mail:dutp@dutp.cn　URL:http://sve.dlut.edu.cn
沈阳百江印刷有限公司印刷　　　大连理工大学出版社发行

幅面尺寸:185mm×260mm　　印张:16.25　　字数:394 千字
2015 年 3 月第 1 版　　　　　　　　　　2019 年 6 月第 2 版
2021 年 8 月第 5 次印刷

责任编辑:康云霞　　　　　　　　　　责任校对:吴媛媛
封面设计:张　莹

ISBN 978-7-5685-1881-9　　　　　　　定　价:40.80 元

前　言

　　《平法识图与钢筋算量》(第二版)是"十三五"职业教育国家规划教材,也是新世纪高职高专教材编审委员会组编的建筑工程技术类课程规划教材之一。

　　本书以16G101系列图集和相关规范为依据,在保留原教材总体结构和风格的基础上对部分内容做了较大幅度的修订。

　　本书通过工程实际图片及相关钢筋模型来表述平法识图与钢筋算量规则,图文并茂、通俗易懂,具有较强的针对性和实用性,体现了高等职业教育的特色。

　　本书共分7章,内容包括绪论、梁构件平法识图、柱构件平法识图、板构件平法识图、剪力墙平法施工图识读、板式楼梯平法识图、基础平法识图。

　　本书可作为高职高专院校土建专业和工程管理专业平法识图与钢筋算量的教学用书,还可作为土建和管理类函授教育、自学考试和在职人员培训教材以及其他技术人员的参考书。

　　本书由齐鲁理工学院张玉敏、济南工程职业技术学院司道林担任主编;滨州职业学院于洪胜、新疆应用职业技术学院院龙担任副主编;济南工程职业技术学院王晓、姜利妍,山东圣翰财贸职业学院曲媛媛、张贺,中建八局第二建设有限公司祝超参加了部分内容的编写工作。具体编写分工如下:张玉敏编写第1章和第2章;司道林编写第3章;张贺编写第4章;于洪胜编写第5章;院龙编写第6章;祝超编写第7章。

　　在编写本书的过程中,编者参考、引用和改编了国内外出版物中的相关资料以及网络资源,在此表示深深的谢意!相关著作权人看到本书后,请与我社联系,我社将按照相关法律的规定支付稿酬。

新世纪

尽管我们在探索《平法识图与钢筋算量》(第二版)教材特色的建设方面做出了许多努力,但由于编者水平有限,教材中仍可能存在一些疏漏和不妥之处,恳请广大读者批评指正,并将建议及时反馈给我们,以便及时修订完善。

编　者

2019 年 6 月

所有意见和建议请发往:dutpgz@163.com

欢迎访问职教数字化服务平台:http://sve.dutpbook.com

联系电话:0411-84707424　84706676

本书数字资源列表

序号	名称	所在页码	序号	名称	所在页码
1	梁构件平法识读 1	21	15	板顶钢筋构造	140
2	梁构件平法识读 2	22	16	板开洞钢筋构造	151
3	梁上部钢筋与下部钢筋表示形式	27	17	剪力墙构件平法识读	161
4	框架梁上部钢筋构造识图	31	18	板式楼梯平法识读	200
5	梁的名称与梁内钢筋识图	31	19	基础构件平法识读	222
6	框架梁钢筋锚板锚固和直锚识图	34	20	第 1 章习题答案	20
7	框架梁内腰筋和箍筋弯钩	35	21	第 2 章习题答案	74
8	柱构件平法识读	78	22	第 3 章习题答案	123
9	柱的类型	78	23	第 4 章习题答案	156
10	板构件平法识读	124	24	第 5 章习题答案	199
11	板的类型	125	25	第 5 章补充例题答案	199
12	板支座负筋与分布钢筋构造	127	26	第 6 章习题答案	221
13	板块集中标注	128	27	第 7 章习题答案	247
14	板底钢筋构造	135	28	第 7 章补充例题答案	247

目 录

第①章 绪 论 ·· 1

1.1 平法简介 ·· 1

　1.1.1 平法的基本理论 ·· 1

　1.1.2 建筑工程图的识读 ······································ 3

1.2 钢筋基本知识 ·· 5

　1.2.1 钢 筋 ·· 5

　1.2.2 混凝土结构的环境类别与钢筋的混凝土保护层最小厚度 ········ 6

　1.2.3 钢筋的锚固 ·· 7

　1.2.4 钢筋的连接 ·· 10

　1.2.5 钢筋构造 ·· 13

1.3 钢筋计算基本知识 ·· 14

　1.3.1 钢筋长度计算 ·· 15

　1.3.2 箍筋长度计算 ·· 16

　1.3.3 拉筋长度计算 ·· 18

　1.3.4 钢筋质量 ·· 19

复习思考题 ··· 20

习　　题 ··· 20

第②章 梁构件平法识图 ······································ 21

2.1 梁构件基本知识 ·· 21

　2.1.1 梁构件知识体系 ·· 21

　2.1.2 梁的分类 ·· 21

　2.1.3 梁构件钢筋 ·· 22

2.2 梁构件平法识图 ·· 22

　2.2.1 梁构件的平面注写方式 ·································· 22

　2.2.2 梁构件的截面注写方式 ·································· 29

2.3 梁构件钢筋构造与计算 ······································ 30

　2.3.1 框架梁与钢筋分类 ······································ 31

　2.3.2 楼层框架梁纵筋构造与计算 ······························ 31

　2.3.3 屋面框架梁纵筋构造与计算 ······························ 46

　2.3.4 非框架梁L纵筋构造与计算 ······························ 53

2.3.5　悬挑梁钢筋构造与计算 ……………………………………… 59

2.3.6　井字梁 JZL 的构造 …………………………………………… 65

2.3.7　梁箍筋构造与计算 ……………………………………………… 66

2.3.8　梁的附加横向钢筋构造与计算 ………………………………… 71

2.4　工程实例 ……………………………………………………………… 72

复习思考题 ………………………………………………………………… 74

习　题 ……………………………………………………………………… 74

第3章　柱构件平法识图 ……………………………………………… 78

3.1　柱构件基本知识 ……………………………………………………… 78

3.1.1　柱构件知识体系 ………………………………………………… 78

3.1.2　柱构件的分类 …………………………………………………… 78

3.1.3　柱内钢筋 ………………………………………………………… 80

3.2　柱构件平法识图 ……………………………………………………… 81

3.2.1　柱的截面注写方式 ……………………………………………… 81

3.2.2　柱的列表注写方式 ……………………………………………… 83

3.3　柱构件钢筋构造 ……………………………………………………… 85

3.3.1　柱基础插筋构造 ………………………………………………… 85

3.3.2　中间层柱钢筋构造 ……………………………………………… 90

3.3.3　柱顶钢筋构造 …………………………………………………… 103

3.3.4　柱内箍筋构造 …………………………………………………… 115

复习思考题 ………………………………………………………………… 120

习　题 ……………………………………………………………………… 121

第4章　板构件平法识图 ……………………………………………… 124

4.1　板构件基本知识 ……………………………………………………… 124

4.1.1　板构件知识体系 ………………………………………………… 124

4.1.2　板的分类 ………………………………………………………… 124

4.1.3　板构件钢筋的分类 ……………………………………………… 126

4.2　板构件平法识图 ……………………………………………………… 127

4.2.1　板块集中标注 …………………………………………………… 128

4.2.2　板支座原位标注 ………………………………………………… 130

4.3　板构件钢筋构造与计算 ……………………………………………… 135

4.3.1　板底钢筋构造 …………………………………………………… 135

4.3.2　板顶钢筋构造 …………………………………………………… 140

4.3.3　板支座负筋及分布钢筋构造 …………………………………… 147

4.3.4　板其他钢筋构造 …………………………………………………………… 151

复习思考题 ……………………………………………………………………………… 156

习　题 …………………………………………………………………………………… 156

第⑤章　剪力墙平法识图 ……………………………………………………… 161

5.1　剪力墙构件基本知识 …………………………………………………………… 161

5.1.1　剪力墙的基本概念 ………………………………………………………… 161

5.1.2　剪力墙构成 ………………………………………………………………… 163

5.2　剪力墙编号和截面尺寸 ………………………………………………………… 165

5.2.1　墙柱编号和截面尺寸 ……………………………………………………… 165

5.2.2　墙身编号 …………………………………………………………………… 167

5.2.3　墙梁编号 …………………………………………………………………… 167

5.2.4　剪力墙洞口和地下室外墙编号 …………………………………………… 168

5.3　剪力墙的标准配筋构造 ………………………………………………………… 168

5.3.1　剪力墙身配筋构造 ………………………………………………………… 168

5.3.2　剪力墙柱配筋构造 ………………………………………………………… 176

5.3.3　剪力墙梁配筋构造 ………………………………………………………… 178

5.4　剪力墙平法制图规则 …………………………………………………………… 184

5.4.1　剪力墙平法施工图组成和注写方式 ……………………………………… 184

5.4.2　剪力墙平法施工图的截面注写方式 ……………………………………… 186

5.4.3　剪力墙平法施工图的列表注写方式 ……………………………………… 190

5.5　剪力墙钢筋计算与工程实例 …………………………………………………… 194

5.5.1　剪力墙钢筋计算 …………………………………………………………… 194

5.5.2　剪力墙钢筋计算工程实例 ………………………………………………… 196

复习思考题 ……………………………………………………………………………… 199

习　题 …………………………………………………………………………………… 199

第⑥章　板式楼梯平法识图 …………………………………………………… 200

6.1　板式楼梯基本知识 ……………………………………………………………… 200

6.1.1　概　述 ……………………………………………………………………… 200

6.1.2　板式楼梯的类型 …………………………………………………………… 201

6.2　板式楼梯平法施工图的表示方法 ……………………………………………… 205

6.2.1　板式楼梯平面布置图 ……………………………………………………… 205

6.2.2　板式楼梯的平面注写方式 ………………………………………………… 206

6.2.3　板式楼梯的剖面注写方式 ………………………………………………… 206

6.2.4　板式楼梯的列表注写方式 ………………………………………………… 207

6.3 AT 型楼梯的平法识图和钢筋构造 ·············· 207

  6.3.1 AT 型楼梯的适用条件与平面注写方式 ·············· 207

  6.3.2 AT 型楼梯板钢筋构造 ·············· 209

6.4 ATa、ATb 和 ATc 型楼梯的平法识图和钢筋构造 ·············· 210

  6.4.1 ATa 型楼梯的适用条件、平面注写方式和钢筋构造 ·············· 210

  6.4.2 ATb 型楼梯的适用条件、平面注写方式和钢筋构造 ·············· 212

  6.4.3 ATc 型楼梯的适用条件、平面注写方式和钢筋构造 ·············· 214

  6.4.4 CTa 型楼梯的平面注写方式和钢筋构造 ·············· 216

  6.4.5 各型楼梯踏步第一跑与基础连接构造 ·············· 218

  6.4.6 各型楼梯踏步两头高度的调整 ·············· 219

6.5 工程实例 ·············· 219

复习思考题 ·············· 221

习　题 ·············· 221

第⑦章 基础平法识图 ·············· 222

7.1 独立基础平法识图 ·············· 222

  7.1.1 独立基础的平面注写方式 ·············· 223

  7.1.2 独立基础的截面注写方式 ·············· 229

  7.1.3 独立基础钢筋构造 ·············· 230

  7.1.4 独立基础工程实例 ·············· 234

7.2 条形基础平法识图 ·············· 234

  7.2.1 基础梁的平面注写方式 ·············· 235

  7.2.2 条形基础底板的平面注写方式 ·············· 237

  7.2.3 条形基础底板钢筋构造 ·············· 239

  7.2.4 条形基础工程实例 ·············· 241

7.3 筏形基础平法识图 ·············· 241

  7.3.1 梁板式筏形基础平面注写方式 ·············· 242

  7.3.2 平板式筏形基础平面注写方式 ·············· 242

复习思考题 ·············· 247

习　题 ·············· 247

参考文献 ·············· 249

第1章
绪 论

理解平法的定义和平法的基本原理；

了解建筑工程图的作用、分类和识读方法；

掌握混凝土保护层最小厚度、钢筋的锚固长度及钢筋的连接等基本构造要求，能够熟练应用 16G101 系列图集一般构造及标准构造详图。

1.1 平法简介

1.1.1 平法的基本理论

1.平法的定义

建筑结构施工图平面整体设计方法，简称平法。

概括来讲，平法的表达形式是把结构构件的尺寸和配筋等按照平面整体表示方法制图规则，整体直接表达在各类构件的结构平面布置图上，再与标准构造详图相配合，即构成一套新型完整的结构设计图纸。平法改变了传统的将构件从结构平面布置图中索引出来再逐个绘制配筋详图的烦琐方法，是建筑结构施工图设计方法的重大创新。

2.平法的基本原理

(1)平法的系统科学原理

平法视全部设计过程与施工过程为一个完整的主系统，主系统由多个子系统(基础结构、柱墙结构、梁结构、板结构)构成，各子系统有明确的层次性、关联性和相对完整性。

①层次性：基础→柱或墙→梁→板，均为完整的子系统。

②关联性：柱、墙以基础为支座——柱、墙与基础关联；梁以柱为支座——梁与柱关联；板以梁为支座——板与梁关联。

③相对完整性：基础自成体系，仅有自身的设计内容而无柱或墙的设计内容；柱、墙自成体系，仅有自身的设计内容而无梁的设计内容；梁自成体系，仅有自身的设计内容而无板的设计内容；板自成体系，仅有自身的设计内容。

(2)平法的应用理论

①将结构设计分为创造性设计内容与重复性(非创造性)设计内容两部分，这两部分为

对应互补关系,合并构成完整的结构设计。

②创造性设计内容由设计工程师按照数字化、符号化的平面整体设计制图规则(平面整体表示方法制图规则)完成。

③重复性设计内容主要是节点构造和构件构造以广义标准化方式编制成国家建筑标准构造设计(构造详图)。

3. 平法的特点

平法是建筑结构施工图平面整体设计方法的简称。由此可见,平法的特点是平面表示和整体标注,即在一个结构平面图上同时进行梁、柱、墙、板各种构件钢筋数据的标注。

4. 平法的实用效果

(1)结构设计实现标准化

绘制建筑结构施工图时,采用标准化的设计制图规则,使建筑结构施工图表达数字化、符号化,单张图纸的信息量大且集中;构件分类明确,层次清晰,表达准确,设计速度快,效率成倍提高;平法使设计者易掌握全局,易进行平衡调整,易修改和校审,改图可不牵连其他构件,易控制设计质量;平法能适应业主分阶段、分层提图施工的要求,也可适应在主体结构开始施工后又进行大幅度调整的特殊情况。平法分结构层设计的图纸与水平逐层施工的顺序完全一致,对标准层可实现单张图纸施工,施工工程师对结构比较容易形成整体概念,有利于施工质量管理。

(2)构造设计实现标准化

平法采用标准化的构造详图,形象、直观,施工易懂、易操作;标准构造详图集国内较成熟、可靠的常规节点构造之大成,集中分类归纳后编制成国家建筑标准设计图集供设计选用,可避免构造做法反复抄袭及伴生的设计失误,保证节点构造在设计与施工两个方面均达到高质量。此外,对节点构造的研究、设计和施工实现专门化提出了更高的要求。

(3)平法大幅度降低设计成本和消耗,节约自然资源

平法施工图是有序化、定量化的设计图纸,与其配套使用的标准设计图集可以重复使用,与传统方法相比图纸量减少 70% 左右,综合设计工日减少 2/3 以上,每十万平方米设计面积可降低设计成本 27 万元,在节约人力资源的同时还节约了自然资源。

(4)平法大幅度提高设计效率

平法可大幅度提高设计效率,立竿见影,能快速解放生产力,迅速缓解基本建设高峰时期结构设计人员紧缺的局面。

(5)平法促进人才分布格局的改变

平法实施以后,实质性地影响了建筑结构领域的人才结构。设计单位对土木工程专业大学毕业生的需求量已经明显减少,为施工单位招聘结构人才留出了相当大的空间,大量土木工程专业毕业生到施工部门择业逐渐成为普遍现象,人才流向发生了比较明显的转变,人才分布趋向合理。随着时间的推移,高校培养的大批土建高级技术人才必将对施工建设领域的科技进步产生积极作用。

(6)平法促动设计院内的人才竞争,促进结构设计水平的提高

事实充分证明,平法就是生产力,平法又创造了巨大的生产力。

5. 16G101 系列图集简介

16G101 系列图集是混凝土结构施工图采用建筑结构施工图平面整体表示方法的国家

建筑标准设计图集,于 2016 年 10 月由国家颁布并实施,包括以下三个分册:

16G101-1《混凝土结构施工图平面整体表示方法制图规则和构造详图(现浇混凝土框架、剪力墙、梁、板)》(替代 11G101-1)。

16G101-2《混凝土结构施工图平面整体表示方法制图规则和构造详图(现浇混凝土板式楼梯)》(替代 11G101-2)。

16G101-3《混凝土结构施工图平面整体表示方法制图规则和构造详图(独立基础、条形基础、筏形基础及桩基础)》(替代 11G101-3)。

6. 16G101 系列图集学习

16G101 系列图集包括制图规则和构造详图两部分。制图规则是设计人员绘制结构施工图的制图依据,也是施工、造价、监理、审计人员阅读结构施工图的技术语言;构造详图是结构构件标准的构造做法,施工、造价与审计应该据此进行钢筋的下料与计量。

平法的学习技巧可以归纳为系统梳理、要点记忆、构件对比和总结规律。

(1)系统梳理

平法知识是一个系统体系,这个体系由基础、柱墙、梁、板和楼梯等子系统组成,子系统之间具有明确的层次性、关联性和相对完整性。学习平法时应该先学习各子系统的相关内容,把握其相对完整性,并能够按照其相关性把整个系统关联起来,构成一个完整的主系统。

(2)要点记忆

在学习平法的过程中,需要记住一些基本的知识点,例如,各构件的类型代号、平法标注各符号表达的含义及构造详图中基本的构造要求: l_{abE}(抗震设计时,受拉钢筋基本锚固长度); l_{ab}(受拉钢筋基本锚固长度); ζ_a(受拉钢筋锚固长度修正系数);混凝土保护层最小厚度;钢筋的弯锚与直锚等。

(3)构件对比和总结规律

在 16G101 系列图集中,比较难理解的是节点构造详图,同类构件之间由于成立的条件不同,节点构造也不同,所以构件对比不仅存在于不同构件之间,同类构件不同节点构造之间也可以对比记忆理解。在不同构件之间(如楼层框架梁、屋面框架梁及非框架梁之间),纵筋及箍筋的构造是类似的,可以对比学习总结规律。同类构件之间的对比,例如,在 16G101-1 图集中 KZ 边柱和角柱柱顶纵筋有①、②、③、④、⑤五种不同的节点构造,分别适应于不同的条件且它们纵筋的长度计算也有区别。如果单独记忆理解这五个节点构造是不容易的,但对比记忆这五种节点构造所需要的条件就相对容易一些。

虽然节点构造繁多,但是它们之间是有规律可循的,例如,柱的中间节点和梁的中间节点构造就有类似之处,即能通则通(条件相似)、不通则断(直锚优先);构件主筋的弯锚弯钩长度除中柱柱顶 12d 之外其余均为 15d 等。

学习平法需要一个过程,学习时要理论联系工程实践,可结合本书给出的大量三维立体示意图,化抽象为形象,化死记硬背为理解记忆,循序渐进地深入学习。

1.1.2 建筑工程图的识读

1. 建筑工程图的作用与分类

(1)建筑工程图的作用

在建筑工程中,无论是建造工业建筑还是民用建筑,都要依据设计完善的图纸进行施工。

工程设计图纸是工程技术界的语言,是有关工程技术人员进行信息传递的载体,是具有法律效力的正式文件,也是建筑工程重要的技术档案。建筑工程图是工程设计、施工、监理、造价、招标投标、审计的最重要依据,因此建筑工程图的识读是土建类专业人员必须掌握的专业知识。

(2)建筑工程图的分类

建筑工程图是指导建筑施工的图样,根据各专业分工的不同可分为建筑施工图、结构施工图和设备施工图。

一幢房屋全套施工图的编排顺序一般应为图纸目录、施工总说明、建筑施工图、结构施工图、设备施工图等。各专业工种施工图纸的编制顺序一般是全局性的图纸在前,表明局部的图纸在后;先施工的图纸在前,后施工的图纸在后;重要图纸在前,次要图纸在后。为了图纸的保存和查阅,必须对每张图纸进行编号。房屋施工图按照建筑施工图、结构施工图和设备施工图分别分类进行编号。

①图纸目录。图纸目录的内容包括列出全套图纸的目录、类别,各类图纸的图名和图号。

②施工总说明。施工总说明主要叙述工程概况和施工总要求,内容包括工程设计依据、设计标准、施工要求等。

③建筑施工图(简称建施)。建筑施工图主要表明建筑物的规划位置、外部造型、内部平面布置、室内外装修、细部构造及施工要求等,一般包括建筑设计总说明、总平面图、平面图、立面图、剖面图、建筑(构造)节点详图等。

④结构施工图(简称结施)。按平法设计绘制结构施工图时,必须根据具体工程设计,按照各类构件的平法制图规则,在平面布置图上直接表示各构件的尺寸、配置。出图时,宜按基础、柱、剪力墙、梁、板、楼梯及其他构件的顺序排列。

⑤设备施工图(简称设施)。设备施工图主要表明建筑物的给水、排水、采暖、通风、电气、燃气等设备的布置以及制作、安装要求等,一般包括给水排水施工图、采暖通风施工图、电气施工图、燃气施工图。

2.建筑工程图识读的方法

一套房屋的施工图纸,少则几张,多则几十张甚至上百张。因此,在识读施工图纸时,必须掌握正确的识读方法和步骤。

在识读整套图纸时,应按照总体了解、顺序识读、前后对照、重点细读的读图方法进行识读。

(1)总体了解

一般是先看图纸目录、施工总说明和总平面图,大致了解工程概况,如工程设计单位、建施单位、新建房屋的位置、周围环境、施工技术要求等。对照目录检查全套各工种图纸是否齐全,图名与图纸编号是否相符,采用了哪些标准图集并准备齐全这些标准图集。然后看建筑平面图、立面图、剖面图,初步阅读建筑施工图后,大体上想象一下建筑物的立体形状及内部布置。

(2)顺序识读

在总体了解建筑物的情况后,根据房屋施工的先后顺序,从基础、墙或柱、结构平面图、建筑构造及装修仔细阅读有关图纸。

（3）前后对照

读图时，为便于完整理解图纸，要注意平面图与剖面图对照识读，建筑施工图和结构施工图对照识读，土建施工图与设备施工图对照识读，做到对整个工程施工情况及技术要求心中有数。

（4）重点细读

根据工种的不同，将有关专业施工图再有重点地仔细读一遍，并将遇到的问题一一记下，最后按图纸的先后顺序将存在的问题全部整理出来，以便在图纸会审时解决。

识读一张图纸时，应按由外向里看、由大到小看、由粗到细看、图样与说明和标准图集交替看、有关图纸对照看的方法。重点看轴线及各种尺寸关系。

1.2　钢筋基本知识

1.2.1　钢　筋

1. 钢筋的种类和级别

按照钢筋的生产加工工艺和力学性能的不同，《混凝土结构设计规范》（GB 50010—2010）规定用于钢筋混凝土结构和预应力混凝土结构中的钢筋或钢丝可分为热轧钢筋、中强度预应力钢丝、消除应力钢丝、钢绞线和预应力螺纹钢筋。

热轧钢筋（普通钢筋）根据其强度的高低分为 HPB300 级、HRB335 级、HRBF335 级、HRB400 级、HRBF400 级、RRB400 级、HRB500 级、HRBF500 级。其中，HPB300 级为光面钢筋，HRB335 级、HRB400 级和 HRB500 级为普通低合金钢热轧月牙纹变形钢筋，HRBF335 级、HRBF400 级和 HRBF500 级为细晶粒热轧月牙纹变形钢筋，RRB400 级为余热处理月牙纹变形钢筋。热轧钢筋的牌号、符号、公称直径及强度值见表 1-1。

表 1-1　　　　　　　　　热轧钢筋的牌号、符号、直径及强度值

牌号	符号	公称直径 D/mm	抗拉强度设计值 $f_y/(\text{N}\cdot\text{mm}^{-2})$	抗压强度设计值 $f'_y/(\text{N}\cdot\text{mm}^{-2})$
HPB300	ϕ	6～22	270	270
HRB335 HRBF335	Φ Φ^F	6～50	300	300
HRB400 HRBF400 RRB400	Φ Φ^F Φ^R	6～50	360	360
HRB500 HRBF500	Φ Φ^F	6～50	435	410

预应力混凝土结构中的钢筋或钢丝的种类和符号（如中强度预应力钢丝、消除应力钢丝、钢绞线和预应力螺纹钢筋）可查阅有关资料。

2. 钢筋的标注

在结构施工图中，构件的钢筋标注要遵循一定的规范。

（1）标注钢筋的根数、直径和等级。例如，4ϕ20 中 4 表示钢筋的根数为 4 根，20 表示钢筋的直径为 20 mm,Φ表示钢筋为 HRB400 级钢筋。

(2)标注钢筋的等级、直径和相邻钢筋中心距。例如,Φ 8@100 中,Φ表示钢筋为 HPB300 级钢筋,8 表示钢筋直径为 8 mm,@表示相等中心距符号,100 表示相邻钢筋的中心距为 100 mm。

上述两种标注方式中,方式(1)主要用于梁、柱纵筋,方式(2)用于板钢筋和梁、柱箍筋。

1.2.2 混凝土结构的环境类别与钢筋的混凝土保护层最小厚度

1. 混凝土结构的环境类别

混凝土结构所处的使用环境是影响耐久性的重要外因,根据混凝土结构暴露表面所处的环境条件,设计时按表 1-2 的要求确定环境类别。

表 1-2   混凝土结构的环境类别

环境类别	条 件
一	室内干燥环境; 无侵蚀性静水浸没环境
二 a	室内潮湿环境; 非严寒和非寒冷地区的露天环境; 非严寒和非寒冷地区与无侵蚀性的水或土壤直接接触的环境; 严寒和寒冷地区的冰冻线以下与无侵蚀性的水或土壤直接接触的环境
二 b	干湿交替环境; 水位频繁变动环境; 严寒和寒冷地区的露天环境; 严寒和寒冷地区冰冻线以上与无侵蚀性的水或土壤直接接触的环境
三 a	严寒和寒冷地区冬季水位变动区环境; 受除冰盐影响环境; 海风环境
三 b	盐渍土环境; 受除冰盐作用环境; 海岸环境
四	海水环境
五	受人为或自然的侵蚀性物质影响的环境

注:1.室内潮湿环境是指构件表面经常处于结露或湿润状态的环境;

2.严寒和寒冷地区的划分应符合现行国家标准《民用建筑热工设计规范》(GB 50176—2016)的有关规定;

3.海岸环境和海风环境宜根据当地情况,考虑主导风向及结构所处迎风、背风部位等因素的影响,由调查研究和工程经验确定;

4.受除冰盐影响环境是指受到除冰盐盐雾影响的环境,受除冰盐作用环境是指被除冰盐溶液溅射的环境以及使用除冰盐地区的洗车房、停车楼等建筑;

5.暴露的环境是指混凝土结构表面所处的环境。

2. 钢筋的混凝土保护层最小厚度

为防止钢筋锈蚀,保证耐久性、防火性以及钢筋与混凝土的黏结,构件内钢筋的两侧和近边都应有足够的混凝土保护层。构件最外层钢筋(包括箍筋、构造筋、分布钢筋等)的外边缘至混凝土表面的距离为钢筋的混凝土保护层最小厚度。

构件最外层钢筋的混凝土保护层最小厚度 c 应根据混凝土结构的环境类别、构件类别等来选取,见表 1-3。

表 1-3　　　　　　　　　　　　混凝土保护层最小厚度 c　　　　　　　　　　　　mm

环境类别	板、墙、壳	梁、柱、杆
一	15	20
二 a	20	25
二 b	25	35
三 a	30	40
三 b	40	50

注:1.表中混凝土保护层厚度是指最外层钢筋外缘至混凝土表面的距离,适用于设计使用年限为 50 年的混凝土结构。

　　2.构件中受力钢筋的保护层厚度不应小于钢筋的公称直径。

　　3.设计使用年限为 100 年的结构,一类环境中,最外层钢筋的保护层最小厚度不应小于表中数值的 1.4 倍;二类和三类环境中,应采取专门有效措施。

　　4.混凝土强度等级不大于 C25 时,表中保护层最小厚度数值应增加 5 mm。

　　5.基础底面钢筋的保护层最小厚度,有混凝土垫层时应从垫层顶面算起,且不应小于 40 mm。

1.2.3　钢筋的锚固

为保证钢筋混凝土构件可靠地工作,防止纵向受力钢筋从混凝土中拔出导致构件破坏,钢筋在混凝土中必须有可靠的锚固。

钢筋的锚固长度是指受力钢筋通过混凝土与钢筋的黏结作用,将所受力传递给混凝土所需的长度。

1.受拉钢筋的基本锚固长度

当计算中充分利用钢筋的抗拉强度时,受拉钢筋的基本锚固长度应按下列公式计算:

普通钢筋　　　　　　　　　　　$l_{ab} = \alpha \dfrac{f_y}{f_t} d$　　　　　　　　　　　(1-1)

预应力筋　　　　　　　　　　　$l_{ab} = \alpha \dfrac{f_{py}}{f_t} d$　　　　　　　　　　　(1-2)

式中　l_{ab}——受拉钢筋的基本锚固长度;

　　　f_y、f_{py}——普通钢筋、预应力筋的抗拉强度设计值;

　　　f_t——混凝土轴心抗拉强度设计值,当混凝土强度等级高于 C60 时,按 C60 取值;

　　　d——锚固钢筋的公称直径;

　　　α——锚固钢筋的外形系数,按表 1-4 取用。

表 1-4　　　　　　　　　　　　锚固钢筋的外形系数 α

钢筋类型	光面钢筋	带肋钢筋	螺旋肋钢丝	三股钢绞线	七股钢绞线
α	0.16	0.14	0.13	0.16	0.17

注:光面钢筋末端应做 180°标准弯钩,弯后平直段长度不应小于 $3d$,但作受压钢筋时可不做弯钩。

为方便工程应用,16G101 系列图集给出了受拉钢筋基本锚固长度,见表 1-5。

表 1-5 受拉钢筋基本锚固长度 l_{ab}

钢筋种类	混凝土强度等级								
	C20	C25	C30	C35	C40	C45	C50	C55	≥C60
HPB300	$39d$	$34d$	$30d$	$28d$	$25d$	$24d$	$23d$	$22d$	$21d$
HRB335、HRBF335	$38d$	$33d$	$29d$	$27d$	$25d$	$23d$	$22d$	$21d$	$21d$
HRB400、HRBF400、RRB400	—	$40d$	$35d$	$32d$	$29d$	$28d$	$27d$	$26d$	$25d$
HRB500、HRBF500	—	$48d$	$43d$	$39d$	$36d$	$34d$	$32d$	$31d$	$30d$

抗震设计时,纵向受拉钢筋基本锚固长度按下式计算

$$l_{abE} = \zeta_{aE} l_{ab} \tag{1-3}$$

式中 l_{abE}——抗震设计时受拉钢筋的基本锚固长度;

ζ_{aE}——抗震锚固长度修正系数,对一、二级抗震等级取 1.15,对三级抗震等级取 1.05,对四级抗震等级取 1.00;

l_{ab}——受拉钢筋的基本锚固长度。

抗震设计时受拉钢筋基本锚固长度见表 1-6。

表 1-6 抗震设计时受拉钢筋基本锚固长度 l_{abE}

钢筋种类及抗震等级		混凝土强度等级								
		C20	C25	C30	C35	C40	C45	C50	C55	≥C60
HPB300	一、二级	$45d$	$39d$	$35d$	$32d$	$29d$	$28d$	$26d$	$25d$	$24d$
	三级	$41d$	$36d$	$32d$	$29d$	$26d$	$25d$	$24d$	$23d$	$22d$
HRB335 HRBF335	一、二级	$44d$	$38d$	$33d$	$31d$	$29d$	$26d$	$25d$	$24d$	$24d$
	三级	$40d$	$35d$	$31d$	$28d$	$26d$	$24d$	$23d$	$22d$	$22d$
HRB400 HRBF400	一、二级	—	$46d$	$40d$	$37d$	$33d$	$32d$	$31d$	$30d$	$29d$
	三级	—	$42d$	$37d$	$34d$	$30d$	$29d$	$28d$	$27d$	$26d$
HRB500 HRBF500	一、二级	—	$55d$	$49d$	$45d$	$41d$	$39d$	$37d$	$36d$	$35d$
	三级	—	$50d$	$45d$	$41d$	$38d$	$36d$	$34d$	$33d$	$32d$

注:1. 四级抗震时,$l_{abE} = l_{ab}$。

2. 当锚固钢筋的保护层厚度不大于 $5d$ 时,锚固钢筋长度范围内应设置横向构造钢筋,其直径不应小于 $d/4$(d 为锚固钢筋的最大直径);对梁、柱等构件间距不应大于 $5d$,对板、墙等构件间距不应大于 $10d$,且均不应大于 100 mm(d 为锚固钢筋的最小直径)。

2. 钢筋的锚固长度

受拉钢筋的锚固长度应根据锚固条件按下式计算,且不应小于 200 mm

$$l_a = \zeta_a l_{ab} \tag{1-4}$$

式中 l_a——受拉钢筋的锚固长度;

ζ_a——受拉钢筋锚固长度修正系数,对普通钢筋按表 1-7 的规定取用,当多于一项时,可按连乘计算,但不应小于 0.6;对预应力筋可取 1.0。

表 1-7 受拉钢筋锚固长度修正系数 ζ_a

锚固条件		ζ_a	备注
带肋钢筋的公称直径大于 25		1.10	
环氧树脂涂层带肋钢筋		1.25	—
施工过程中易受扰动的钢筋		1.10	
锚固区保护层厚度	3d	0.80	当取中间值时按内插值,d 为锚固钢筋直径
	5d	0.70	

受拉钢筋锚固长度 l_a 见表 1-8。

表 1-8 受拉钢筋锚固长度 l_a

钢筋种类	混凝土强度等级																
	C20	C25		C30		C35		C40		C45		C50		C55		≥C60	
	$d{\leqslant}25$	$d{\leqslant}25$	$d{>}25$	$d{\leqslant}25$	$d{>}25$	$d{\leqslant}25$	$d{>}25$	$d{\leqslant}25$	$d{>}25$	$d{\leqslant}25$	$d{>}25$	$d{\leqslant}25$	$d{>}25$	$d{\leqslant}25$	$d{>}25$	$d{\leqslant}25$	$d{>}25$
HPB300	39d	34d	—	30d	—	28d	—	25d	—	24d	—	23d	—	22d	—	21d	—
HRB335、HRBF335	38d	33d	—	29d	—	27d	—	25d	—	23d	—	22d	—	21d	—	21d	—
HRB400、HRBF400、RRB400	—	40d	44d	35d	39d	32d	35d	29d	32d	28d	31d	27d	30d	26d	29d	25d	28d
HRB500、HRBF500	—	48d	53d	43d	47d	39d	43d	36d	40d	34d	37d	32d	35d	31d	34d	30d	33d

受拉钢筋的抗震锚固长度按下式计算

$$l_{aE} = \zeta_{aE} l_a \tag{1-5}$$

式中　l_{aE}——受拉钢筋抗震锚固长度。

受拉钢筋的抗震锚固长度 l_{aE} 见表 1-9。

表 1-9 受拉钢筋抗震锚固长度 l_{aE}

钢筋种类及抗震等级		混凝土强度等级																
		C20	C25		C30		C35		C40		C45		C50		C55		≥C60	
		$d{\leqslant}25$	$d{\leqslant}25$	$d{>}25$	$d{\leqslant}25$	$d{>}25$	$d{\leqslant}25$	$d{>}25$	$d{\leqslant}25$	$d{>}25$	$d{\leqslant}25$	$d{>}25$	$d{\leqslant}25$	$d{>}25$	$d{\leqslant}25$	$d{>}25$	$d{\leqslant}25$	$d{>}25$
HPB300	一、二级	45d	39d	—	35d	—	32d	—	29d	—	28d	—	26d	—	25d	—	24d	—
	三级	41d	36d	—	32d	—	29d	—	26d	—	25d	—	24d	—	23d	—	22d	—
HRB335	一、二级	44d	38d	—	33d	—	31d	—	29d	—	26d	—	25d	—	24d	—	24d	—
HRBF335	三级	40d	35d	—	30d	—	28d	—	26d	—	24d	—	23d	—	22d	—	22d	—
HRB400	一、二级	—	46d	51d	40d	45d	37d	40d	33d	37d	32d	36d	31d	35d	30d	33d	29d	32d
HRBF400	三级	—	42d	46d	37d	41d	34d	37d	30d	34d	29d	33d	28d	32d	27d	30d	26d	29d
HRB500	一、二级	—	55d	61d	49d	54d	45d	49d	41d	46d	39d	43d	37d	40d	36d	39d	35d	38d
HRBF500	三级	—	50d	56d	45d	49d	41d	45d	38d	42d	36d	39d	34d	37d	33d	36d	32d	35d

注:1. 当为环氧树脂涂层带肋钢筋时,表中数据应乘以 1.25。

2. 当纵向受拉钢筋在施工过程中易受扰动时,表中数据应乘以 1.1。

3. 当锚固长度范围内纵向受力钢筋周边保护层厚度为 3d、5d(d 为锚固钢筋的直径)时,表中数据可分别乘以 0.8、0.7;当其值为中间值时可按内插值计算。

4. 当纵向受拉普通钢筋锚固长度修正系数(注 1～注 3)多于一项时,可按连乘计算。

5. 受拉钢筋的锚固长度 l_a、l_{aE} 计算值不应小于 200 mm。

6. 四级抗震时,$l_{aE}=l_a$。

7. 当锚固钢筋的保护层厚度不大于 5d 时,锚固钢筋长度范围内应设置横向构造钢筋,其直径不应小于 $d/4$(d 为锚固钢筋的最大直径);对梁、柱等构件间距不应大于 5d,对板、墙等构件间距不应大于 10d,且均不应大于 100 mm(d 为锚固钢筋的最小直径)。

1.2.4 钢筋的连接

在施工过程中,当配置的钢筋长度不够(钢筋定长一般为 9 m)时,就需要对钢筋进行连接。钢筋连接可采用绑扎搭接、机械连接和焊接。

混凝土结构中受力钢筋的连接接头宜设置在受力较小处。在同一根受力钢筋上宜少设接头。在结构的重要构件和关键传力部位,纵向受力钢筋不宜设置连接接头。

1.绑扎搭接

纵向受力钢筋绑扎搭接是指两根钢筋相互有一定的重叠长度,用铁丝绑扎的连接方法,适用于较小直径的钢筋连接。绑扎搭接是利用钢筋与混凝土之间的黏结锚固作用,实现两根锚固钢筋的应力传递,所以绑扎搭接长度与钢筋的锚固长度直接相关。

(1)绑扎搭接接头

同一构件中相邻纵向受力钢筋的绑扎搭接接头宜互相错开。钢筋绑扎搭接接头连接区段的长度为 1.3 倍搭接长度,凡搭接接头中点位于该连接区段长度内的搭接接头均属于同一连接区段,如图 1-1 所示。

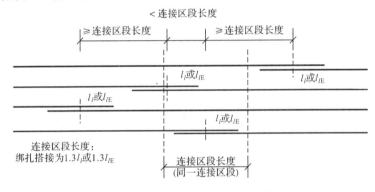

图 1-1 同一连接区段内纵向受拉钢筋绑扎搭接接头

(2)纵向受拉钢筋绑扎搭接的搭接长度

纵向受拉钢筋绑扎搭接接头的搭接长度,应根据位于同一连接区段内的钢筋搭接接头面积百分率按下式计算,且不应小于 300 mm。

$$l_l = \zeta_l l_a \qquad (1-6)$$

纵向受拉钢筋绑扎搭接接头的抗震搭接长度按下式计算

$$l_{lE} = \zeta_l l_{aE} \qquad (1-7)$$

式中　l_l——纵向受拉钢筋的搭接长度;

　　　　l_{lE}——纵向受拉钢筋的抗震搭接长度;

　　　　ζ_l——纵向受拉钢筋搭接长度修正系数,按表 1-10 取用。

表 1-10　　　　　　　　纵向受拉钢筋搭接长度修正系数

纵向受拉钢筋搭接接头面积百分率/%	≤25	50	100	当纵向受拉钢筋搭接接头百分率为中间值时,可按内插受拉值计算
ζ_l	1.2	1.4	1.6	

在同一连接区段内连接的纵向受拉钢筋被视为同一批连接的钢筋,其无论是搭接接头、机械连接接头,还是焊接接头面积的百分率,均为接头的纵向受拉钢筋截面面积与全部纵向受拉钢筋截面面积的比值(当直径相同时,图 1-1 和图 1-2 所示的钢筋接头面积百分率为

50%);当直径不同的钢筋连接时,按直径较小的钢筋计算;当同一构件同一截面有不同钢筋直径时,取较大钢筋直径计算连接区段长度。

为方便工程应用,16G101系列图集给出了纵向受拉钢筋搭接长度(表1-11)和纵向受拉钢筋抗震搭接长度(表1-12)。

表 1-11　　　　　　　　　　　　　　纵向受拉钢筋搭接长度 l_l

钢筋种类及同一区段内搭接钢筋面积百分率		混凝土强度等级																
		C20	C25		C30		C35		C40		C45		C50		C55		≥C60	
		d≤25	d≤25	d>25	d≤25	d>25	d≤25	d>25	d≤25	d>25	d≤25	d>25	d≤25	d>25	d≤25	d>25	d≤25	d>25
HPB300	≤25%	47d	41d	—	36d	—	34d	—	30d	—	29d	—	28d	—	26d	—	25d	—
	50%	55d	48d	—	42d	—	39d	—	35d	—	34d	—	32d	—	31d	—	29d	—
	100%	62d	54d	—	48d	—	45d	—	40d	—	38d	—	37d	—	35d	—	34d	—
HRB335 HRBF335	≤25%	46d	40d	—	35d	—	32d	—	30d	—	28d	—	26d	—	25d	—	25d	—
	50%	53d	46d	—	41d	—	38d	—	35d	—	32d	—	31d	—	29d	—	29d	—
	100%	61d	53d	—	46d	—	43d	—	40d	—	37d	—	35d	—	34d	—	34d	—
HRB400 HRBF400 RRB400	≤25%	—	48d	53d	42d	47d	38d	42d	35d	38d	34d	37d	32d	36d	31d	35d	30d	34d
	50%	—	56d	62d	49d	55d	45d	49d	41d	45d	39d	43d	38d	42d	36d	41d	35d	39d
	100%	—	64d	70d	56d	62d	51d	56d	46d	51d	45d	50d	43d	48d	42d	46d	40d	45d
HRB500 HRBF500	≤25%	—	58d	64d	52d	56d	47d	52d	43d	48d	41d	44d	38d	42d	37d	41d	36d	40d
	50%	—	67d	74d	60d	66d	55d	60d	50d	56d	48d	52d	45d	49d	43d	48d	42d	46d
	100%	—	77d	85d	69d	75d	62d	69d	58d	64d	54d	59d	51d	56d	50d	54d	48d	53d

注:1.表中数值为纵向受拉钢筋绑扎搭接头的搭接长度。

　　2.两根不同直径钢筋搭接时,表中 d 取较细钢筋直径。

　　3.为环氧树脂涂层带肋钢筋时,表中数据应乘以1.25。

　　4.当纵向受拉钢筋在施工过程中易受扰动时,表中数据应乘以1.1。

　　5.当搭接长度范围内纵向受力钢筋周边保护层厚度为3d、5d(d 为搭接钢筋的直径)时,表中数据尚可分别乘以0.8、0.7;当取中间值时应按内插值计算。

　　6.当上述修正系数(注3~注5)多于一项时,可按连乘计算。

　　7.在任何情况下,搭接长度不应小于300 mm。

表 1-12　　　　　　　　　　　　　　纵向受拉钢筋抗震搭接长度 l_{lE}

钢筋种类及同一区段内搭接钢筋面积百分率			混凝土强度等级																
			C20	C25		C30		C35		C40		C45		C50		C55		≥C60	
			d≤25	d≤25	d>25	d≤25	d>25	d≤25	d>25	d≤25	d>25	d≤25	d>25	d≤25	d>25	d≤25	d>25	d≤25	d>25
一、二级抗震等级	HPB300	≤25%	54d	47d	—	42d	—	38d	—	35d	—	34d	—	31d	—	30d	—	29d	—
		50%	63d	55d	—	49d	—	45d	—	41d	—	39d	—	36d	—	35d	—	34d	—
	HRB335 HRBF335	≤25%	53d	46d	—	40d	—	37d	—	35d	—	31d	—	30d	—	29d	—	29d	—
		50%	62d	53d	—	46d	—	43d	—	41d	—	36d	—	35d	—	34d	—	34d	—
	HRB400 HRBF400	≤25%	—	55d	61d	48d	54d	44d	48d	40d	44d	38d	43d	37d	42d	36d	40d	35d	38d
		50%	—	64d	71d	56d	63d	52d	58d	46d	52d	45d	50d	43d	49d	42d	46d	41d	45d
	HRB500 HRBF500	≤25%	—	66d	73d	59d	65d	54d	59d	49d	55d	47d	52d	44d	48d	43d	47d	42d	46d
		50%	—	77d	85d	69d	76d	63d	69d	57d	64d	55d	60d	52d	56d	50d	55d	49d	53d

（续表）

钢筋种类及同一区段内搭接钢筋面积百分率			混凝土强度等级															
			C20	C25		C30		C35		C40		C45		C50		C55		≥C60
			d≤25	d≤25	d>25	d≤25	d>25	d≤25	d>25	d≤25	d>25	d≤25	d>25	d≤25	d>25	d≤25	d>25	d≤25	d>25
三级抗震等级	HPB300	≤25%	49d	43d	—	38d	—	35d	—	31d	—	30d	—	29d	—	28d	—	26d	—
		50%	57d	50d	—	45d	—	41d	—	36d	—	35d	—	34d	—	32d	—	31d	—
	HRB335 HRBF335	≤25%	48d	42d	—	36d	—	34d	—	31d	—	29d	—	28d	—	26d	—	26d	—
		50%	56d	49d	—	42d	—	39d	—	36d	—	34d	—	32d	—	31d	—	31d	—
	HRB400 HRBF400	≤25%	—	50d	55d	44d	49d	41d	44d	36d	41d	35d	40d	34d	38d	32d	36d	31d	35d
		50%	—	59d	64d	52d	57d	48d	52d	42d	48d	41d	46d	39d	45d	38d	42d	36d	41d
	HRB500 HRBF500	≤25%	—	60d	67d	54d	59d	49d	54d	46d	50d	43d	47d	41d	44d	40d	43d	38d	42d
		50%	—	70d	78d	63d	69d	57d	63d	53d	59d	50d	55d	48d	52d	46d	50d	45d	49d

注：1. 表中数值为纵向受拉钢筋绑扎搭接接头的搭接长度。

2. 两根不同直径钢筋搭接时，表中 d 取较细钢筋直径。

3. 当为环氧树脂涂层带肋钢筋时，表中数据应乘以 1.25。

4. 当纵向受拉钢筋在施工过程中易受扰动时，表中数据应乘以 1.1。

5. 当搭接长度范围内纵向受力钢筋周边保护层厚度为 $3d$、$5d$（d 为搭接钢筋的直径）时，表中数据可分别乘以 0.8、0.7；当取中间值时应按内插值计算。

6. 当上述修正系数（注 3～注 5）多于一项时，可按连乘计算。

7. 在任何情况下，搭接长度不应小于 300 mm。

8. 四级抗震等级时，$l_{lE} = l_l$。

2. 机械连接和焊接

纵向受拉钢筋的机械连接接头和焊接接头宜相互错开。钢筋机械连接区段的长度为 $35d$，钢筋焊接连接区段的长度为 $35d$ 且不小于 500 mm，d 为连接钢筋的较小直径，凡接头中点位于该连接区段长度内的接头均属于同一连接区段，如图 1-2 所示。

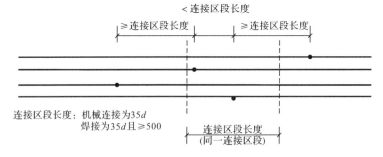

图 1-2 同一连接区段内纵向受拉钢筋的机械连接接头和焊接接头

钢筋的连接应符合下列构造要求：

①当受拉钢筋直径＞25 mm 及受压钢筋直径＞28 mm 时，不宜采用绑扎搭接。

②轴心受拉及小偏心受拉构件中纵向受拉钢筋不应采用绑扎搭接。

③纵向受拉钢筋连接位置宜避开梁端、柱端箍筋加密区。当必须在此连接时，应采用机械连接或焊接。

④机械连接和焊接接头的类型及质量应符合国家现行有关标准的规定。

1.2.5 钢筋构造

1. 梁柱纵筋间距构造

为保证钢筋与混凝土的黏结和混凝土浇筑的密实性,各钢筋之间的净间距必须在合理的范围内,梁柱纵筋间距要求如图1-3所示。

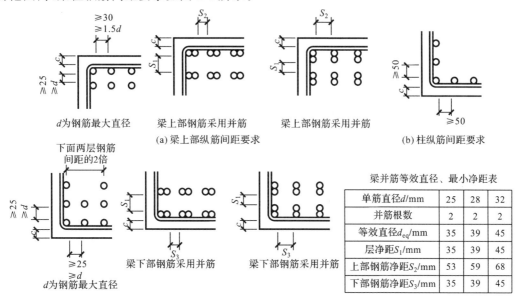

梁并筋等效直径、最小净距表

单筋直径d/mm	25	28	32
并筋根数	2	2	2
等效直径d_{eq}/mm	35	39	45
层净距S_1/mm	35	39	45
上部钢筋净距S_2/mm	53	59	68
下部钢筋净距S_3/mm	35	39	45

图1-3 梁柱纵筋间距要求

2. 封闭箍筋及拉筋弯钩构造

封闭箍筋及拉筋弯钩构造如图1-4所示。

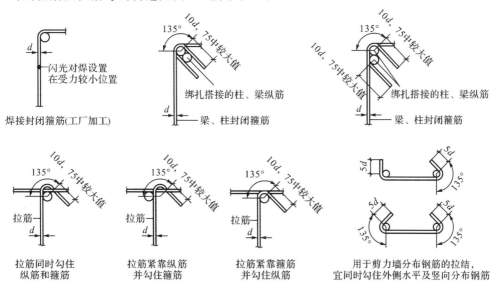

图1-4 封闭箍筋及拉筋弯钩构造

注:非框架梁以及不考虑地震作用的悬挑梁,箍筋及拉筋弯钩平直段长度可为$5d$;当其受扭时,应为$10d$。

3. 钢筋弯折的弯弧内直径

钢筋弯折的弯弧内直径 D 如图 1-5 所示。

钢筋弯折的弯弧内直径 D 应符合下列规定：

(1)光圆钢筋，不应小于钢筋直径的 2.5 倍。

(2)335 MPa 级、400 MPa 级带肋钢筋，不应小于钢筋直径的 4 倍。

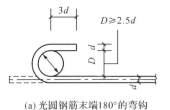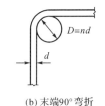

(a) 光圆钢筋末端180°的弯钩　　(b) 末端90°弯折

图 1-5　钢筋弯折的弯弧内直径 D

(3)500 MPa 级带肋钢筋，当直径 $d \leqslant 25$ mm 时，不应小于钢筋直径的 6 倍；当直径 $d > 25$ mm 时，不应小于钢筋直径的 7 倍。

(4)位于框架结构顶层端节点处的梁上部纵筋和柱外侧纵筋，在节点角部弯折处，当钢筋直径 $d \leqslant 25$ mm 时，不应小于钢筋直径的 12 倍；当直径 $d > 25$ mm 时，不应小于钢筋直径的 16 倍。

(5)箍筋弯折处尚不应小于纵向受力钢筋直径；箍筋弯折处纵向受力钢筋为搭接或并筋时，应按钢筋实际排布情况确定箍筋弯弧内直径。

4. 纵向受力钢筋搭接区箍筋构造

梁、柱类构件的纵向受力钢筋绑扎搭接区箍筋构造见表 1-13。

表 1-13　　　　　　　　　　　　　　纵向受力钢筋绑扎搭接区箍筋构造

图　示	构造说明
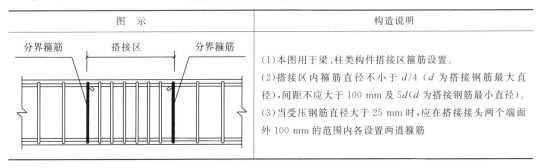	(1)本图用于梁、柱类构件搭接区箍筋设置。 (2)搭接区内箍筋直径不小于 $d/4$（d 为搭接钢筋最大直径），间距不应大于 100 mm 及 5d（d 为搭接钢筋最小直径）。 (3)当受压钢筋直径大于 25 mm 时，应在搭接接头两个端面外 100 mm 的范围内各设置两道箍筋

1.3　钢筋计算基本知识

钢筋计算是指依据相关规范及结构施工图，按照各构件中钢筋的标注，结合构件的特点和钢筋所在的部位，计算出钢筋的形状和细部尺寸，从而计算出每根钢筋的长度和钢筋的根数，再合计得到钢筋的总质量。钢筋计算的工作可分为两类，一是预算员做预算，在"套定额"时要用到钢筋工程量；二是钢筋翻样人员计算钢筋的下料长度，见表 1-14。

表 1-14　　　　　　　　　　　　　　　　　钢筋计算

分类	计算依据和方法	目的	关注点
钢筋算量	按照相关规范及设计图纸，以及工程量清单和定额的要求，以"设计长度"进行计算	确定工程造价	快速计算工程的钢筋总用量，用于确定工程造价
钢筋翻样	按照相关规范及设计图纸，以"实际长度"进行计算	指导实际施工	既符合相关规范和设计要求，还要满足方便施工、节约成本等施工需求

1.3.1 钢筋长度计算

1. 设计长度与实际长度

确定工程造价的钢筋算量,按设计长度计算,如图1-6(a)所示,设计长度是按设计图外轮廓尺寸计算。

指导施工的钢筋翻样,按实际长度计算,如图1-6(b)所示,实际长度是按中轴线尺寸计算,需要考虑钢筋加工变形。

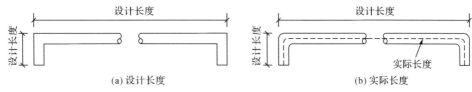

(a) 设计长度   (b) 实际长度

图 1-6 设计长度与实际长度

2. 常用钢筋长度计算公式

(1) 直钢筋长度＝构件长度－保护层厚度＋弯钩增加长度

(2) 弯起钢筋长度＝直段长度＋斜段长度＋弯钩增加长度

(3) 箍筋长度＝直段长度＋弯钩增加长度

(4) 曲线钢筋(环形钢筋、螺旋箍筋、抛物线钢筋等)长度＝钢筋长度计算值＋弯钩增加长度

如果以上钢筋需要搭接,还应加上钢筋的搭接长度。

3. 钢筋弯钩增加长度

HPB300级光圆钢筋,由于钢筋表面光滑,在混凝土内与混凝土的黏结力不及带肋钢筋,所以光圆钢筋末端要带180°半圆弯钩,如图1-7所示。

钢筋弯钩增加长度推导:

中心线长度＝a＋ABC弧长＋$3d$

180°的中心线 ABC 弧长 ＝ $(R + d/2)\pi$ ＝ $(1.25d + 0.5d)\pi = 5.495d$

180°弯钩外包长度＝$d + 1.25d = 2.25d$

180°弯钩钢筋量度差 ＝ $5.495d - 2.25d = 3.245d$

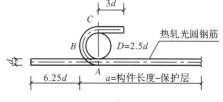

图 1-7 180°半圆弯钩增加长度

弯钩增加长度＝ $3d + 3.245d = 6.245d \approx 6.25d$

【例 1-1】 试计算如图1-8所示的钢筋长度(钢筋的直径为ϕ10)。

5 980

图 1-8 钢筋设计尺寸简图

解:如图1-8所示钢筋的弯钩为半圆弯钩,所以每个弯钩增加长度为$6.25d$,故钢筋的长度为

$$5\,980 + 6.25d \times 2 = 5\,980 + 6.25 \times 10 \times 2 = 6\,105 \text{ mm}$$

4. 弯起钢筋斜长计算

图1-9为弯起钢筋简图,弯起钢筋斜长计算系数见表1-15。

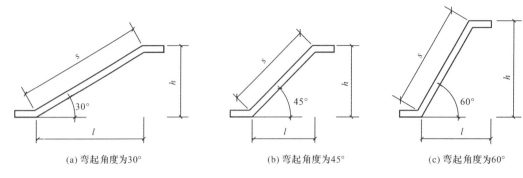

(a) 弯起角度为30°   (b) 弯起角度为45°   (c) 弯起角度为60°

图 1-9   弯起钢筋简图

表 1-15   **弯起钢筋斜长计算系数表**

弯起角度 α	30°	45°	60°
斜边长度 s	$2h$	$1.414h$	$1.155h$
底边长度 l	$1.732h$	h	$0.575h$

注：h 为弯起高度。

1.3.2   箍筋长度计算

箍筋的长度计算通常有三种算法，按中心计算、按内皮计算和按外皮计算。一般情况下的计算方法均为按外皮计算。

1. 非复合箍筋按外皮计算

基本计算公式

箍筋长度＝直段长度＋单个弯钩增加长度×2

图 1-10 为箍筋图样，按箍筋外皮计算公式推导如下：

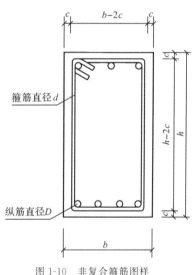

图 1-10   非复合箍筋图样

直段长度＝箍筋按外皮直段周长＝［(构件截面宽度－2×构件保护层厚度)＋(构件截面高度－2×构件保护层厚度)］×2＝［(b-2×c)＋(h-2×c]×2＝(b+h)×2-8c

单个弯钩增加长度＝单个弯钩平直段长度＋135°弯钩钢筋量度差

图 1-11 为 135°弯钩增加长度示意图。根据规定：箍筋和拉筋弯折的弯弧内直径 D 不应小于箍筋直径的 4 倍，且不应小于纵向受力钢筋直径。目前工地上的箍筋和拉筋弯折的弯弧内直径 D 一般取 5 倍箍筋直径。

135°的中心线 ABC 弧长＝$(R+d/2)×\pi\theta/180＝(2.5d+0.5d)×135\pi/180＝7.065d$

135°弯钩外包长度＝$d+2.5d＝3.5d$

135°弯钩钢筋量度差＝$7.065d-3.5d＝3.565d$

按以上公式推导，考虑抗震时，非复合箍筋按外皮计算长度为：

箍筋按外皮计算长度＝直段长度＋单个弯钩增加长度×2＝$(b+h)×2-8c+[\max(10d,75)+3.565d]×2＝2(b+h)-8c+\max(27.13d,150+7.13d)$

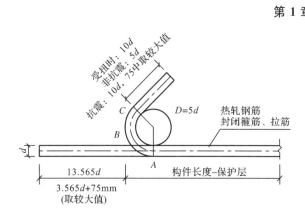

图 1-11 135°弯钩增加长度示意图

2. 复合箍筋内箍按外皮计算

基本计算公式

$$内箍长度＝内箍直段长度＋单个弯钩增加长度×2$$

局部箍筋又称内部小套箍,简称内箍。内箍的平直长度的计算因素为构件的尺寸、内箍占据纵筋的根数和纵筋的直径。现按如图 1-12 推导内箍的长度计算。

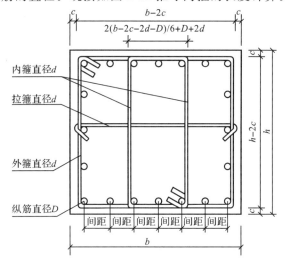

图 1-12 复合箍筋图样

沿 h 边内箍的平直长度＝$h-2c$

沿 b 边内箍的平直长度＝$[(b-2c-2d-D)/间距个数]×内箍占间距个数＋D+2d$

内箍长度＝$2(h-2c)+2\{[(b-2c-2d-D)/间距个数]×内箍占间距个数＋D+2d\}+$ $\max(27.13d,150+7.13d)$

135°端钩不同箍筋直径情况下箍筋长度计算公式见表 1-16。

表 1-16 135°端钩的箍筋长度计算公式表

箍筋	适用范围	箍筋直径 d	箍筋长度计算公式
非复合箍筋 (外箍)	抗震、受扭	$d=6,6.5$	$2(b+h)-8c+(150+7.13d)$
		$d=8,10,12$	$2(b+h)-8c+27.13d$
	非抗震	$d=6,6.5,8,10,12$	$2(b+h)-8c+17.13d$

续表

箍筋	适用范围	箍筋直径 d	箍筋长度计算公式
复合箍筋（内箍）	抗震、受扭	$d=6,6.5$	$2(h-2c)+2\{[(b-2c-2d-D)/$间距个数$]\times$内箍占间距个数$+D+2d\}+150+7.13d$
		$d=8,10,12$	$2(h-2c)+2\{[(b-2c-2d-D)/$间距个数$]\times$内箍占间距个数$+D+2d\}+27.13d$
	非抗震	$d=6,6.5,8,10,12$	$2(h-2c)+2\{[(b-2c-2d-D)/$间距个数$]\times$内箍占间距个数$+D+2d\}+17.13d$

【例 1-2】 试计算图 1-13 所示框架柱的箍筋长度，箍筋端弯钩 135°，弯弧内半径 $R=2.5d$，保护层厚度 $c=20$ mm。

解：（1）柱外箍筋计算

箍筋长度＝直段长度＋两个弯钩增加长度＝$2(b+h)-8c+27.13d=2\times(400+500)-8\times20+27.13\times8=1\,857$ mm

（2）柱内箍筋计算

竖向内箍长度＝$2(h-2c)+2\{[(b-2c-2d-D)/$间距个数$]\times$内箍占间距个数$+D+2d\}+27.13d=2\times(500-2\times20)+2\times\{[(400-2\times20-2\times8-22)/3]\times1+22+2\times8\}+27.13\times8=1\,427.71$ mm

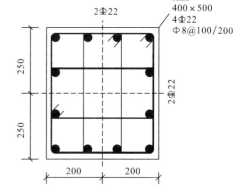

图 1-13　KZ3 配筋图

水平内箍长度＝$2(b-2c)+2\{[(h-2c-2d-D)/$间距个数$]\times$内箍占间距个数$+D+2d\}+27.13d=2\times(400-2\times20)+2\times\{[(500-2\times20-2\times8-22)/3]\times1+22+2\times8\}+27.13\times8=1\,294.37$mm

【例 1-3】 试计算图 1-14 所示框架梁的箍筋长度，箍筋端弯钩 135°，弯弧内半径 $R=2.5d$，混凝土强度等级为 C30，环境类别为一类。

解：（1）梁外箍筋计算

混凝土强度等级为 C30，环境类别为一类，则混凝土保护层厚度 $c=20$ mm。

箍筋长度＝直段长度＋两个弯钩增加长度＝$2(b+h)-8c+27.13d=2\times(300+700)-8\times20+27.13\times8=2\,057.04$ mm

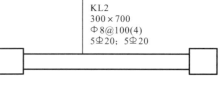

图 1-14　KL2 配筋

（2）梁内箍筋计算

按照"4 肢箍筋的排列规则"确定梁上部 5 根纵筋和梁下部 5 根纵筋，箍筋的内箍占纵筋根数为 3 根。

内箍长度＝$2(h-2c)+2\{[(b-2c-2d-D)/$间距个数$]\times$内箍占间距个数$+D+2d\}+27.13d=2\times(700-2\times20)+2\times\{[(300-2\times20-2\times8-20)/4]\times2+20+2\times8\}+27.13\times8=1\,833.04$ mm

1.3.3　拉筋长度计算

拉筋在梁、柱构件中的作用是固定纵向受力钢筋，防止位移。拉筋固定纵向受力钢筋的方式有两种,一是拉筋紧靠箍筋并勾住纵筋,二是拉筋同时勾住纵筋和箍筋,如图 1-4 所示。

拉筋的端钩,有 90°、135°、180°三种。两端端钩的角度可以相同,也可以不同。两端端钩的方向可以同向,也可以不同向,拉筋的样式如图 1-15 所示。

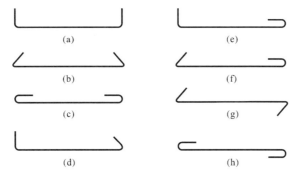

(a)   (e)

(b)   (f)

(c)   (g)

(d)   (h)

图 1-15 拉筋的样式

考虑抗震时,135°端钩的拉筋紧靠箍筋并勾住纵筋按外皮计算长度为:

拉筋按外皮计算长度＝直段长度＋单个弯钩增加长度×2＝$b-2c+[\max(10d,75)+3.565d]\times2=b-2c+\max(27.13d,150+7.13d)$

当拉筋同时勾住纵筋和箍筋时,其外皮尺寸长度比只勾住纵筋的拉筋长两个箍筋直径。

不同拉筋直径情况下的拉筋长度计算公式见表 1-17。

表 1-17　　　　　　　　　　不同拉筋直径情况下的拉筋长度计算公式表

拉筋	适用范围	拉筋直径 d	拉筋长度计算公式
拉筋紧靠箍筋并勾住纵筋	抗震、受扭	$d=6,6.5$	$b-2c+(150+7.13d)$
		$d=8,10,12$	$b-2c+27.13d$
	非抗震	$d=6,6.5,8,10,12$	$b-2c+17.13d$
拉筋同时勾住纵筋和箍筋	抗震、受扭	$d=6,6.5$	$b-2c+(150+7.13d)+2d_{箍筋}$
		$d=8,10,12$	$b-2c+27.13d+2d_{箍筋}$
	非抗震	$d=6,6.5,8,10,12$	$b-2c+17.13d+2d_{箍筋}$

【例 1-4】 已知某框架柱截面尺寸为 $b\times h=500\ mm\times550\ mm$。拉筋紧靠箍筋并勾住纵筋,拉筋直径 $d=8mm$,两端弯钩 135°,弯弧内半径 $R=2.5d$,混凝土强度等级为 C35,环境类别为二 a 类,试计算框架柱的拉筋长度。

解:混凝土强度等级为 C35,环境类别为二 a 类,则混凝土保护层厚度 $c=25\ mm$。

与 b 边平行的拉筋长度＝直段长度＋两个弯钩增加长度＝$b-2c+27.13d=500-2\times25+27.13\times8=667.04\ mm$

与 h 边平行的拉筋长度＝直段长度＋两个弯钩增加长度＝$550-2\times25+27.13\times8=717.04\ mm$

1.3.4 钢筋质量

钢筋的每米质量是计算钢筋工程量的基本数据,当计算出某种直径钢筋的总长度后,根据钢筋的每米质量就可以计算出这种钢筋的总质量。钢筋每米质量见表 1-18。

表 1-18 钢筋每米质量表

钢筋直径/mm	每米质量/ (kg·m⁻¹)	钢筋直径/mm	每米质量/ (kg·m⁻¹)	钢筋直径/mm	每米质量/ (kg·m⁻¹)
4	0.099	12	0.888	25	3.853
5	0.154	14	1.208	28	4.834
6	0.222	16	1.578	32	6.313
6.5	0.260	18	1.998	36	7.990
8	0.395	20	2.466	40	9.865
10	0.617	22	2.984	50	15.413

注:钢的密度为 7 850 kg/m³。

复习思考题

1.什么是平法?

2.阐述平法的基本原理。

3.平法得到广泛应用的优势是什么?

4.什么是混凝土保护层厚度?

5.熟练查找混凝土保护层的最小厚度、钢筋的锚固长度、绑扎搭接的搭接长度等表格。

6.识读混凝土构件钢筋构造详图,如梁柱纵筋间距、封闭箍筋及拉筋弯钩、纵向受力钢筋搭接区箍筋等。

7.如何才能结合 16G101 图集学好本门课程?

习 题

第1章习题答案

1.如图 1-16 所示框架柱,截面尺寸 $b \times h = 600$ mm×600 mm,纵筋直径 $D = 22$ mm,箍筋和拉筋直径均为 $d = 8$ mm,箍筋和拉筋端弯钩均为 135°,弯弧内半径 $R = 2.5d$,混凝土强度等级为 C35,环境类别为二 a 类,试计算框架柱的箍筋和拉筋长度。

2.试计算如图 1-17 所示框架梁的箍筋长度,箍筋端弯钩 135°,弯弧内半径 $R = 2.5d$,混凝土强度等级为 C30,环境类别为一类。

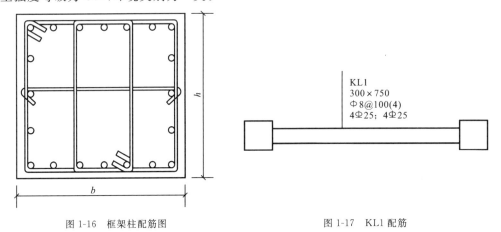

KL1
300×750
Φ8@100(4)
4Φ25; 4Φ25

图 1-16 框架柱配筋图   图 1-17 KL1 配筋

第2章
梁构件平法识图

学习目标

了解梁的分类及梁内钢筋;

掌握梁平法施工图制图规则,能够熟练应用梁平法施工图制图规则识读梁平法施工图;

熟悉各种梁的钢筋构造要求,能够熟练应用梁标准构造详图进行梁内钢筋的布置和梁内钢筋的计算。

2.1 梁构件基本知识

2.1.1 梁构件知识体系

梁构件知识体系可概括为三方面:梁的分类、梁构件钢筋的分类、梁遇到的各种情况,如图 2-1 所示。

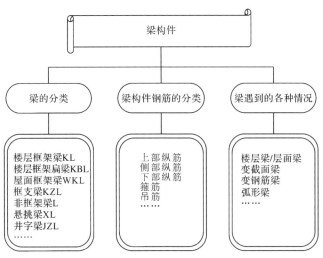

图 2-1 梁构件知识体系

2.1.2 梁的分类

在房屋结构中,由于梁的位置不同,所起的作用不同,其受力机理也不同,因而其构造要求也不同。在平法施工图中将梁分成八类,分别为楼层框架梁、屋面框架梁、楼房框架扁梁、框支梁、托柱转换梁、非框架梁、悬挑梁和井字梁。

2.1.3 梁构件钢筋

梁构件钢筋有纵筋、横向钢筋(箍筋或拉筋),有时还会有附加钢筋(附加箍筋或吊筋)。纵筋根据位置不同可以分为上、中、下、左、中、右的钢筋,梁构件的主要钢筋种类见表 2-1。

表 2-1　　　　　　　　　　梁构件的主要钢筋种类

梁构件种类	梁构件钢筋种类		
楼层框架梁 KL	纵筋	上	上部通长筋
楼层框架扁梁 KBL		中	侧部构造或受扭钢筋
屋面框架梁 WKL		下	下部通长/非通长筋
框支梁 KZL		左	左端支座钢筋(支座负筋)
托柱转换梁 TZL		中	跨中钢筋(架立筋)
非框架梁 L		右	右端支座钢筋(支座负筋)
悬挑梁 XL	横向钢筋		箍筋、拉筋
井字梁 JZL	附加钢筋		附加箍筋、吊筋等

2.2　梁构件平法识图

2.2.1　梁构件的平面注写方式

微课2

梁构件的平法注写方式分为平面注写方式和截面注写方式。一般的施工图都采用平面注写方式,所以本节主要介绍平面注写方式。

平面注写方式是指在梁平面布置图上,分别在不同编号的梁中各选一根梁,在其上注写截面尺寸和配筋具体数值的方式来表达梁平法施工图,如图 2-2 所示。

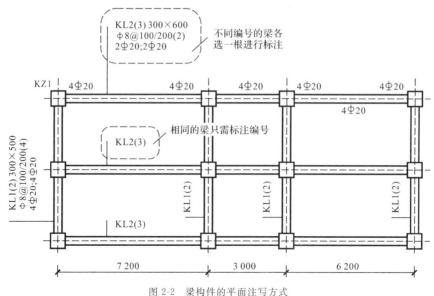

图 2-2　梁构件的平面注写方式

梁构件的平面注写方式在具体标注时可分为集中标注和原位标注,如图 2-3 所示。集中标注表达梁的通用数值,即梁各跨相同的总体数值;原位标注表达梁的特殊数值,即梁个别截面与其不同的数值。当集中标注中的某项数值不适用于梁的某部位时,则将该项数值原位标注,施工时原位标注取值优先。

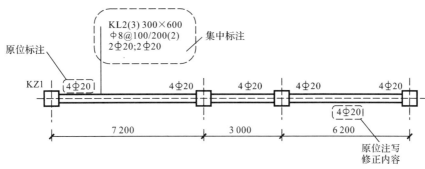

图 2-3　梁构件的集中标注和原位标注

1.集中标注

梁构件集中标注包括梁构件编号、截面尺寸、箍筋、上部通长筋及架立筋、下部通长筋、侧面构造或受扭钢筋和标高等内容,如图 2-4 所示。

下面介绍梁构件集中标注的各项内容,有五项必注值及一项选注值。

(1)梁构件编号

该项为必注值。梁构件编号由梁类型代号、序号、跨数及是否带有悬挑组成,如图 2-5 所示。梁构件编号表示方法见表 2-2。

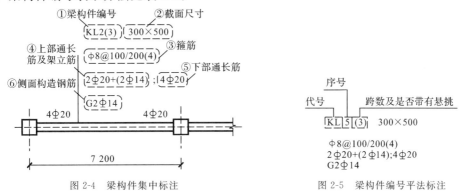

图 2-4　梁构件集中标注　　　　　　图 2-5　梁构件编号平法标注

表 2-2　　　　　　　　　　　梁构件编号表示方法

梁类型	代号	序号	跨数及是否带有悬挑
楼层框架梁	KL	××	(××)、(××A)或(××B)
楼层框架扁梁	KBL	××	(××)、(××A)或(××B)
屋面框架梁	WKL	××	(××)、(××A)或(××B)
框 支 梁	KZL	××	(××)、(××A)或(××B)
托柱转换梁	TZL	××	(××)、(××A)或(××B)
非框架梁	L	××	(××)、(××A)或(××B)
悬 挑 梁	XL	××	(××)、(××A)或(××B)

梁类型	代号	序号	跨数及是否带有悬挑
井字梁	JZL	××	(××)、(××A)或(××B)

注:1.(××A)为一端有悬挑,(××B)为两端有悬挑,悬挑不计入跨数。例如 KL2(5A)表示第 2 号框架梁,5 跨,一端有悬挑;L6(8B)表示第 6 号非框架梁,8 跨,两端有悬挑。

2.楼层框架扁梁节点核心区代号 KBH。

3.16G101 图集中非框架梁 L、井字梁 JZL 表示端支座为铰接;当非框架梁 L、井字梁 JZL 端支座上部纵筋为充分利用钢筋的抗拉强度时,在梁代号后加"g"。例如 Lg7(5)表示第 7 号非框架梁,5 跨,端支座上部纵筋为充分利用钢筋的抗拉强度。

(2)梁构件截面尺寸

该项为必注值。

当为等截面梁时,用 $b×h$ 表示,其中 b 为梁宽,h 为梁高。

当为竖向加腋梁时,用 $b×h\ Yc_1×c_2$ 表示,其中 c_1 为腋长,c_2 为腋高,如图 2-6 所示。

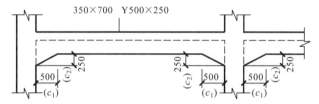

图 2-6 竖向加腋截面注写

当为水平加腋梁时,用 $b×h\ PYc_1×c_2$ 表示,其中 c_1 为腋长,c_2 为腋宽,加腋部位应在平面图中绘制,如图 2-7 所示。

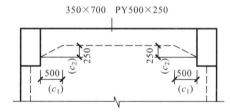

图 2-7 水平加腋截面注写

当有悬挑梁且根部和端部的高度不同时,用斜线分隔根部与端部的高度值(该项一般为原位标注),即 $b×h_1/h_2$,如图 2-8 所示。

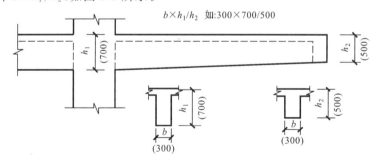

图 2-8 悬挑梁不等高截面注写

(3)梁构件箍筋

梁构件箍筋包括钢筋级别、直径、加密区与非加密区间距及肢数,该项为必注值。箍筋加密区与非加密区的不同间距及肢数需用斜线"/"分隔;当梁箍筋为同一种间距及肢数时,则不需要用斜线;当加密区与非加密区的箍筋肢数相同时,则将肢数注写一次;箍筋肢数应写在括号内。加密区范围见相应抗震级别的标准构造详图。

当非框架梁、悬挑梁、井字梁采用不同的箍筋间距及肢数时,也用斜线"/"将其分隔开来。注写时,先注写梁支座端部的箍筋(包括箍筋的箍数、钢筋级别、直径、间距与肢数),在斜线后注写梁跨中部分的箍筋间距及肢数。

常见梁构件箍筋表示形式见表 2-3。

表 2-3 常见梁构件箍筋表示形式

表示形式	表达含义
ϕ 8@100/200(4)	表示箍筋为 HPB300 级钢筋,直径为 8 mm,加密区间距为 100 mm,非加密区间距为 200 mm,均为四肢箍
ϕ 10@150(2)	表示箍筋为 HRB335 级钢筋,直径为 10 mm,间距为 150 mm,双肢箍,不分加密区与非加密区
ϕ 8@100(4)/150(2)	表示箍筋为 HRB335 级钢筋,直径为 8 mm,加密区间距为 100 mm,四肢箍;非加密区间距为 150 mm,双肢箍
12 ϕ 10@150/200(4)	表示箍筋为 HRB335 级钢筋,直径为 10 mm,梁的两端各有 12 个四肢箍,间距为 150 mm;梁跨中部分的箍筋间距为 200 mm,四肢箍
18 ϕ 12@150(4)/200(2)	表示箍筋为 HPB300 级钢筋,直径为 12 mm,梁的两端各有 18 个四肢箍,间距为 150 mm;梁跨中部分的箍筋间距为 200 mm,双肢箍

注:集中标注"钢筋",表明梁的每一跨都按这个配置箍筋。如果某一跨的箍筋配置与集中标注不同,可以在该跨原位标注箍筋。

(4)梁构件通长筋及架立筋配置

通长筋可为相同或不同直径采用绑扎搭接、机械连接或焊接的钢筋,该项为必注值。所注规格与根数应根据结构受力要求及箍筋肢数等构造要求而定。当同排纵筋中既有通长筋又有架立筋时,应用加号"+"将通长筋和架立筋相连。注写时需将角部纵筋写在加号的前面,架立筋写在加号后面的括号内,表示不同直径与通长筋的区别。当全部采用架立筋时,则将其写入括号内。

当梁的上部纵筋和下部纵筋为全跨相同且多数跨配筋相同时,此项可加注下部纵筋的配筋值,用分号";"将上部纵筋与下部纵筋的配筋值分隔开来,少数跨不同者按原位标注进行注写。

常见梁构件通长筋及架立筋表示形式见表 2-4。

表 2-4 常见梁构件通长筋及架立筋表示形式

表示形式	表达含义
2 ϕ 22	梁上部通长筋(用于双肢箍)
2 ϕ 22+2 ϕ 20	梁上部通长筋(两种规格,其中加号前面的钢筋 2 ϕ 22 放在箍筋角部)
6 ϕ 25 4/2	梁上部通长筋(两排钢筋:上一排 4 ϕ 25,下一排 2 ϕ 25)
2 ϕ 22+(2 ϕ 12)	梁上部钢筋(2 ϕ 22 为上部通长筋,放在箍筋角部,2 ϕ 12 为架立筋)
2 ϕ 20;4 ϕ 20	梁上部通长筋 2 ϕ 20,梁下部通长筋 4 ϕ 20
2 ϕ 22;6 ϕ 20 2/4	梁上部通长筋 2 ϕ 22,梁下部通长筋(两排钢筋:上一排 2 ϕ 20,下一排 4 ϕ 20)

(5)梁构件侧面纵向构造钢筋或受扭纵筋配置

该项为必注值。当梁腹板高度 $h_w \geq 450$ mm 时,需配置纵向构造钢筋,此项标注值以大写字母 G 打头,接续注写设置在梁两个侧面的总配筋值,且对称配置。侧面纵向构造钢筋的拉筋不进行标注,按构造要求进行配置。

当梁侧面需配置受扭纵筋时,此项注写值以大写字母 N 打头,接续注写配置在梁两个侧面的总配筋值,且对称配置。受扭纵筋应满足梁侧面纵向构造钢筋的间距要求,且不再重复配置纵向构造钢筋,见表 2-5。

表 2-5　　　　　　　　　　　常见梁侧面纵向构造钢筋或受扭纵筋表示形式

表示形式	表达含义
G4 Φ 12	表示梁的两个侧面共配置 4 Φ 12 的纵向构造钢筋,每侧各配置 2 Φ 12
N6 Φ 20	表示梁的两个侧面共配置 6 Φ 20 的受扭纵筋,每侧各配置 3 Φ 20

注:1.当为梁侧面构造钢筋时,其搭接与锚固长度可取为 $15d$。
　　2.当为梁侧面受扭纵筋时,其搭接长度为 l_l 或 l_{lE},锚固长度为 l_a 或 l_{aE};其锚固方式同框架梁下部纵筋。

(6)梁顶面标高高差

该项为选注值。梁顶面标高高差是指相对于结构层楼面标高的高差值,对于位于结构夹层的梁,则指相对于结构夹层楼面标高的高差。有高差时,须将其写入括号内,无高差时不注。

当梁顶比楼板顶低时,注写"负标高高差";当梁顶比板顶高时,注写"正标高高差"。图 2-9 所示为梁顶面标高高差,(−0.100)表示梁顶面比楼板顶面低 0.100 m。

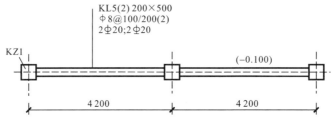

图 2-9　梁顶面标高高差

2.原位标注

梁构件原位标注包括梁支座上部纵筋、梁下部纵筋、附加箍筋或吊筋和修正集中标注中某一项或某几项不适用于本跨的内容。

(1)梁支座上部纵筋

梁支座上部纵筋是指标注该部位的所有纵筋,包括集中标注的上部通长筋,如图 2-10 所示。

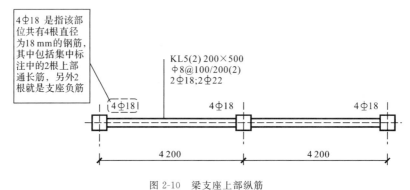

图 2-10　梁支座上部纵筋

①当上部纵筋多于一排时,用斜线"/"将各排纵筋自上而下分开。

②当同排纵筋有两种直径时,用加号"＋"将两种直径的纵筋相连,注写时将角部纵筋写在前面。

③当梁中间支座两边的上部纵筋不同时,须在支座两边分别标注;当梁中间支座两边的上部纵筋相同时,可仅在支座的一边标注配筋值,另一边省去不注。

④当两大跨中间为小跨,且小跨净尺寸小于左、右两大跨净尺寸之和的 1/3 时,小跨上部纵筋采取贯通全跨方式,此时应将贯通小跨的钢筋注写在小跨中部。

微课3

贯通小跨的纵筋根数可等于或少于相邻大跨梁支座上部纵筋,当少于时,少配置的纵筋即大跨不需要贯通小跨的纵筋。

常见梁支座上部纵筋表示形式见表 2-6。

表 2-6　　　　　　　　　　　常见梁支座上部纵筋表示形式

表示形式	表达含义
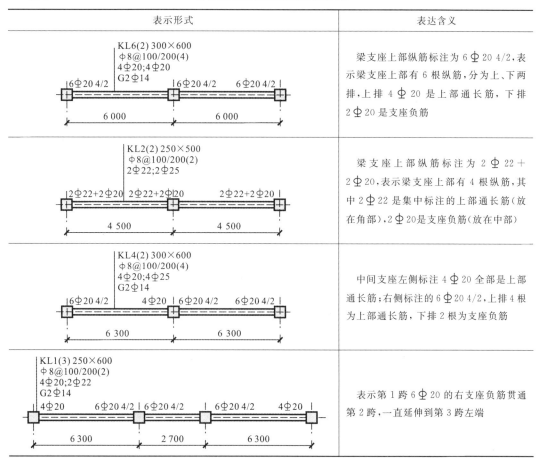	梁支座上部纵筋标注为 6⊕20 4/2,表示梁支座上部有 6 根纵筋,分为上、下两排,上排 4⊕20 是上部通长筋,下排 2⊕20 是支座负筋
	梁支座上部纵筋标注为 2⊕22＋2⊕20,表示梁支座上部有 4 根纵筋,其中 2⊕22 是集中标注的上部通长筋(放在角部),2⊕20 是支座负筋(放在中部)
	中间支座左侧标注 4⊕20 全部是上部通长筋;右侧标注的 6⊕20 4/2,上排 4 根为上部通长筋,下排 2 根为支座负筋
	表示第 1 跨 6⊕20 的右支座负筋贯通第 2 跨,一直延伸到第 3 跨左端

对于支座两边不同配筋值的上部纵筋,宜尽可能选用相同直径(不同根数),使其贯穿支座,避免支座两边不同直径的上部纵筋均在支座内锚固。

(2)梁支座下部纵筋

①当下部纵筋多于一排时,用斜线"/"将各排纵筋自上而下分开。

②当同排纵筋有两种直径时,用加号"＋"将两种直径的纵筋相连,注写时角部钢筋写在前面。

③当梁下部纵筋不全部伸入支座时,将梁支座下部纵筋减少的数量写在括号内。

④当梁的集中标注中已分别注写了梁上部和下部均为通长的纵筋值时,则不需要在梁下部重复做原位标注。

常见梁下部纵筋表示形式见表2-7。

表 2-7　　　　　　　　　　　　　常见梁下部纵筋表示形式

表示形式	表达含义
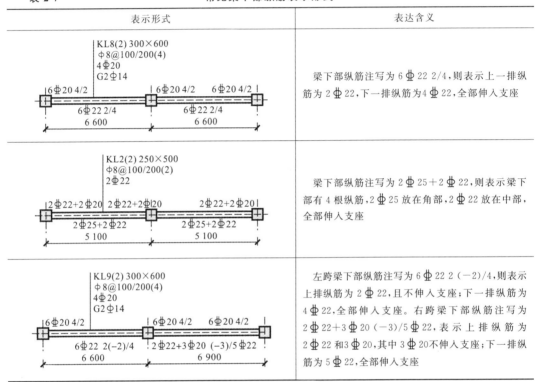	梁下部纵筋注写为 6⏀22 2/4,则表示上一排纵筋为 2⏀22,下一排纵筋为4⏀22,全部伸入支座
	梁下部纵筋注写为 2⏀25+2⏀22,则表示梁下部有 4 根纵筋,2⏀25 放在角部,2⏀22 放在中部,全部伸入支座
	左跨梁下部纵筋注写为 6⏀22 2(−2)/4,则表示上排纵筋为 2⏀22,且不伸入支座;下一排纵筋为 4⏀22,全部伸入支座。右跨梁下部纵筋注写为 2⏀22+3⏀20(−3)/5⏀22,表示上排纵筋为 2⏀22 和3⏀20,其中 3⏀20不伸入支座;下一排纵筋为 5⏀22,全部伸入支座

⑤当梁设置竖向加腋时,加腋部位下部斜纵筋应在支座下部以 Y 打头标注在括号内,此处框架梁竖向加腋构造适用于加腋部位参与框架梁计算,对于其他情况设计者应另行给出构造。当梁设置水平加腋时,水平加腋内上、下部斜纵筋应在加腋支座上部以 Y 打头注写在括号内,上、下部斜纵筋之间用斜线"/"分隔,见表2-8。

表 2-8　　　　　　　　　　　　　梁加腋时下部纵筋表示形式

梁竖向加腋	梁水平加腋
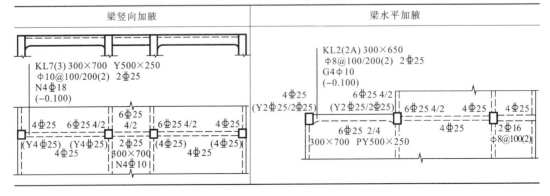	

当在多跨的集中标注中已注明加腋,而该梁某跨的根部却不需要加腋时,则应在该跨原位标注等截面的 $b \times h$,以修正集中标注中的加腋信息,见表 2-8。

当在梁上集中标注的内容,如梁截面尺寸、箍筋、上部通长筋或架立筋、梁侧面纵向构造钢筋或受扭纵筋,以及梁顶面标高高差中的某一项或某几项数值不适用于某跨或某悬挑部分时,则将其不同数值原位标注在该跨或该悬挑部位,施工时应按原位标注数值取用。

(3)附加箍筋或吊筋

在主、次梁相交处,直接将附加箍筋或吊筋画在平面图中的主梁上,用引线注总配筋值,附加箍筋的肢数注在括号内,如图 2-11 中的 8 ϕ 8(2)、2 Φ 18。施工时应注意:附加箍筋或吊筋的几何尺寸应按照标准构造详图,结合其所在位置的主梁和次梁的截面尺寸而定。

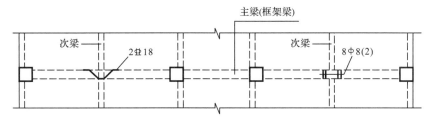

图 2-11　附加箍筋和吊筋的画法

当多数附加箍筋或吊筋相同时,可在梁平法施工图上统一注明,少数与统一注明值不同时,再原位标注。

3. 框架扁梁

框架扁梁注写规则同框架梁,对于上部纵筋和下部纵筋,尚需注明未穿过柱截面的纵筋根数,如图 2-12 所示。

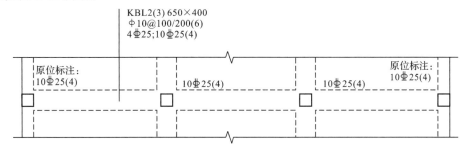

图 2-12　平面注写方式示例

注:10 Φ 25(4)表示框架扁梁有 4 根纵向受力钢筋未穿过柱截面,柱两侧各 2 根。

施工时,应注意采用相应的构造做法。

2.2.2　梁构件的截面注写方式

截面注写方式是指在分标准层绘制的梁平面布置图上,用截面配筋图的方式来表达梁平法施工图。

对标准层上的所有梁应按表 2-2 的规定进行编号,并从相同编号的梁中选择一根,用单边截面号引出截面配筋图,并在截面配筋图上注写截面尺寸($b \times h$)和配筋数值(上部钢筋、下部钢筋、侧面构造钢筋或受扭钢筋以及箍筋),其他相同编号的梁仅需标注编号,如图 2-13 所示。

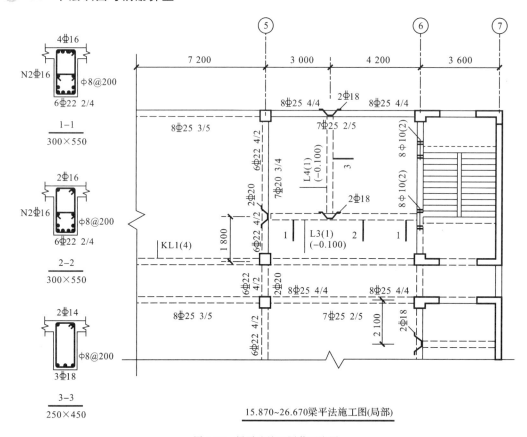

图 2-13 梁平法施工图截面注写

当某梁的顶面标高与结构层的楼面标高不同时,应继其梁编号后在"()"中注写梁顶面标高高差,如图 2-13 中 L3(1) 和 L4(1) 后面括号内的数字－0.100。

对于框架扁梁需在截面详图上注写未穿过柱截面的纵向受力钢筋根数。对于框架扁梁节点核心区附加钢筋,需采用平、剖面图表达节点核心区纵筋、柱外核心区全部竖向拉筋以及端支座附加 U 形箍筋,注写其具体数值。

截面注写方式既可以单独使用,也可以与平面注写方式结合使用。在梁平法施工图的平面图中,当局部区域的梁布置过密时,除了采用截面注写方式表达外,也可以将过密区用虚线框出,适当放大比例后再用平面注写方式表示。当表达异形截面梁的尺寸与配筋时,用截面注写方式相对比较方便。

2.3 梁构件钢筋构造与计算

梁构件钢筋构造是指梁构件的各种钢筋在实际工程中可能出现的各种构造情况。本节分别以楼层框架梁 KL 和屋面框架梁 WKL 为例讲解梁构件钢筋构造。

2.3.1 框架梁与钢筋分类

1. 框架梁分类

为了便于学习框架梁的平法知识和钢筋计算,按照可能的各种情况对框架梁进行分类,见表2-9。

表 2-9　　　　　　　　　　　　　　框架梁分类

分　类	框架梁名称	特　点
按楼屋面情况分类	楼层框架梁	上、下部纵筋在端支座有弯锚和直锚两种锚固方式
	屋面框架梁	上部纵筋在端支座只有弯锚,下部纵筋在端支座可直锚
按形状分类	直形框架梁	纵筋长度和箍筋间距均按梁中心线长度度量
	弧形框架梁	箍筋间距按凸面度量
按是否带悬挑分类	带悬挑框架梁	上部钢筋伸至悬挑端
	不带悬挑框架梁	上部钢筋在端支座锚固

2. 钢筋分类

框架梁中的各种钢筋形成了钢筋骨架,根据钢筋所在位置和功能不同,对框架梁的钢筋进行分类,见表2-10。

微课4

表 2-10　　　　　　　　　　　　　　框架梁钢筋分类

钢筋名称	钢筋位置	钢筋构造	钢筋名称	钢筋位置	钢筋构造
纵筋	上部	上部通长筋	箍筋	支座部位	加密箍筋
		上部支座负筋			
		架立筋		中间部位	非加密箍筋
	侧面	侧面构造钢筋	附加钢筋	次梁两侧	附加箍筋
		侧面受扭筋			
		拉筋			
	下部	下部通长筋		次梁底部及两侧	附加吊筋
		下部非通长筋			

2.3.2 楼层框架梁纵筋构造与计算

1. 楼层框架梁纵筋的构造

(1)楼层框架梁上部纵筋构造

楼层框架梁上部纵筋包括上部通长筋、支座负筋和架立筋,见表2-11。

微课5

表 2-11 楼层框架梁上部纵筋构造

图示	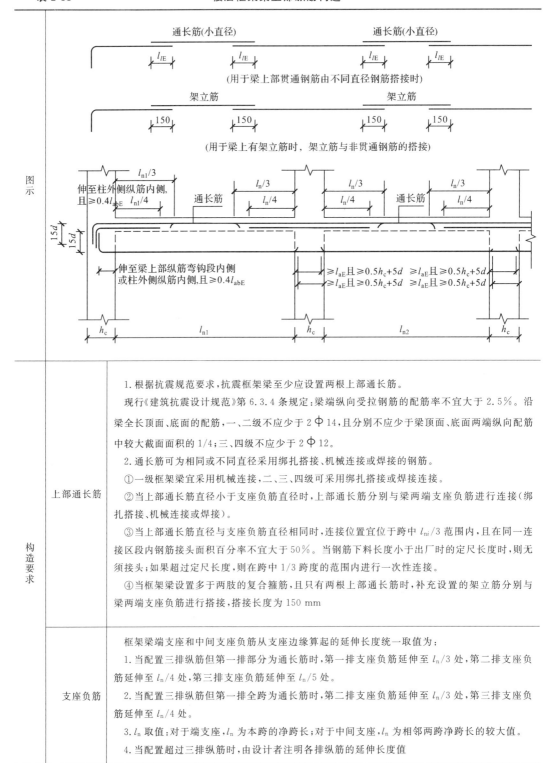	
构造要求	上部通长筋	1. 根据抗震规范要求，抗震框架梁至少应设置两根上部通长筋。 　　现行《建筑抗震设计规范》第 6.3.4 条规定：梁端纵向受拉钢筋的配筋率不宜大于 2.5%。沿梁全长顶面、底面的配筋，一、二级不应少于 2 ϕ 14，且分别不应少于梁顶面、底面两端纵向配筋中较大截面面积的 1/4；三、四级不应少于 2 ϕ 12。 　　2. 通长筋可为相同或不同直径采用绑扎搭接、机械连接或焊接的钢筋。 　　①一级框架梁宜采用机械连接，二、三、四级可采用绑扎搭接或焊接连接。 　　②当上部通长筋直径小于支座负筋直径时，上部通长筋分别与梁两端支座负筋进行连接（绑扎搭接、机械连接或焊接）。 　　③当上部通长筋直径与支座负筋直径相同时，连接位置宜位于跨中 $l_{ni}/3$ 范围内，且在同一连接区段内钢筋接头面积百分率不宜大于 50%。当钢筋下料长度小于出厂时的定尺长度时，则无须接头；如果超过定尺长度，则在跨中 1/3 跨度的范围内进行一次性连接。 　　④当框架梁设置多于两肢的复合箍筋，且只有两根上部通长筋时，补充设置的架立筋分别与梁两端支座负筋进行搭接，搭接长度为 150 mm
	支座负筋	框架梁端支座和中间支座负筋从支座边缘算起的延伸长度统一取值为： 　　1. 当配置三排纵筋但第一排部分为通长筋时，第一排支座负筋延伸至 $l_n/3$ 处，第二排支座负筋延伸至 $l_n/4$ 处，第三排支座负筋延伸至 $l_n/5$ 处。 　　2. 当配置三排纵筋但第一排全跨为通长筋时，第二排支座负筋延伸至 $l_n/3$ 处，第三排支座负筋延伸至 $l_n/4$ 处。 　　3. l_n 取值：对于端支座，l_n 为本跨的净跨长；对于中间支座，l_n 为相邻两跨净跨长的较大值。 　　4. 当配置超过三排纵筋时，由设计者注明各排纵筋的延伸长度值

（续表）

构造要求	架立筋	架立筋是梁的一种纵向构造钢筋,用来固定箍筋和形成钢筋骨架,并承受温度伸缩应力。当梁顶面箍筋转角处无纵向受力钢筋时,应设置架立筋。 单肢箍必须设有一根纵向架立钢筋。如果框架梁所设置的箍筋是双肢箍,梁上部有两根通长筋可兼做架立筋,这种情况就不需要设架立筋。当框架梁的箍筋为四肢箍时,如梁的上部设置了两根通长筋,这时就需要设置两根架立筋
	框架梁上部纵筋在中间支座上要求遵循能通则通的原则,而在上部跨中 1/3 跨度范围内进行连接	

（2）楼层框架梁下部纵筋构造

楼层框架梁下部纵筋有伸入支座下部纵筋和不伸入支座下部纵筋两种形式。这里讲的下部纵筋也适用于屋面梁。框架梁下部纵筋构造见表 2-12。

表 2-12　楼层框架梁下部纵筋构造

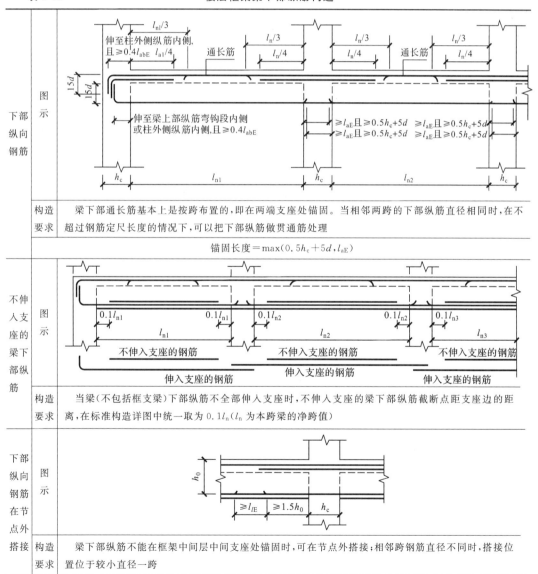

下部纵向钢筋	图示	（见上图）
	构造要求	梁下部通长筋基本上是按跨布置的,即在两端支座处锚固。当相邻两跨的下部纵筋直径相同时,在不超过钢筋定尺长度的情况下,可以把下部纵筋做贯通筋处理
		锚固长度＝$\max(0.5h_c+5d, l_{aE})$
不伸入支座的梁下部纵筋	图示	（见上图）
	构造要求	当梁(不包括框支梁)下部纵筋不全部伸入支座时,不伸入支座的梁下部纵筋截断点距支座边的距离,在标准构造详图中统一取为 $0.1l_n$(l_n 为本跨梁的净跨值)
下部纵向钢筋在节点外搭接	图示	（见上图）
	构造要求	梁下部纵筋不能在框架中间层中间支座处锚固时,可在节点外搭接;相邻跨钢筋直径不同时,搭接位置位于较小直径一跨

（3）楼层框架梁端支座的纵筋构造

楼层框架梁上部纵筋和下部纵筋在端支座内可弯锚或直锚,纵筋都要伸至柱外边(柱外侧纵筋内侧)。对于楼层框架梁端支座纵筋在端支座的锚固应首选直锚,只有当直锚不能满足出不穷锚固长度要求时才选择弯锚或锚板锚固,见表 2-13。

表 2-13　　　　　　　　　　　　　　　楼层框架梁端支座的纵筋锚固构造

类别	图　　示	构造要求
直锚	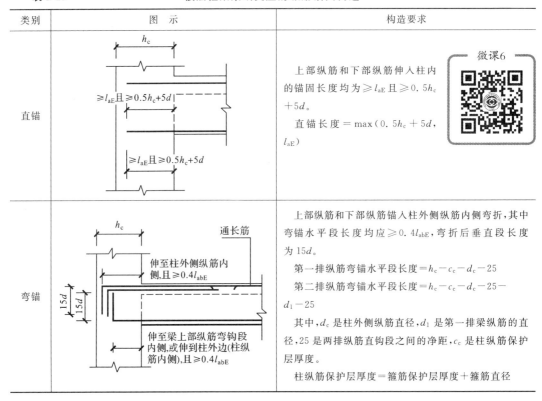	上部纵筋和下部纵筋伸入柱内的锚固长度均为 $\geq l_{aE}$ 且 $\geq 0.5h_c$ $+5d$。 直锚长度 $= \max(0.5h_c+5d,$ $l_{aE})$
弯锚		上部纵筋和下部纵筋锚入柱外侧纵筋内侧弯折,其中弯锚水平段长度均应 $\geq 0.4l_{abE}$,弯折后垂直段长度为 $15d$。 第一排纵筋弯锚水平段长度 $=h_c-c_c-d_c-25$ 第二排纵筋弯锚水平段长度 $=h_c-c_c-d_c-25-d_1-25$ 其中,d_c 是柱外侧纵筋直径,d_1 是第一排梁纵筋的直径,25 是两排纵筋直钩段之间的净距,c_c 是柱纵筋保护层厚度。 柱纵筋保护层厚度 $=$ 箍筋保护层厚度 $+$ 箍筋直径

弯锚时,弯钩段与柱的纵筋以及各排纵筋弯钩段之间不能平行接触,应有不小于 25 mm 的净距,如图 2-14 所示。

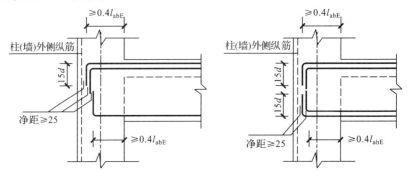

图 2-14　楼层框架梁弯钩段与柱的纵筋以及各排纵筋弯钩段之间的净距

（4）楼层框架梁中间支座的纵筋构造

楼层框架梁中间支座的纵筋构造见表 2-14。

表 2-14　　　　　　　　　　楼层框架梁中间支座的纵筋构造

类型	图　示	要　求
中间支座梁高度不同	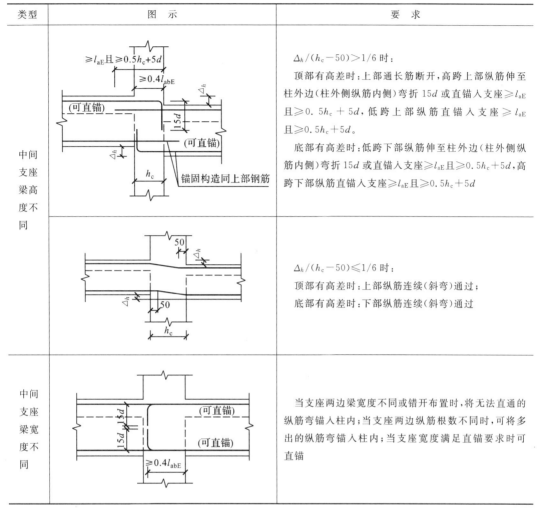	$\Delta_h/(h_c-50)>1/6$ 时: 　顶部有高差时:上部通长筋断开,高跨上部纵筋伸至柱外边(柱外侧纵筋内侧)弯折 $15d$ 或直锚入支座 $\geqslant l_{aE}$ 且 $\geqslant 0.5h_c+5d$,低跨上部纵筋直锚入支座 $\geqslant l_{aE}$ 且 $\geqslant 0.5h_c+5d$。 　底部有高差时:低跨下部纵筋伸至柱外边(柱外侧纵筋内侧)弯折 $15d$ 或直锚入支座 $\geqslant l_{aE}$ 且 $\geqslant 0.5h_c+5d$,高跨下部纵筋直锚入支座 $\geqslant l_{aE}$ 且 $\geqslant 0.5h_c+5d$
		$\Delta_h/(h_c-50)\leqslant 1/6$ 时: 　顶部有高差时:上部纵筋连续(斜弯)通过; 　底部有高差时:下部纵筋连续(斜弯)通过
中间支座梁宽度不同		当支座两边梁宽度不同或错开布置时,将无法直通的纵筋弯锚入柱内;当支座两边纵筋根数不同时,可将多出的纵筋弯锚入柱内;当支座宽度满足直锚要求时可直锚

注:屋面框架梁中间支座的纵筋构造与楼面框架梁的相同。

(5)框架梁侧面钢筋构造

梁侧面纵筋习惯称为腰筋,包括梁侧面构造钢筋和侧面受扭钢筋。这里讲述的内容也适用于屋面框架梁。

微课7

①框架梁侧面构造钢筋的构造

图 2-15 为框架梁侧面纵向构造钢筋和拉筋构造,对抗震框架梁、非抗震框架梁和非框架梁来说构造要求是完全相同的。

a.当框架梁的腹板高度≥450 mm 时,在框架梁的两个侧面应沿高度配置纵向构造钢筋,其间距不宜大于 200 mm。侧面纵向构造钢筋在框架梁的腹板高度上均匀布置。

b.框架梁侧面纵向构造钢筋的搭接[图 2-16(a)]和锚固长度(图 2-15)可取 $15d$。

c.框架梁侧面纵向构造钢筋的拉筋不是在施工图上标注的,而是由施工人员根据 16G101-1 图集来配置:

当梁宽≤350 mm 时,拉筋直径为 6 mm;

当梁宽>350 mm 时,拉筋直径为 8 mm。

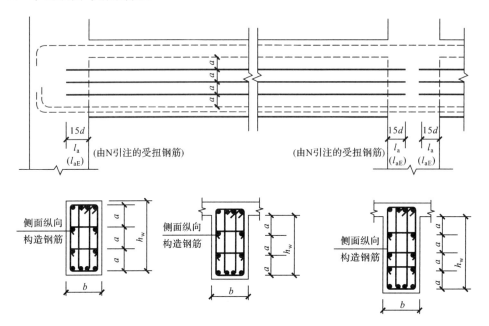

图 2-15 框架梁侧面纵向构造钢筋和拉筋构造

拉筋间距为非加密区箍筋间距的两倍。当设有多排拉筋时,上、下两排拉筋竖向错开设置(俗称"隔一拉一"),如图 2-16(a)所示。

d. 拉筋构造要求:拉筋构造做法有拉筋紧靠箍筋并钩住纵筋、拉筋紧靠纵筋并钩住箍筋、拉筋同时钩住纵筋和箍筋三种;拉筋弯钩角度为 135°,抗震弯钩的平直段长度为 $10d$ 和 75 mm 中的较大值;非抗震拉筋弯钩的平直段长度为 $5d$,d 为箍筋直径。

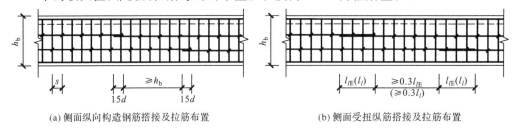

(a)侧面纵向构造钢筋搭接及拉筋布置   (b)侧面受扭纵筋搭接及拉筋布置

图 2-16 侧面纵向构造钢筋和侧面受扭纵筋搭接及拉筋布置

②框架梁侧面受扭钢筋的构造

框架梁侧面受扭钢筋和梁侧面纵向构造钢筋类似,都是梁的腰筋,梁侧面受扭钢筋在梁截面中的位置及其拉筋构造与侧面构造钢筋相同。

框架梁侧面两种钢筋既有相同处又有不同点,不同点是:

a.框架梁侧面受扭钢筋是设计人员根据受扭计算确定其钢筋规格和根数,这与侧面纵向构造钢筋有本质上的不同。

b.框架梁侧面受扭纵筋的锚固长度(抗震 l_{aE}、非抗震 l_a)和锚固方式与框架梁下部纵筋相同。

c.框架梁侧面受扭纵筋的搭接长度(抗震 l_{lE}、非抗震 l_l),如图 2-16(b)所示。

d.框架梁的受扭箍筋要做成封闭式,当梁的受扭箍筋为多肢箍时,要做成大箍套小箍的形式。

e.在施工图中,梁的侧面纵向构造钢筋用"G"表示,侧面受扭箍筋用"N"表示。

（6）弧形梁

弧形梁钢筋计算的度量见表 2-15 和图 2-17。

表 2-15　　　　　　　　　　　　弧形梁钢筋计算的度量

	纵筋长度	沿弧形梁中心线展开计算
箍筋	加密区与非加密区长度	沿弧形梁中心线展开计算
	箍筋根数	箍筋间距沿凸面线计量

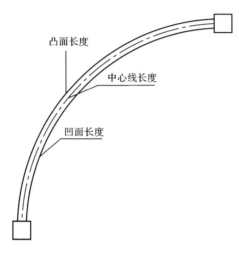

图 2-17　弧形梁钢筋计算的度量位置

2. 楼层框架梁纵筋的计算

（1）楼层框架梁负筋（非贯通钢筋）长度计算

①端支座梁负筋

直锚：

第一排负筋长度＝ $l_n/3$ ＋端支座锚固长度

第二排负筋长度＝ $l_n/4$ ＋端支座锚固长度

弯锚：

第一排负筋长度＝ $l_n/3$ ＋锚入端支座内平直长度＋弯钩长度

第二排负筋长度＝ $l_n/4$ ＋锚入端支座内平直长度＋弯钩长度

②中间支座负筋

第一排负筋长度＝$l_n/3$＋中间支座宽＋$l_n/3$

第二排负筋长度＝$l_n/4$＋中间支座宽＋$l_n/4$

③中间支座负筋贯通小跨

第一排负筋长度＝$l_n/3$＋左座宽＋小跨净跨长＋右支座宽＋$l_n/3$

第二排负筋长度＝$l_n/4$＋左支座宽＋小跨净跨长＋右支座宽＋$l_n/4$

l_n 取值：对于端支座，l_n 为本跨的净跨长；对于中间支座，l_n 为相邻两跨净跨长的较大值。

【例 2-2】 图 2-18 为某框架梁平法施工图,一级抗震等级,一类环境,混凝土强度等级为 C35,柱外侧纵筋直径 $d_c = 25$ mm,柱箍筋直径 $d_{sv} = 8$ mm,求支座负筋长度。

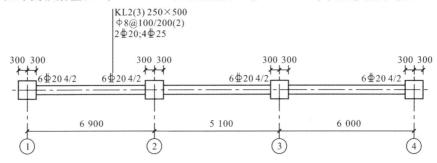

图 2-18 框架梁 KL2 平法施工图

解:计算过程见表 2-16。

表 2-16   **框架梁 KL2 支座负筋计算过程**

	计算 l_{aE}、l_{abE}	查表 1-9,得 $l_{aE} = 37d = 37 \times 20 = 740$ mm;查表 1-6,得 $l_{abE} = 37d = 37 \times 20 = 740$ mm
支座 1 负筋	判断直锚/弯锚	端支座 $h_c - c = 600 - 20 = 580$ mm $< l_{aE} = 740$ mm,且 $h_c - c - d_{sv} - d_c - 25 = 600 - 20 - 8 - 25 - 25 = 522$ mm $> 0.4l_{abE} = 0.4 \times 740 = 296$ mm,故采用弯锚
	第一排支座负筋(2 根)	支座锚固长度 $= (h_c - c - d_{sv} - d_c - 25) + 15d = 522 + 15 \times 20 = 822$ mm
		延伸长度 $= l_n/3 = (6\ 900 - 300 - 300)/3 = 2\ 100$ mm
		负筋总长度 $= 2\ 100 + 822 = 2\ 922$ mm
	第二排支座负筋(2 根)	支座锚固长度 $= (h_c - c - d_{sv} - d_c - 25 - d_1 - 25) + 15d = (600 - 20 - 8 - 25 - 25 - 20 - 25) + 15 \times 20 = 777$ mm
		延伸长度 $= l_n/4 = (6\ 900 - 300 - 300)/4 = 1\ 575$ mm
		负筋总长度 $= 1\ 575 + 777 = 2\ 352$ mm
支座 2 负筋	第一排支座负筋(2 根)	延伸长度 $= \max(6\ 900 - 600, 5\ 100 - 600)/3 = 2\ 100$ mm
		负筋总长度 $= 600 + 2 \times 2\ 100 = 4\ 800$ mm
	第二排支座负筋(2 根)	延伸长度 $= \max(6\ 900 - 600, 5\ 100 - 600)/4 = 1\ 575$ mm
		负筋总长度 $= 600 + 2 \times 1\ 575 = 3\ 750$ mm
支座 3 负筋	第一排支座负筋(2 根)	延伸长度 $= \max(5\ 100 - 600, 6\ 000 - 600)/3 = 1\ 800$ mm
		负筋总长度 $= 600 + 2 \times 1\ 800 = 4\ 200$ mm
	第二排支座负筋(2 根)	延伸长度 $= \max(5\ 100 - 600, 6\ 000 - 600)/4 = 1\ 350$ mm
		负筋总长度 $= 600 + 2 \times 1\ 350 = 3\ 300$ mm
支座 4 负筋	第一排支座负筋(2 根)	支座锚固长度 $= (h_c - c - d_{sv} - d_c - 25) + 15d = 522 + 15 \times 20 = 822$ mm
		延伸长度 $= l_n/3 = (6\ 000 - 300 - 300)/3 = 1\ 800$ mm
		负筋总长度 $= 1\ 800 + 822 = 2\ 622$ mm
	第二排支座负筋(2 根)	支座锚固长度 $= (h_c - c - d_{sv} - d_c - 25 - d_1 - 25) + 15d = (600 - 20 - 8 - 25 - 25 - 20 - 25) + 15 \times 20 = 777$ mm
		延伸长度 $= l_n/4 = (6\ 000 - 300 - 300)/4 = 1\ 350$ mm
		负筋总长度 $= 1\ 350 + 777 = 2\ 127$ mm

注:上部支座负筋第一排共有 4 根,其中 2 根为非贯通钢筋,2 根为贯通钢筋(通长筋),本例为求非贯通钢筋长度。

【**例 2-3**】　图 2-19 为某框架梁平法施工图,二级抗震等级,二 a 类环境,混凝土强度等级为 C30,柱外侧纵筋直径 $d_c = 20$ mm,柱箍筋直径 $d_{sv} = 8$ mm,求支座负筋长度。

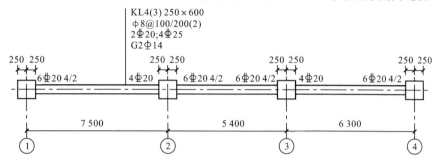

图 2-19　框架梁 KL4 平法施工图

解：中间支座两边配筋不同,多出的支座负筋在中间支座锚固,计算过程见表 2-17。

表 2-17　　　　　　　　　　　**框架梁 KL4 支座负筋计算过程**

	计算 l_{aE}、l_{abE}	查表 1-9,得 $l_{aE} = 40d = 40 \times 20 = 800$ mm;查表 1-6,得 $l_{abE} = 40d = 40 \times 20 = 800$ mm
	判断直锚/弯锚	端支座 $h_c - c = 500 - 25 = 475$ mm $< l_{aE} = 800$ mm,且 $h_c - c - d_{sv} - d_c - 25 = 500 - 25 - 8 - 20 - 25 = 422$ mm $> 0.4 l_{abE} = 0.4 \times 800 = 320$ mm,故采用弯锚
支座 1 负筋	第一排支座负筋(2 根)	支座锚固长度 $= (h_c - c - d_{sv} - d_c - 25) + 15d = 422 + 15 \times 20 = 722$ mm
		延伸长度 $= l_n/3 = (7\,500 - 250 - 250)/3 = 2\,333$ mm
		负筋总长度 $= 2\,333 + 722 = 3\,055$ mm
	第二排支座负筋(2 根)	支座锚固长度 $= (h_c - c - d_{sv} - d_c - 25 - d_1 - 25) + 15d = (500 - 25 - 8 - 20 - 25 - 20 - 25) + 15 \times 20 = 677$ mm
		延伸长度 $= l_n/4 = (7\,500 - 250 - 250)/4 = 1\,750$ mm
		负筋总长度 $= 1\,750 + 677 = 2\,427$ mm
支座 2 负筋	第一排支座负筋(2 根)	延伸长度 $= \max(7\,500 - 500, 5\,400 - 500)/3 = 2\,333$ mm
		负筋总长度 $= 500 + 2 \times 2\,333 = 5\,166$ mm
支座 2 右侧多出的负筋	第二排支座负筋(2 根)	支座锚固长度 $= (h_c - c - d_{sv} - d_c - 25) + 15d = 422 + 15 \times 20 = 722$ mm (此处钢筋锚固构造相当于第一排)
		延伸长度 $= \max(7\,500 - 500, 5\,400 - 500)/4 = 1\,750$ mm
		负筋总长度 $= 1\,750 + 722 = 2\,472$ mm
支座 3 负筋	第一排支座负筋(2 根)	延伸长度 $= \max(5\,400 - 500, 6\,300 - 500)/3 = 1\,933$ mm
		负筋总长度 $= 500 + 2 \times 1\,933 = 4\,366$ mm
支座 3 左侧多出的负筋	第二排支座负筋(2 根)	支座锚固长度 $= (h_c - c - d_{sv} - d_c - 25) + 15d = 422 + 15 \times 20 = 722$ mm (此处钢筋锚固构造相当于第一排)
		延伸长度 $= \max(5\,400 - 500, 6\,300 - 500)/4 = 1\,450$ mm
		负筋总长度 $= 1\,450 + 722 = 2\,172$ mm
支座 4 负筋	第一排支座负筋(2 根)	支座锚固长度 $= (h_c - c - d_{sv} - d_c - 25) + 15d = 422 + 15 \times 20 = 722$ mm
		延伸长度 $= l_n/3 = (6\,300 - 250 - 250)/3 = 1\,933$ mm
		负筋总长度 $= 1\,933 + 722 = 2\,655$ mm
	第二排支座负筋(2 根)	支座锚固长度 $= (h_c - c - d_{sv} - d_c - 25 - d_1 - 25) + 15d = (500 - 25 - 8 - 20 - 25 - 20 - 25) + 15 \times 20 = 677$ mm
		延伸长度 $= l_n/4 = (6\,300 - 250 - 250)/4 = 1\,450$ mm
		负筋总长度 $= 1\,450 + 677 = 2\,127$ mm

【例 2-4】 图 2-20 为某框架梁平法施工图,一级抗震等级,一类环境,混凝土强度等级为 C30,柱外侧纵筋直径 $d_c = 22$ mm,柱箍筋直径 $d_{sv} = 8$ mm,求支座负筋长度。

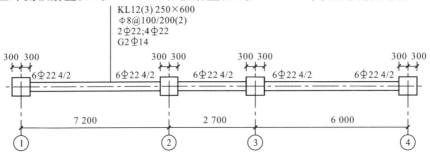

图 2-20 框架梁 KL12 平法施工图

解:此题为支座负筋贯通小跨,计算过程见表 2-18。

表 2-18   框架梁 KL12 支座负筋计算过程

	计算 l_{aE}、l_{abE}	查表 1-9,得 $l_{aE} = 33d = 33 \times 22 = 726$ mm;查表 1-6,得 $l_{abE} = 33d = 33 \times 22 = 726$ mm
	判断直锚/弯锚	端支座 $h_c - c = 600 - 20 = 580$ mm $< l_{aE} = 726$ mm,且 $h_c - c - d_{sv} - d_c - 25 = 600 - 20 - 8 - 22 - 25 = 525$ mm $> 0.4l_{abE} = 0.4 \times 726 = 290.4$ mm,故采用弯锚
支座 1 负筋	第一排支座负筋(2 根)	支座锚固长度 $= (h_c - c - d_{sv} - d_c - 25) + 15d = 525 + 15 \times 22 = 855$ mm
		延伸长度 $= l_n/3 = (7\,200 - 300 - 300)/3 = 2\,200$ mm
		负筋总长度 $= 2\,200 + 855 = 3\,055$ mm
	第二排支座负筋(2 根)	支座锚固长度 $= (h_c - c - d_{sv} - d_c - 25 - d_1 - 25) + 15d = (600 - 20 - 8 - 22 - 25 - 22 - 25) + 15 \times 22 = 808$ mm
		延伸长度 $= l_n/4 = (7\,200 - 300 - 300)/4 = 1\,650$ mm
		负筋总长度 $= 1\,650 + 808 = 2\,458$ mm
支座 2、3 负筋	第一排支座负筋(2 根)	支座 2 延伸长度 $= \max(7\,200 - 600, 2\,700 - 600)/3 = 2\,200$ mm 支座 3 延伸长度 $= \max(6\,300 - 600, 2\,700 - 600)/3 = 1\,900$ mm
		负筋总长度 $= 2\,700 + 600 + 2\,200 + 1\,900 = 7\,400$ mm
	第二排支座负筋(2 根)	支座 2 延伸长度 $= \max(7\,200 - 600, 2\,700 - 600)/4 = 1\,650$ mm 支座 3 延伸长度 $= \max(6\,300 - 600, 2\,700 - 600)/4 = 1\,425$ mm
		负筋总长度 $= 2\,700 + 600 + 1\,650 + 1\,425 = 6\,375$ mm
支座 4 负筋	第一排支座负筋(2 根)	支座锚固长度 $= (h_c - c - d_{sv} - d_c - 25) + 15d = 525 + 15 \times 22 = 855$ mm
		延伸长度 $= l_n/3 = (6\,300 - 300 - 300)/3 = 1\,900$ mm
		负筋总长度 $= 1\,900 + 855 = 2\,755$ mm
	第二排支座负筋(2 根)	支座锚固长度 $= (h_c - c - d_{sv} - dc - 25 - d_1 - 25) + 15d = (600 - 20 - 8 - 22 - 25 - 22 - 25) + 15 \times 22 = 808$ mm
		延伸长度 $= l_n/4 = (6\,300 - 300 - 300)/4 = 1\,425$ mm
		负筋总长度 $= 1\,425 + 808 = 2\,233$ mm

(2)楼层框架梁贯通钢筋长度计算

①直锚

上、下部贯通钢筋长度=通跨净长+左支座锚固长度+右支座锚固长度

②弯锚

上、下部贯通钢筋长度=通跨净长+(锚入左支座内平直长度+弯钩长度)+(锚入右支座内平直长度+弯钩长度)

【例 2-5】 图 2-21 为某框架梁平法施工图,二级抗震等级,一类环境,混凝土强度等级

为 C30,柱外侧纵筋直径 $d_c=22$ mm,柱箍筋直径 $d_{sv}=10$ mm,梁纵筋采用焊接连接,求上、下部贯通钢筋长度。

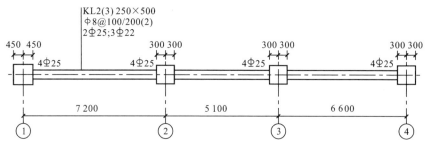

图 2-21　框架梁 KL2 平法施工图

解:计算过程见表 2-19。

表 2-19　　　　　　　　　　　　　框架梁 KL2 上、下部贯通钢筋计算过程

上部贯通钢筋(2 根)	计算 l_{aE}、l_{abE}	查表 1-9,得 $l_{aE}=33d=33\times25=825$ mm;查表 1-6,得 $l_{abE}=33d=33\times25=825$ mm
	判断直锚/弯锚	左支座 $h_c-c=900-20=880$ mm$>l_{aE}=825$ mm,故采用直锚
		右支座 $h_c-c=600-20=580$ mm$<l_{aE}=825$ mm,且 $h_c-c-d_{sv}-d_c-25=600-20-10-22-25=523$ mm$>0.4l_{abE}=0.4\times825=330$ mm,故采用弯锚
	分别计算直锚和弯锚长度	左支座直锚长度 — $\max(0.5h_c+5d,l_{aE})=\max(0.5\times900+5\times25,825)=825$ mm
		右支座弯锚长度 — $(h_c-c-d_{sv}-d_c-25)+15d=523+15\times25=898$ mm
	计算上部贯通钢筋总长度	通跨净长＋左支座锚固长度＋右支座锚固长度 — $(7\,200-450+5\,100+6\,600-300)+825+898=19\,873$ mm
	计算接头个数	$19\,873/9\,000-1=2$ 个
下部贯通钢筋(3 根)	计算 l_{aE}	查表 1-9,得 $l_{aE}=33d=33\times22=726$ mm;查表 1-6,得 $l_{abE}=33d=33\times22=726$ mm
	判断直锚/弯锚	左支座 $h_c-c=900-20=880$ mm$>l_{aE}=726$ mm,故采用直锚
		右支座 $h_c-c=600-20=580$ mm$<l_{aE}=726$ mm,且 $h_c-c-d_{sv}-d_c-25=600-20-10-22-25=523$ mm$>0.4l_{abE}=0.4\times726=290.4$ mm,故采用弯锚
	分别计算直锚和弯锚长度	左支座直锚长度 — $\max(0.5h_c+5d,l_{aE})=\max(0.5\times900+5\times22,726)=726$ mm
		右支座弯锚长度 — $(h_c-c-d_{sv}-d_c-25)+15d=523+15\times22=853$ mm
	计算下部贯通钢筋总长度	通跨净长＋左支座锚固长度＋右支座锚固长度 — $(7\,200-450+5\,100+6\,600-300)+726+853=19\,729$ mm
	计算接头个数	$19\,729/9\,000-1=2$ 个

【例 2-6】　图 2-22 为某框架梁平法施工图,三级抗震等级,一类环境,混凝土强度等级为 C30,柱外侧纵筋直径 $d_c=25$ mm,柱箍筋直径 $d_{sv}=8$ mm,求上部通长筋长度。

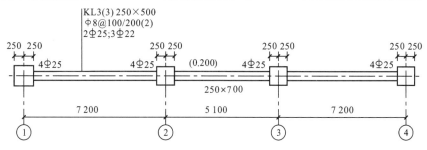

图 2-22　框架梁 KL3 平法施工图

解:此题为上部通长筋中间支座变截面锚固(梁顶有高差),$\Delta_h/(h_c-50)=200/(500-50)=0.444>1/6=0.167$,计算过程见表2-20。

表 2-20　　　　　　　　　　框架梁 KL3 上部通长筋计算过程

低标高钢筋	计算 l_{aE}、l_{abE}	查表 1-9,得 $l_{aE}=30d=30\times25=750$ mm;查表 1-6,得 $l_{abE}=31d=31\times25=775$ mm
	判断直锚/弯锚	端支座 $h_c-c=500-20=480$ mm$<l_{aE}=750$ mm,且 $h_c-c-d_{sv}-d_c-25=500-20-8-25-25=422$ mm$>0.4l_{abE}=0.4\times775=310$ mm,故采用弯锚
	分别计算弯锚和直锚长度	端支座弯锚长度$=(h_c-c-d_{sv}-d_c-25)+15d=422+15\times25=797$ mm
		中间支座直锚长度$=30d=30\times25=750$ mm
	计算上部贯通钢筋总长度	通跨净长+左支座锚固长度+右支座锚固长度
		总长度$=(7\,200-250-250)+797+750=8\,247$ mm
高标高钢筋	计算弯锚长度	端支座弯锚长度$=(h_c-c-d_{sv}-d_c-25)+15d=422+15\times25=797$ mm
	计算上部贯通钢筋总长度	通跨净长+左支座锚固长度+右支座锚固长度
		总长度$=(5\,100-250-250)+797+797=6\,194$ mm

【例 2-7】 图 2-23 为某框架梁平法施工图,三级抗震等级,一类环境,混凝土强度等级为 C35,柱外侧纵筋直径 $d_c=25$ mm,柱箍筋直径 $d_{sv}=8$ mm,求上、下部通长筋长度。

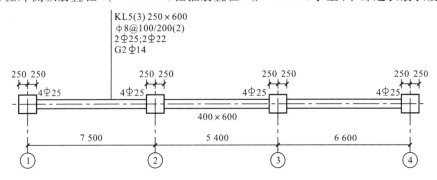

KL5(3) 250×600
Φ8@100/200(2)
2Φ25;2Φ22
G2Φ14

250 250　　250 250　　250 250　　250 250
4Φ25　　4Φ25　　4Φ25　　4Φ25
400×600
7 500　　5 400　　6 600
① ② ③ ④

图 2-23　框架梁 KL5 平法施工图

解:此题为上、下部通长筋中间支座变截面锚固(梁宽度不同),计算过程见表2-21。

表 2-21　　　　　　　　　　框架梁 KL5 上、下部通长筋计算过程

上部通长筋	计算 l_{aE}、l_{abE}		查表 1-9,得 $l_{aE}=28d=28\times25=700$ mm;查表 1-6,得 $l_{abE}=28d=28\times25=700$ mm
	判断直锚/弯锚		端支座 $h_c-c=500-20=480$ mm$<l_{aE}=700$ mm,且 $h_c-c-d_{sv}-d_c-25=500-20-8-25-25=422$ mm$>0.4l_{abE}=0.4\times700=280$ mm,故采用弯锚
	左窄梁	计算上部贯通钢筋总长度	左端支座弯锚长度$=(h_c-c-d_{sv}-d_c-25)+15d=422+15\times25=797$ mm
			右中间支座直锚长度$=28d=28\times25=700$ mm
			通跨净长+左端支座锚固长度+右中间支座锚固长度
			总长度$=(7\,500-250-250)+797+700=8\,497$ mm
	宽梁	计算上部贯通钢筋总长度	左中间支座弯锚长度$=(h_c-c-d_{sv}-d_c-25)+15d=422+15\times25=797$ mm
			右中间支座弯锚长度$=(h_c-c-d_{sv}-d_c-25)+15d=422+15\times25=797$ mm
			通跨净长+左中间支座锚固长度+右中间支座锚固长度
			总长度$=(5\,400-250-250)+797+797=6\,494$ mm
	右窄梁	计算上部贯通钢筋总长度	右端支座弯锚长度$=(h_c-c-d_{sv}-d_c-25)+15d=422+15\times25=797$ mm
			左中间支座直锚长度$=28d=28\times25=700$ mm
			通跨净长+右端支座锚固长度+左中间支座锚固长度
			总长度$=(6\,600-250-250)+797+700=7\,597$ mm

（续表）

下部通长筋		计算 l_{aE}、l_{abE}	查表1-9，得 $l_{aE}=28d=28\times22=616$ mm；查表1-6，得 $l_{abE}=28d=28\times22=616$ mm
		判断直锚/弯锚	端支座 $h_c-c=500-20=480$ mm$<l_{aE}=616$ mm，且 $h_c-c-d_{sv}-d_c-25=500-20-8-25-25=422$ mm$>0.4l_{abE}=0.4\times616=246$ mm，故采用弯锚
	左窄梁	计算下部贯通钢筋总长度	左端支座弯锚长度$=(h_c-c-d_{sv}-d_c-25)+15d=422+15\times22=752$ mm
			右中间支座直锚长度$=28d=28\times22=616$ mm
			通跨净长＋左端支座锚固长度＋右中间支座锚固长度
			总长度$=(7\,500-250-250)+752+616=8\,366$ mm
	宽梁	计算下部贯通钢筋总长度	左中间支座弯锚长度$=(h_c-c-d_{sv}-d_c-25)+15d=422+15\times22=752$ mm
			右中间支座弯锚长度$=(h_c-c-d_{sv}-d_c-25)+15d=422+15\times22=752$ mm
			通跨净长＋左中间支座锚固长度＋右中间支座锚固长度
			总长度$=(5\,400-250-250)+752+752=6\,404$ mm
	右窄梁	计算下部贯通钢筋总长度	右端支座弯锚长度$=(h_c-c-d_{sv}-d_c-25)+15d=422+15\times22=752$ mm
			左中间支座直锚长度$=28d=28\times22=616$ mm
			通跨净长＋右端支座锚固长度＋左中间支座锚固长度
			总长度$=(6\,600-250-250)+752+616=6\,468$ m

【例 2-8】 如图 2-24 所示某框架梁平法施工图，三级抗震等级，一类环境，混凝土强度等级为 C30，柱外侧纵筋直径 $d_c=22$ mm，柱箍筋直径 $d_{sv}=8$ mm，求下部通长筋长度。

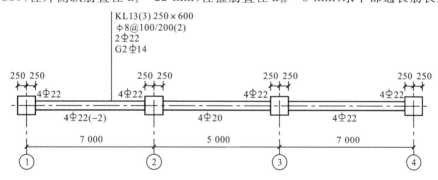

图 2-24 框架梁 KL13 平法施工图

解：此题中下部部分钢筋不伸入支座，计算过程见表 2-22。

表 2-22　　　　　　　　　　　框架梁 KL13 下部通长筋计算过程

第1跨下部伸入支座钢筋	计算 l_{aE}、l_{abE}	查表1-9，得 $l_{aE}=30d=30\times22=660$ mm；查表1-6，得 $l_{abE}=31d=31\times22=682$ mm
	判断直锚/弯锚	端支座 $h_c-c=500-20=480$ mm$<l_{aE}=660$ mm，且 $h_c-c-d_{sv}-d_c-25=500-20-8-22-25=425$ mm$>0.4l_{abE}=0.4\times682=273$ mm，故采用弯锚
	分别计算弯锚和直锚长度	左端支座弯锚长度$=(h_c-c-d_{sv}-d_c-25)+15d=425+15\times22=755$ mm
		右端中间支座直锚长度$=30d=30\times22=660$ mm，$>0.5h_c+5d=0.5\times500+5\times22=360$ mm
	计算下部贯通钢筋总长度	通跨净长＋左端支座锚固长度＋右端中间支座锚固长度
		总长度$=(7\,000-250-250)+755+660=7\,915$ mm
第1跨下部不伸入支座钢筋	计算下部不贯通钢筋总长度	通跨净长$-2\times0.1l_n$
		总长度$=(7\,000-250-250)-2\times0.1\times(7\,000-250-250)=5\,200$ mm

(续表)

第 2 跨下部纵筋	计算下部贯通钢筋总长度	中间支座直锚长度＝30d＝30×20＝600 mm＞0.5h_c＋5d＝0.5×500＋5×20＝350 mm
		通跨净长＋两端中间支座锚固长度
		总长度＝(5 000－250－250)＋600＋600＝5 700 mm
第 3 跨下部纵筋	计算下部贯通钢筋总长度	同第 1 跨下部伸入支座钢筋

【例 2-9】 图 2-25 为某框架梁平法施工图,三级抗震等级,一类环境,混凝土强度等级为 C30,柱外侧纵筋直径 d_c＝25 mm,柱箍筋直径 d_{sv}＝8 mm,求上部通长筋长度。

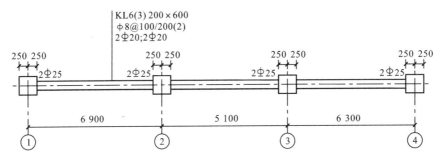

图 2-25　框架梁 KL6 平法施工图

解:此题中上部通长筋由不同钢筋直径组成,上部通长筋计算过程见表 2-23。

表 2-23　　　　　　　　　　　框架梁 KL6 上部通长筋计算过程

第 1 跨上部通长筋	计算 l_{lE}	查表 1-9,得 l_{aE}＝30d＝30×20＝600 mm
		$l_{lE}＝\zeta_l l_{aE}$＝1.6×600＝960 mm(没有错开搭接)
	支座 1 负筋	延伸长度＝(6 900－250－250)/3＝2 133 mm
	支座 2 负筋	延伸长度＝max[(6 900－250－250),(5 100－250－250)]/3＝2 133 mm
	总长度	通跨净长－支座 1 负筋延伸长度－支座 2 负筋延伸长度＋2l_{lE}
		总长度＝(6 900－250－250)－2 133－2 133＋2×960＝4 054 mm
第 2 跨上部通长筋	支座 3 负筋	延伸长度＝max[(5 100－250－250),(6 300－250－250)]/3＝1 933 mm
	总长度	通跨净长－支座 2 负筋延伸长度－支座 3 负筋延伸长度＋2l_{lE}
		总长度＝(5 100－250－250)－2 133－1 933＋2×960＝2 454 mm
第 3 跨上部通长筋	支座 4 负筋	延伸长度＝(6 300－250－250)/3＝1 933 mm
	总长度	通跨净长－支座 3 负筋延伸长度－支座 4 负筋延伸长度＋2l_{lE}
		总长度＝(6 300－250－250)－1 933－1 933＋2×960＝3 854 mm

(3)架立筋长度计算

①架立筋长度计算

每跨梁架立筋长度计算公式为

架立筋长度＝梁的净跨长度－两端支座负筋的延伸长度＋150×2

②架立筋根数计算

架立筋根数＝箍筋肢数－上部通长钢筋的根数

【例 2-10】 图 2-26 为某框架梁平法施工图,三级抗震等级,一类环境,混凝土强度等级为 C30,柱外侧纵筋直径 d_c＝22 mm,柱箍筋直径 d_{sv}＝8 mm,求架立筋长度。

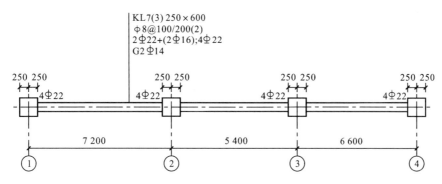

图 2-26　框架梁 KL7 平法施工图

解:计算过程见表 2-24。

表 2-24　　　　　　　　　　　　框架梁 **KL7 架立筋计算过程**

第1跨 上部架 立筋	支座1负筋	延伸长度＝(7 200－250－250)/3＝2 233 mm
	支座2负筋	延伸长度＝max[(7 200－250－250),(5 400－250－250)]/3＝2 233 mm
	总长度	通跨净长－支座1负筋延伸长度－支座2负筋延伸长度＋150×2
		总长度＝(7 200－250－250)－2 233－2 233＋150×2＝2 534 mm
第2跨 上部架 立筋	支座3负筋	延伸长度＝max[(5 400－250－250),(6 600－250－250)]/3＝2 033 mm
	总长度	通跨净长－支座2负筋延伸长度－支座3负筋延伸长度＋150×2
		总长度＝(5 400－250－250)－2 233－2 033＋150×2＝934 mm
第3跨 上部架 立筋	支座4负筋	延伸长度＝(6 600－250－250)/3＝2 033 mm
	总长度	通跨净长－支座3负筋延伸长度－支座4负筋延伸长度＋150×2
		总长度＝(6 600－250－250)－2 033－2 033＋150×2＝2 334 mm

(4)梁侧面纵筋计算

①梁侧面构造纵筋计算

梁侧面构造纵筋长度计算

$$梁侧面构造纵筋长度＝通跨净长＋15d×2$$

梁侧面构造纵筋根数计算

$$梁侧面构造纵筋根数＝(h_w/梁侧面纵筋间距－1)×2$$

h_w——截面的腹板高度。

对矩形截面,h_w 取有效高度 h_0;对 T 形截面,h_w 取有效高度减去翼缘高度;对 I 形和箱形截面,h_w 取腹板净高。

②梁侧面抗扭纵筋长度计算

长度计算同楼层框架梁下部钢筋。

【例 2-11】 试计算例 2-9 框架梁侧面构造筋长度。

解:计算过程见表 2-25。

表 2-25　　　　　　　　　　　　**框架梁侧面构造筋计算过程**

第1跨 侧面构 造筋	支座1	锚固长度＝15d＝15×14＝210 mm
	支座2	锚固长度＝15d＝15×14＝210 mm
	总长度	通跨净长＋15d×2
		总长度＝(7 200－250－250)＋210×2＝7 120 mm

第 2 跨 侧 面 构 造 筋	支座 3	锚固长度＝15d＝15×14＝210 mm
	总长度	通跨净长＋15d×2
		总长度＝(5 400－250－250)＋210×2＝5 320 mm
第 3 跨 侧 面 构 造 筋	支座 4	锚固长度＝15d＝15×14＝210 mm
	总长度	通跨净长＋15d×2
		总长度＝(6 600－250－250)＋210×2＝6 520 mm

2.3.3 屋面框架梁纵筋构造与计算

1. 屋面框架梁纵筋的构造

图 2-27 为屋面框架梁 WKL 纵筋构造。

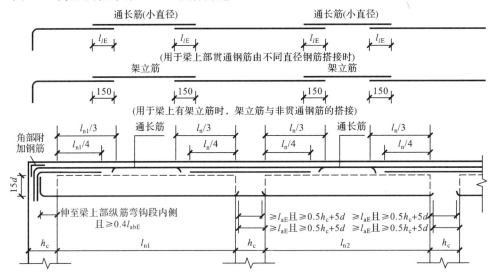

图 2-27　屋面框架梁 WKL 纵筋构造

（1）楼面框架梁与屋面框架梁的区别

楼面框架梁与屋面框架梁的区别见表 2-26。

表 2-26　　　　　　　　　　楼面框架梁与屋面框架梁的区别

区别形式	楼面框架梁	屋面框架梁
上部和下部纵筋锚固 方式不同	有弯锚和直锚两种锚固方式	上部纵筋在端支座只有弯锚，下部纵筋 在端支座可直锚
	上部和下部纵筋锚固方式相同	上部和下部纵筋锚固方式不同
上部和下部纵筋端支 座具体锚固长度不同	抗震楼面框架梁上部、下部纵筋在端支座 第一排的锚固长度为 $h_c-c_c-d_c-25+15d$	抗震屋面框架梁上部纵筋有弯至梁底 与下弯 $1.7l_{abE}$ 两种构造
变截面梁顶有高差时 纵筋锚固不同	直锚：l_{aE}	直锚：l_{aE}
	弯锚：$h_c-c_c-d_c-25+15d$（第一排）	弯锚：$h_c-c_c-d_c-25+\Delta_h+l_{aE}$（第一排）

（2）屋面框架梁纵筋边柱构造形式

屋面框架梁纵筋边柱构造有两种形式，一种是梁纵筋与柱纵筋弯折搭接，另一种是梁纵筋与柱纵筋竖直搭接，前者称为柱插梁（柱包梁），后者称为梁插柱（梁包柱）。

①顶梁边柱节点的柱插梁构造

顶梁边柱节点的柱插梁构造见表 2-27。

表 2-27　　　　　　　　　　　　　　顶梁边柱节点的柱插梁构造

类别	当边柱外侧纵筋配筋率≤1.2%时	当边柱外侧纵筋配筋率>1.2%时
图示	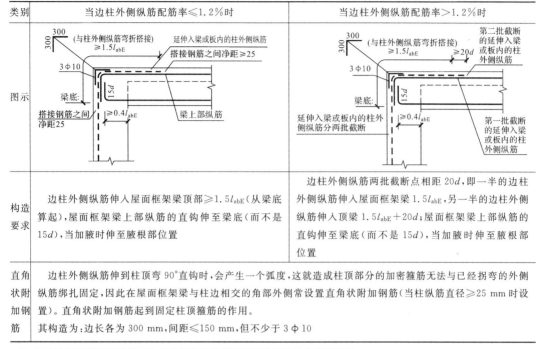	
构造要求	边柱外侧纵筋伸入屋面框架梁顶部≥1.5l_{abE}(从梁底算起)，屋面框架梁上部纵筋的直钩伸至梁底(而不是15d)，当加腋时伸至腋根部位置	边柱外侧纵筋两批截断点相距20d，即一半的边柱外侧纵筋伸入屋面框架梁1.5l_{abE}，另一半的边柱外侧纵筋伸入顶梁1.5l_{abE}+20d；屋面框架梁上部纵筋的直钩伸至梁底(而不是15d)，当加腋时伸至腋根部位置
直角状附加钢筋	边柱外侧纵筋伸到柱顶弯90°直钩时，会产生一个弧度，这就造成柱顶部分的加密箍筋无法与已经拐弯的外侧纵筋绑扎固定，因此在屋面框架梁与柱边相交的角部外侧常设置直角状附加钢筋(当柱纵筋直径≥25 mm时设置)。直角状附加钢筋起到固定柱顶箍筋的作用。 其构造为：边长各为300 mm，间距≤150 mm，但不少于3Φ10	

注：边柱外侧纵筋配筋率等于边柱外侧纵筋的截面面积除以柱的总截面面积。

②顶梁边柱节点的梁插柱构造

顶梁边柱节点的梁插柱构造见表 2-28。

表 2-28　　　　　　　　　　　　　　顶梁边柱节点的梁插柱构造

类别	当屋面框架梁上部纵筋配筋率≤1.2%时	当屋面框架梁上部纵筋配筋率>1.2%时
图示	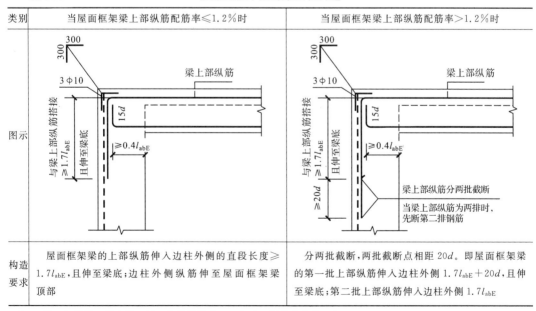	
构造要求	屋面框架梁的上部纵筋伸入边柱外侧的直段长度≥1.7l_{abE}，且伸至梁底；边柱外侧纵筋伸入屋面框架梁顶部	分两批截断，两批截断点相距20d。即屋面框架梁的第一批上部纵筋伸入边柱外侧1.7l_{abE}+20d，且伸至梁底；第二批上部纵筋伸入边柱外侧1.7l_{abE}

注：1.梁上部纵筋配筋率等于梁上部纵筋的截面面积除以梁的有效截面面积。

　　2.直角状附加钢筋的构造同柱插梁。

（3）屋面框架梁中间支座的纵筋构造

屋面框架梁中间支座的纵筋相关构造见表2-29。

表 2-29 　　　　　　　　　　屋面框架梁中间支座纵筋构造

类型	图示	构造要求
中间支座梁高度不同	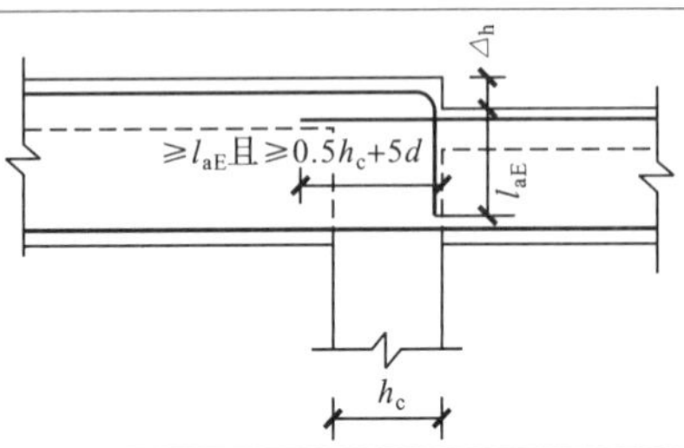	$\Delta_h/(h_c-50)>1/6$ 时： 顶部有高差时：上部通长筋断开，高跨上部纵筋伸至柱外边（柱外侧纵筋内侧）弯折$(\Delta_h-c-d_v)+l_{aE}$；低跨上部纵筋直锚入支座 l_{aE} 且 $\geq 0.5h_c+5d$
	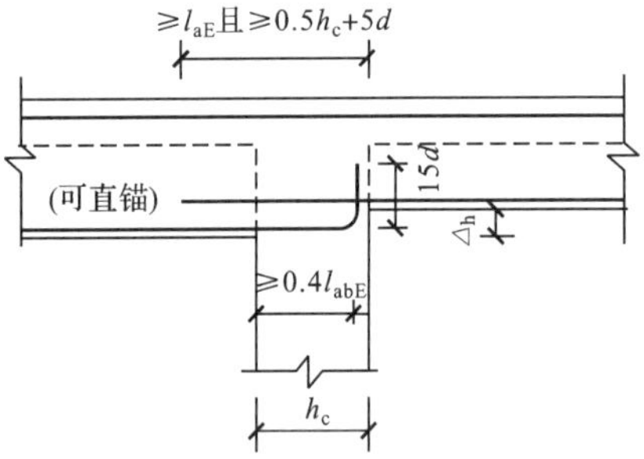	底部有高差时：低跨下部纵筋伸至柱外边（柱外侧纵筋内侧）弯折 $15d$ 或直锚入支座 l_{aE} 且 $\geq 0.5h_c+5d$，高跨下部纵筋直锚入支座 l_{aE} 且 $\geq 0.5h_c+5d$。 当 $\Delta_h/(h_c-50)\leq1/6$ 时： 顶部有高差时：上部纵筋连续（斜弯）通过； 底部有高差时：下部纵筋连续（斜弯）通过
中间支座梁宽度不同	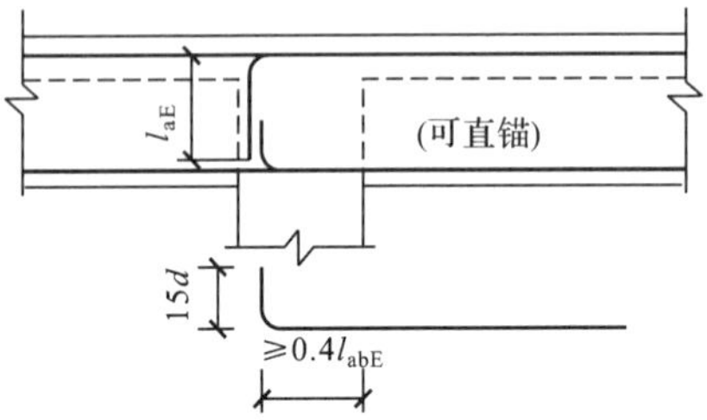	当支座两边梁宽不同或错开布置时，将无法直通的纵筋弯锚入柱内；或当支座两边纵筋根数不同时，可将多出的纵筋弯锚入柱内；当支座宽度满足直锚要求时可直锚

2. 屋面框架梁纵筋的计算

（1）屋面框架梁负筋（非贯通钢筋）长度计算

①端支座梁负筋

采用柱插梁：

第一排负筋长度 = 1/3 梁的净长 ＋锚入端支座内平直长度＋弯钩长度

第二排负筋长度 = 1/4 梁的净长＋锚入端支座内平直长度＋弯钩长度

采用柱插梁，梁负筋长度计算见表2-30。

表 2-30 　　　　　　　　　采用柱插梁，梁负筋长度计算

第一排负筋长度 = 1/3 梁的净长 ＋锚入端支座内平直长度＋弯钩长度		
1/3 梁的净长	锚入端支座内平直长度	弯钩长度
$l_n/3$	$h_c-c_1-d_{sv}-d_c-25$	$h-c_2-d_v$
第二排负筋长度 = 1/4 梁的净长＋锚入端支座内平直长度＋弯钩长度		
1/4 梁的净长	锚入端支座内平直长度	弯钩长度
$l_n/4$	$h_c-c_1-d_{sv}-d_c-25-d_1-25$	$h-c_2-d_v-d_1-25$

注：h_c——柱截面高度；h——梁截面高度；c_1——柱混凝土保护层厚度；c_2——梁混凝土保护层厚度；d_{sv}——柱箍筋直径；d_v——梁箍筋直径；d_c——柱外侧钢筋直径；d_1——梁第一排钢筋直径

采用梁插柱：

第一排负筋长度＝1/3 梁的净长 ＋锚入端支座内平直长度＋弯钩长度

第二排负筋长度＝1/4 梁的净长＋锚入端支座内平直长度＋弯钩长度

采用梁插柱，梁负筋长度计算见表 2-31。

表 2-31　　　　　采用梁插柱梁负筋长度计算

第一排负筋长度＝1/3 梁的净长 ＋锚入端支座内平直长度＋弯钩长度		
1/3 梁的净长	锚入端支座内平直长度	弯钩长度
$l_n/3$	$h_c - c_1 - d_{sv} - d_c - 25$	梁上部纵筋配筋率≤1.2%时，$1.7l_{abE}$； 梁上部纵筋配筋率＞1.2%时，$1.7l_{abE}$（第一批）， $1.7l_{abE} + 20d$（第二批）
第二排负筋长度＝1/4 梁的净长＋锚入端支座内平直长度＋弯钩长度		
1/4 梁的净长	锚入端支座内平直长度	弯钩长度
$l_n/4$	$h_c - c_1 - d_{sv} - d_c - 25 - d_1 - 25$	梁上部纵筋配筋率≤1.2%时，$1.7l_{abE}$； 梁上部纵筋配筋率＞1.2%时，$1.7l_{abE}$（第一批）

②中间支座负筋

第一排负筋长度＝$l_n/3$＋中间支座宽＋$l_n/3$

第二排负筋长度＝$l_n/4$＋中间支座宽＋$l_n/4$

③中间支座负筋贯通小跨

第一排负筋长度＝$l_n/3$＋左支座宽＋小跨净跨长＋右支座宽＋$l_n/3$

第二排负筋长度＝$l_n/4$＋左支座宽＋小跨净跨长＋右支座宽＋$l_n/4$

（2）屋面框架梁贯通钢筋长度计算

①直锚

下部贯通钢筋长度＝通跨净长＋左支座锚固长度＋右支座锚固长度

②弯锚

上、下部贯通钢筋长度＝通跨净长＋（锚入左支座内平直长度＋弯钩长度）＋（锚入右支座内平直长度＋弯钩长度）

【例 2-12】　图 2-28 为某屋面框架梁平法施工图，三级抗震等级，一类环境，混凝土强度等级为 C30，柱外侧纵筋直径 d_c＝22 mm，柱箍筋直径 d_{sv}＝8 mm，求钢筋长度。

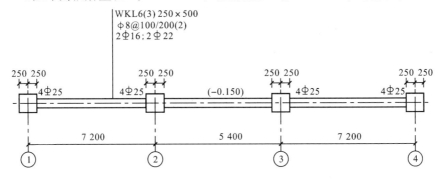

图 2-28　框架梁 WKL6 平法施工图

解：$\Delta_h/(h_c-50)=150/(500-50)=0.333>1/6=0.167$，钢筋长度计算过程见表2-32。

表 2-32 　　　　　　　　　　　　　　　　　　　钢筋长度计算过程

计算 l_{aE}、l_{abE}、l_{lE}	查表 1-9，得 $l_{aE}=30d=30\times25=750$ mm；查表 1-6，得 $l_{abE}=31d=31\times25=775$ mm，$l_{lE}=\zeta_l l_{aE}=1.6\times30d=1.6\times30\times16=768$ mm（没有错开搭接）	
判断直锚/弯锚	高跨上部纵筋采用弯锚，低跨上部纵筋采用直锚（第二跨）	
上部钢筋配筋率	梁的有效高度 $h_0=h-a_s=500-(20+8+25/2)=459.5$ mm 梁上部纵筋 2 ⏀ 25，$A_s=982$ mm² $\rho=A_s/bh_0=982/250\times459.5=0.85\%<1.2\%$	
第 一 跨 上部筋	左支座负筋（4根）	按梁插柱（梁包柱）锚固方式
		锚固长度$=(h_c-c-d_{sv}-d_c-25)+1.7l_{abE}=425+1.7\times775=1\ 743$ mm
		延伸长度$=l_n/3=(7\ 200-250-250)/3=2\ 233$ mm
		总长度$=1\ 743+2\ 233=3\ 976$ mm
	右支座负筋（4根）	锚固长度$=(h_c-c-d_{sv}-d_c-25)+(\Delta_h-c-d_v)+l_{aE}=425+(150-20-8)+750=1\ 297$ mm
		延伸长度 $l_n/3=(7\ 200-250-250)/3=2\ 233$ mm
		总长度$=1\ 297+2\ 233=3\ 530$ mm
	通长筋（2根）	通跨净长－左支座负筋延伸长度－右支座负筋延伸长度$+2l_{lE}$
		总长度$=(7\ 200-250-250)-2\ 233-2\ 233+2\times768=3\ 770$ mm
第 二 跨 上部筋	左支座负筋（4根）	锚固长度$=l_{aE}=750$ mm
		延伸长度$=\max(7\ 200-500,5\ 400-500)/3=2\ 233$ mm
		总长度$=750+2\ 233=2\ 983$ mm
	右支座负筋（4根）	同左支座总长度$=750+2\ 233=2\ 983$ mm
	通长筋（2根）	通跨净长－左支座负筋延伸长度－右支座负筋延伸长度$+2l_{lE}$
		总长度$=(5\ 400-250-250)-2\ 233-2\ 233+2\times768=1\ 970$ mm
第 三 跨 上部筋	左支座负筋（4根）	
	右支座负筋（4根）	同第一跨上部筋
	通长筋（2根）	
计算 l_{aE}、l_{abE}	查表 1-9，得 $l_{aE}=30d=30\times22=660$ mm；查表 1-6，得 $l_{abE}=31d=31\times22=682$ mm	
判断直锚/弯锚	支座 $h_c-c=500-20=480$ mm$<l_{aE}=660$ mm，且 $h_c-c-d_{sv}-d_c-25=500-20-8-22-25=425$ mm$>0.4l_{abE}=0.4\times682=273$ mm，故高跨（第一跨）左支座下部纵筋采用弯锚、右支座下部纵筋采用直锚，低跨（第二跨）左右支座下部纵筋采用弯锚，高跨（第三跨）左支座下部纵筋采用直锚、右支座下部纵筋采用弯锚	
第 一 跨 下部筋	通长筋（2根）	净跨长＋左支座锚固长度＋右支座锚固长度
		左支座锚固长度$=(h_c-c-d_{sv}-d_c-25)+15d=425+15\times22=755$ mm
		右支座锚固长度$=l_{aE}=660$ mm
		总长度$=(7\ 200-500)+755+660=8\ 115$ mm

（续表）

第 二 跨 下部筋	通长筋(2 根)	净跨长＋左支座锚固长度＋右支座锚固长度
		左支座锚固长度＝$(h_c-c-d_{sv}-d_c-25)+15d=425+15\times22=755$ mm
		右支座锚固长度＝$(h_c-c-d_{sv}-d_c-25)+15d=425+15\times22=755$ mm
		总长度＝$(5\ 400-500)+755+755=6\ 410$ mm
第 三 跨 下部筋	通长筋(2 根)	同第一跨下部筋

【例 2-13】　图 2-29 为某屋面框架梁平法施工图，二级抗震等级，一类环境，混凝土强度等级为 C30，柱外侧纵筋直径 $d_c=20$ mm，柱箍筋直径 $d_{sv}=10$ mm，求钢筋长度。

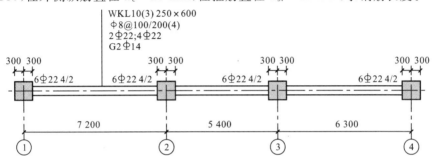

图 2-29　框架梁 WKL10 平法施工图

解：计算过程见表 2-33。

表 2-33　　　　　　　　　　　　钢筋长度计算过程

计算 l_{aE}、l_{abE}		查表 1-9，得 $l_{aE}=33d=33\times22=726$ mm；查表 1-6，得 $l_{abE}=33d=33\times22=726$ mm
判断直锚/弯锚		支座 1 和支座 4：$h_c-c=600-20=580$ mm$<l_{aE}=726$ mm，且 $h_c-c-d_{sv}-d_c-25-d_1-25=600-20-10-20-25-22-25=503$ mm$>0.4l_{abE}=0.4\times726=290.4$ mm，故下部钢筋采用弯锚
上部钢筋配筋率		梁的有效高度 $h_0=h-a_s=600-(20+8+22+12.5)=537.5$ mm 梁上部纵筋 6Φ22，$A_s=2\ 281$ mm^2 $\rho=A_s/b_{h0}=2\ 281/250\times537.5=1.7\%>1.2\%$
支 座 1 负筋	第一排支座负筋(2 根)	按梁插柱(梁包柱)锚固方式
		支座锚固长度＝$(h_c-c-d_{sv}-d_c-25)+1.7l_{aE}+20d=525+1.7\times726+20\times22=2\ 199$ mm
		延伸长度＝$l_n/3=(7\ 200-300-300)/3=2\ 200$ mm
		负筋总长度＝$2\ 200+2\ 199=4\ 399$ mm
	第二排支座负筋(2 根)	支座锚固长度＝$(h_c-c-d_{sv}-d_c-25-d_1-25)+1.7l_{abE}=(600-20-10-20-25-22-25)+1.7\times726=1\ 712$ mm
		延伸长度＝$l_n/4=(7\ 200-300-300)/4=1\ 650$ mm
		负筋总长度＝$1\ 650+1\ 712=3\ 362$ mm

支座 2 负筋	第一排支座负筋(2根)	支座 2 延伸长度＝max(7 200－600,5 400－600)/3＝2 200 mm
		负筋总长度＝2 200＋600＋2 200＝5 000mm
	第二排支座负筋(2根)	支座 2 延伸长度＝max(7 200－600,5 400－600)/4＝1 650 mm
		负筋总长度＝1 650＋600＋1 650＝3 900 mm
支座 3 负筋	第一排支座负筋(2根)	支座 3 延伸长度＝max(6 300－600,5 400－600)/3＝1 900 mm
		负筋总长度＝1 900＋600＋1 900＝4 400 mm
	第二排支座负筋(2根)	支座 3 延伸长度＝max(6 300－600,5 400－600)/4＝1 425 mm
		负筋总长度＝1 425＋600＋1 425＝3 450 mm
支座 4 负筋	第一排支座负筋(2根)	支座锚固长度＝$(h_c－c－d_{sv}－d_c－25)＋1.7l_{abE}＋20d＝525＋1.7×726＋20×22＝$2 199 mm
		延伸长度＝$l_n/3＝$(6 300－300－300)/3＝1 900 mm
		负筋总长度＝1 900＋2 199＝4 099 mm
	第二排支座负筋(2根)	支座锚固长度＝$(h_c－c－d_{sv}－d_c－25－d_1－25)＋1.7l_{abE}＝$(600－20－10－20－25－22－25)＋1.7×726＝1 712 mm
		延伸长度＝$l_n/4＝$(6 300－300－300)/4＝1 425 mm
		负筋总长度＝1 425＋1 712＝3 137 mm
上部贯通钢筋(2根)	计算上部贯通钢筋总长度	通跨净长＋左支座锚固长度＋右支座锚固长度
		左支座锚固长度＝$(h_c－c－d_{sv}－d_c－25)＋1.7l_{abE}＋20d＝525＋1.7×726＋20×22＝2 199 mm$
		右支座锚固长度＝$(h_c－c－d_{sv}－d_c－25)＋1.7l_{abE}＋20d＝525＋1.7×726＋20×22＝2 199 mm$
		总长度＝2 199＋(7 200＋5 400＋6 300－300－300)＋2 199＝22 698 m
下部贯通钢筋(4根)	计算下部贯通钢筋总长度	通跨净长＋左支座锚固长度＋右支座锚固长度
		左支座锚固长度＝$(h_c－c－d_{sv}－d_c－25－d_1－25－d_1－25)＋15d＝431＋15×22＝761 mm$
		右支座锚固长度＝$(h_c－c－d_{sv}－d_c－25－d_1－25－d_1－25)＋15d＝431＋15×22＝761 mm$
		总长度＝761＋(7 200＋5 400＋6 300－300－300)＋761＝19 822 mm
第 1 跨上部架立筋(2根)	支座 1 负筋	延伸长度＝$l_n/3＝$(7 200－300－300)/3＝2 200 mm
	支座 2 负筋	延伸长度＝max[(7 200－300－300),(5 400－300－300)]/3＝2 200 mm
	总长度	通跨净长－支座 1 负筋延伸长度－支座 2 负筋延伸长度＋150×2
		总长度＝(7 200－300－300)－2 200－2 200＋150×2＝2 500 mm
第 2 跨上部架立筋(2根)	支座 3 负筋	延伸长度＝max[(5 400－300－300),(6 300－300－300)]/3＝1 900 mm
	总长度	通跨净长－支座 2 负筋延伸长度－支座 3 负筋延伸长度＋150×2
		总长度＝(5 400－300－300)－2 200－1 900＋150×2＝1 000 mm
第 3 跨上部架立筋(2根)	支座 4 负筋	延伸长度＝(6 300－300－300)/3＝1 900 mm
	总长度	通跨净长－支座 3 负筋延伸长度－支座 4 负筋延伸长度＋150×2
		总长度＝(6 300－300－300)－1 900－1 900＋150×2＝2 200 mm

（续表）

侧面构造筋（2根）	计算侧面贯通钢筋总长度	通跨净长＋15d×2
		左支座锚固长度＝15d＝15×14＝210 mm
		右支座锚固长度＝15d＝15×14＝210 mm
		总长度＝210＋（7 200＋5 400＋6 300－300－300）＋210＝18 720 mm

2.3.4 非框架梁 L 纵筋构造与计算

1. 非框架梁 L 纵筋的构造

非框架梁 L 纵筋构造见表 2-34。

表 2-34   非框架梁 L 纵筋构造

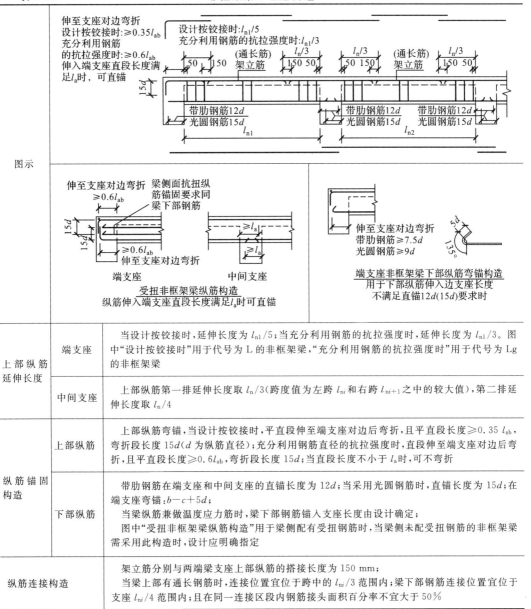

图示		
上部纵筋延伸长度	端支座	当设计按铰接时，延伸长度为 $l_{n1}/5$；当充分利用钢筋的抗拉强度时，延伸长度为 $l_{n1}/3$。图中"设计按铰接时"用于代号为 L 的非框架梁，"充分利用钢筋的抗拉强度时"用于代号为 Lg 的非框架梁
	中间支座	上部纵筋第一排延伸长度取 $l_n/3$（跨度值为左跨 l_{ni} 和右跨 l_{ni+1} 之中的较大值），第二排延伸长度取 $l_n/4$
纵筋锚固构造	上部纵筋	上部纵筋弯锚，当设计按铰接时，平直段伸至端支座对边后弯折，且平直段长度≥0.35 l_{ab}，弯折段长度 15d（d 为纵筋直径）；充分利用钢筋直径的抗拉强度时，直段伸至端支座对边后弯折，且平直段长度≥0.6l_{ab}，弯折段长度 15d；当直段长度不小于 l_a 时，可不弯折
	下部纵筋	带肋钢筋在端支座和中间支座的直锚长度为 12d；当采用光圆钢筋时，直锚长度为 15d；在端支座弯锚：$b-c+5d$。 当纵筋兼做温度应力筋时，梁下部钢筋锚入支座长度由设计确定； 图中"受扭非框架梁纵筋构造"用于梁侧面配有受扭钢筋时，当梁侧未配受扭钢筋的非框架梁需采用此构造时，设计应明确指定
纵筋连接构造		架立筋分别与两端梁支座上部纵筋的搭接长度为 150 mm； 当梁上部有通长钢筋时，连接位置宜位于跨中的 $l_{ni}/3$ 范围内；梁下部钢筋连接位置宜位于支座 $l_{ni}/4$ 范围内；且在同一连接区段内钢筋接头面积百分率不宜大于 50%

非框架梁中间支座的纵筋构造见表 2-35。

表 2-35 非框架梁中间支座的纵筋构造

类型	图示	构造要求
中间支座梁高度不同	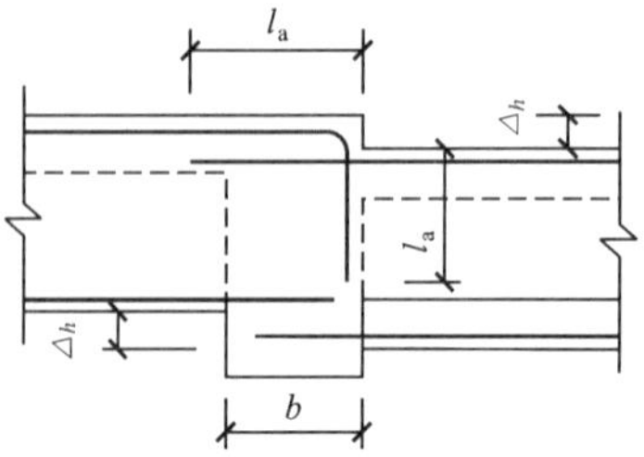	$\Delta_h/(b-50)>1/6$ 时： 顶部有高差时：上部通长筋断开，高跨上部纵筋伸至梁外边弯折$(\Delta_h-c-d_v)+l_a$；低跨上部纵筋直锚入支座 l_a； 梁下部纵筋锚固要求见表 2-34
中间支座梁宽度不同	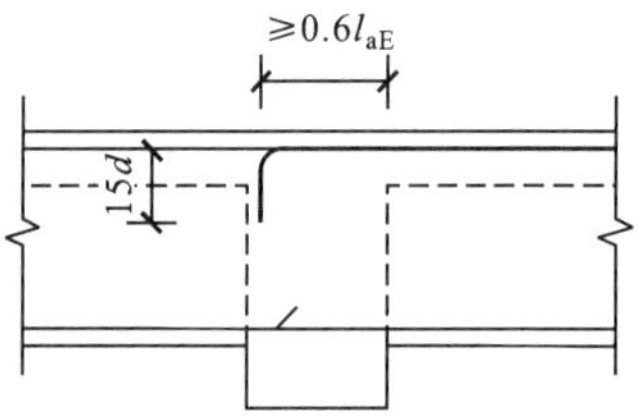	当支座两边梁宽不同或错开布置时，将无法直通的纵筋弯锚入梁内；或当支座两边纵筋根数不同时，可将多出的纵筋弯锚入梁内； 梁下部纵筋锚固要求见表 2-34

2. 非框架梁纵筋的计算

(1)非框架梁贯通钢筋长度计算

①上部贯通钢筋长度计算

上部贯通钢筋长度＝通跨净长＋(锚入左支座内平直长度＋弯钩长度 $15d$)＋(锚入右支座内平直长度＋弯钩长度 $15d$)

②下部贯通钢筋长度计算

下部贯通钢筋长度＝通跨净长＋左支座锚固长度＋右支座锚固长度

贯通钢筋长度计算见表 2-36。

表 2-36 贯通钢筋长度计算

下部贯通钢筋长度＝通跨净长＋左支座锚固长度＋右支座锚固长度						
左支座锚固长度			通跨净长	右支座锚固长度		
受弯	直锚	$12d$(带肋钢筋) $15d$(光圆钢筋)	l_n	受弯	直锚	$12d$(带肋钢筋) $15d$(光圆钢筋)
	弯锚	$b-c+5d$			弯锚	$b-c+5d$
受扭	弯锚	$b-c+15d$		受扭	弯锚	$b-c+15d$

(2)非框架梁上部非贯通钢筋长度计算

①端支座

直锚：

第一排负筋长度＝$l_n/5$ ($l_n/3$)＋端支座锚固长度 l_a

弯锚：

第一排负筋长度＝$l_n/5$ ($l_n/3$)＋锚入端支座内平直长度＋弯钩长度 $15d$

②中间支座

第一排负筋长度＝$l_n/3$＋中间支座宽＋$l_n/3$

l_n 取值:对于端支座,l_n 为本跨的净跨长;对于中间支座,l_n 为相邻两跨净跨长的较大值。

（3）非框架梁下部非贯通钢筋长度计算

①第一跨下部非贯通钢筋长度

第一跨下部非贯通钢筋长度＝净跨长 l_{n1}＋左支座锚固长度＋右支座锚固长度

②中间跨下部非贯通钢筋长度

中间下部非贯通钢筋长度＝净跨长 l_{ni}＋中间左支座锚固长度＋中间右支座锚固长度（$i=2、3、\cdots、n-1$）

③末跨下部非贯通钢筋长度

末跨下部非贯通钢筋长度＝净跨长 l_{nn}＋左支座锚固长度＋右支座锚固长度

下部非贯通钢筋长度计算见表 2-37。

表 2-37　　　　　　　　　　下部非贯通钢筋长度计算

第一跨下部非贯通钢筋长度＝净跨长 l_{n1}＋左支座锚固长度＋右支座锚固长度						
左支座锚固长度			跨净长	右支座锚固长度		
受弯	直锚	12d(带肋钢筋) 15d(光圆钢筋)	l_{n1}	受弯	直锚	12d(带肋钢筋) 15d(光圆钢筋)
	弯锚	$b-c+5d$				
受扭	弯锚	$b-c+15d$		受扭	弯锚	l_a
中间下部非贯通钢筋长度＝净跨长 l_{ni}＋左支座锚固长度＋右支座锚固长度						
左支座锚固长度			跨净长	右支座锚固长度		
受弯	直锚	12d(带肋钢筋) 15d(光圆钢筋)	l_{ni}	受弯	直锚	12d(带肋钢筋) 15d(光圆钢筋)
受扭	直锚	l_a		受扭	直锚	l_a
末跨下部非贯通钢筋长度＝净跨长 l_{nn}＋左支座锚固长度＋右支座锚固长度						
左支座锚固长度			跨净长	右支座锚固长度		
受弯	直锚	12d(带肋钢筋) 15d(光圆钢筋)	l_{nn}	受弯	直锚	12d(带肋钢筋) 15d(光圆钢筋)
					弯锚	$b-c+5d$
受扭	直锚	l_a		受扭	弯锚	$b-c+15d$

【例 2-14】　图 2-30 为某房屋非框架梁平法施工图,一类环境,混凝土强度等级为 C30,求支座负筋长度和架立筋长度。

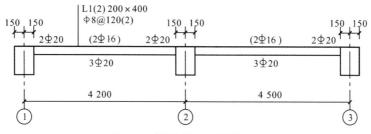

图 2-30　非框架梁 L1 平法施工图

解:计算过程见表 2-38。

表 2-38　　　　　　　　　　非框架梁 L1 支座负筋和架立筋计算过程

第 1 跨	支座 1 负筋	负筋长度＝$l_n/5$＋锚入端支座内平直长度＋弯钩长度 15d
		延伸长度＝$l_n/5$＝(4 200－150－150)/5＝780 mm
		锚入端支座内平直长度＝$b-c$＝300－20＝280 mm
		弯钩长度＝15d＝15×20＝300 mm
		负筋长度＝780＋280＋300＝1 360 mm
	支座 2 负筋	负筋长度＝$l_n/3$＋中间支座宽＋$l_n/3$
		延伸长度＝max[(4 200－150－150),(4 500－150－150)]/3＝1 400 mm
		负筋长度＝1 400＋300＋1 400＝3 100 mm
	架立筋	通跨净长－支座 1 负筋延伸长度－支座 2 负筋延伸长度＋150×2
		总长度＝(4 200－150－150)－780－1 400＋150×2＝2 020 mm
第 2 跨	支座 3 负筋	负筋长度＝$l_n/5$＋锚入端支座内平直长度＋弯钩长度 15d
		延伸长度＝$l_n/5$＝(4 500－150－150)/5＝840 mm
		锚入端支座内平直长度＝$b-c$＝300－20＝280 mm
		弯钩长度＝15d＝15×20＝300 mm
		负筋长度＝840＋280＋300＝1 420mm
	架立筋	通跨净长－支座 2 负筋延伸长度－支座 3 负筋延伸长度＋150×2
		总长度＝(4 500－150－150)－1 400－840＋150×2＝2 260 mm

【例 2-15】　图 2-31 为某房屋非框架梁平法施工图,一类环境,混凝土强度等级为 C30,求支座负筋长度和架立筋长度。

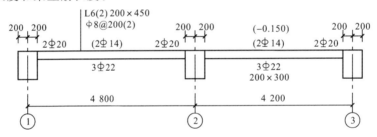

图 2-31　非框架梁 L6 平法施工图

解:$\Delta_h/(b-50)$＝150/(400－50)＝0.429＞1/6＝0.167,钢筋长度计算过程见表 2-39。

表 2-39　　　　　　　　　　非框架梁 L6 支座负筋和架立筋计算过程

第 1 跨	左支座负筋	负筋长度＝延伸长度＋锚入端支座内平直长度＋弯钩长度 15d
		延伸长度＝$l_n/5$＝(4 800－200－200)/5＝880 mm
		锚入端支座内平直长度＝$b-c$＝400－20＝380 mm
		弯钩长度＝15d＝15×20＝300 mm
		负筋长度＝880＋380＋300＝1 560 mm
	右支座负筋	负筋长度＝锚固长度＋延伸长度
		锚固长度＝$(b-c)$＋(Δ_h-c-d_v)＋l_a＝(400－20)＋(150－20－8)＋29×20＝1 082 mm
		延伸长度＝$l_n/3$＝max[(4 800－200－200),(4 200－200－200)]/3＝1 467 mm
		负筋长度＝1 082＋1 467＝2 549 mm

	架立筋	通跨净长－左支座负筋延伸长度－右支座负筋延伸长度＋150×2
		总长度＝(4 800－200－200)－880－1 467＋150×2＝2 353 mm
第2跨	左支座负筋	负筋长度＝锚固长度＋延伸长度
		锚固长度＝l_a＝29d＝29×20＝580 mm
		延伸长度＝l_n/3＝max[(4 800－200－200),(4 200－200－200)]/3＝1 467 mm
		负筋长度＝580＋1 467＝2 047 mm
	右支座负筋	负筋长度＝延伸长度＋锚入端支座内平直长度＋弯钩长度15d
		延伸长度＝l_n/5＝(4 200－200－200)/5＝760 mm
		锚入端支座内平直长度＝b－c＝400－20＝380 mm
		弯钩长度＝15d＝15×20＝300 mm
		负筋长度＝760＋380＋300＝1 440 mm
	架立筋	通跨净长－左支座负筋延伸长度－右支座负筋延伸长度＋150×2
		总长度＝(4 200－200－200)－1 467－760＋150×2＝1 873 mm

【例 2-16】　图 2-32 为某房屋三跨非框架梁平法施工图，一类环境，混凝土强度等级为 C30，求钢筋长度。

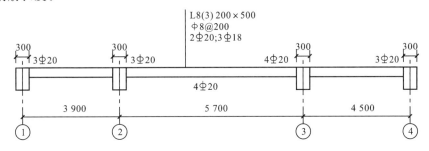

图 2-32　非框架梁 L8 平法施工图

解：(1)支座负筋长度计算过程见表 2-40。

表 2-40　　　　　　　　　　**非框架梁 L8 支座负筋长度计算过程**

支座1负筋1Φ20	负筋长度＝延伸长度＋锚入端支座内平直长度＋弯钩长度15d
	延伸长度＝l_n/5＝(3 900－150－150)/5＝720 mm
	锚入端支座内平直长度＝b－c＝300－20＝280 mm
	弯钩长度＝15d＝15×20＝300 mm
	负筋长度＝720＋280＋300＝1 300 mm
支座2负筋1Φ20	负筋长度＝延伸长度l_n/3＋中间支座宽＋延伸长度l_n/3
	延伸长度＝l_n/3＝(5 700－150－150)/3＝1 800 mm
	中间支座宽＝300 mm
	负筋长度＝1 800＋300＋1 800＝3 900 mm
支座3负筋2Φ20	负筋长度＝延伸长度l_n/3＋中间支座宽＋延伸长度l_n/3
	延伸长度＝l_n/3＝(5 700－150－150)/3＝1 800 mm
	中间支座宽＝300 mm
	负筋长度＝1 800＋300＋1 800＝3 900 mm

（续表）

支座 4 负筋 1 Φ 20	负筋长度＝延伸长度＋锚入端支座内平直长度＋弯钩长度 15d
	延伸长度＝l_n/5＝(4 500－150－150)/5＝840 mm
	锚入端支座内平直长度＝$b-c$＝300－20＝280 mm
	弯钩长度＝15d＝15×20＝300 mm
	负筋长度＝840＋280＋300＝1 420 mm

（2）上部贯通钢筋长度计算过程见表 2-41。

表 2-41　　　　　　　**非框架梁 L8 上部贯通钢筋长度计算过程（机械连接）**

上部贯通钢筋 2 Φ 20	上部贯通钢筋总长度＝通跨净长＋（锚入左支座内平直长度＋弯钩长度 15d）＋（锚入右支座内平直长度＋弯钩长度 15d）
	通跨净长＝3 900＋5 700＋4 500－150－150＝13 800 mm
	锚入左支座内平直长度＝300－20＝280 mm
	弯钩长度＝15d＝15×20＝300 mm
	锚入右支座内平直长度＝300－20＝280 mm
	弯钩长度＝15d＝15×20＝300 mm
	总长度＝13 800＋(280＋300)＋(280＋300)＝14 960 mm

（3）下部非贯通钢筋长度计算过程见表 2-42。

表 2-42　　　　　　　**非框架梁 L8 下部非贯通钢筋长度计算过程**

第一跨下部钢筋 3 Φ 18	下部非贯通钢筋长度＝净跨长 l_{n1}＋左支座锚固长度＋右支座锚固长度
	跨净长＝l_{n1}＝3 900－150－150＝3 600 mm
	左支座锚固长度＝12d＝12×18＝216 mm
	右支座锚固长度＝12d＝12×18＝216 mm
	总长度＝3 600＋216＋216＝4 032 mm
第二跨下部钢筋 4 Φ 20	下部非贯通钢筋长度＝净跨长 l_{n2}＋左支座锚固长度＋右支座锚固长度
	跨净长＝l_{n2}＝5 700－150－150＝5 400 mm
	左支座锚固长度＝12d＝12×20＝240 mm
	右支座锚固长度＝12d＝12×20＝240 mm
	总长度＝5 400＋240＋240＝5 880 mm
第三跨下部钢筋 3 Φ 18	下部非贯通钢筋长度＝净跨长 l_{n3}＋左支座锚固长度＋右支座锚固长度
	跨净长＝l_{n3}＝4 500－150－150＝4 200 mm
	左支座锚固长度＝12d＝12×18＝216 mm
	右支座锚固长度＝12d＝12×18＝216 mm
	总长度＝4 200＋216＋216＝4 632 mm

　　【例 2-17】　图 2-33 为某房屋非框架梁平法施工图，一类环境，混凝土强度等级为 C30，求钢筋长度。

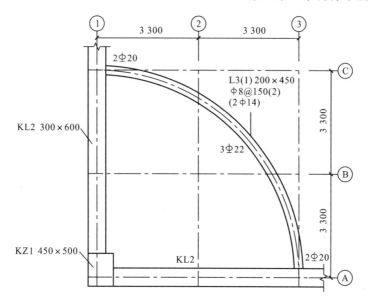

图 2-33 非框架梁 L3 平法施工图

解：按受扭构件计算，计算过程见表 2-43。

表 2-43   非框架梁 L3 钢筋计算过程

弧形梁中心线长	$n\pi R/180=90\times3.14\times(6\,600-150)/180=10\,127$ mm（净跨长）		
弧形梁凸长	$n\pi R/180=90\times3.14\times(6\,600-150+100)/180=10\,284$ mm（净跨长）		
左支座负筋 2⽾20	负筋长度＝弯钩长度＋锚入端支座内平直长度＋延伸长度		
	弯钩长度＝$15d=15\times20=300$ mm		
	锚入端支座内平直长度＝$b_b-c=300-20=280$ mm		
	延伸长度＝$l_n/5=10\,127/5=2\,025$ mm		
	负筋长度＝$300+280+2\,025=2\,605$ mm		
右支座负筋 2⽾20	同左支座计算		
架立筋 2⽾14	净跨长－左支座负筋延伸长度－右支座负筋延伸长度＋150×2		
	总长度＝$10\,127-2\,025-2\,025+150\times2=6\,377$ mm		
下部钢筋 3⽾22	下部非贯通钢筋长度＝净跨长＋左支座锚固长度＋右支座锚固长度		
	左（右）支座锚固长度＝$b-c+15d=300-20+15\times22=610$ mm		
	总长度＝$10\,127+610+610=11\,347$ mm		
箍筋长度	长度＝$2(b+h)-8c+27.13d=2\times(200+450)-8\times20+27.13\times8=1\,357$ mm		
箍筋根数	根数＝$(10\,284-100)/200+1=52$ 根		

2.3.5   悬挑梁钢筋构造与计算

悬挑梁通长情况分为两种形式：一种是悬臂直接固接于柱或墙的悬挑梁，称为纯悬挑梁；另一种是悬臂与跨中梁相连的悬挑梁，称为外伸悬挑梁。

1.悬挑梁钢筋及配筋构造

（1）悬挑梁钢筋构造

悬挑梁钢筋构造见表 2-44。

表 2-44   悬挑梁钢筋构造

上部钢筋	只有一排钢筋	伸至悬挑梁外端
		下弯
	第二排钢筋	伸至 0.75l 后下弯
	第三排钢筋	伸出长度由设计者注明
下部钢筋	锚固 15d	
箍筋	布置到悬挑梁尽端	

（2）悬挑梁配筋构造

悬挑梁配筋构造见表 2-45。

表 2-45   悬挑梁配筋构造

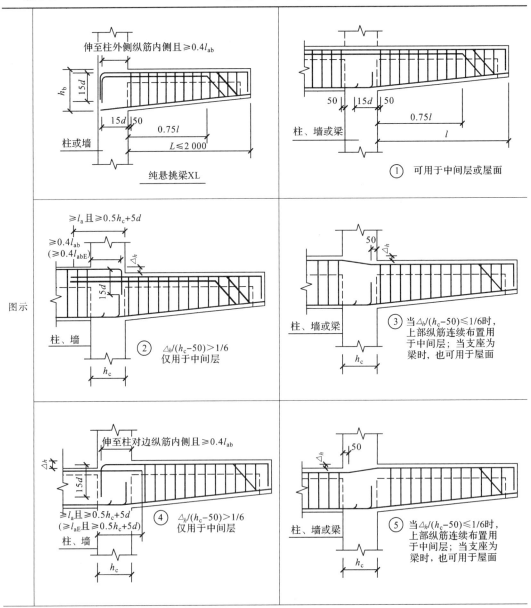

图示

（续表）

图示	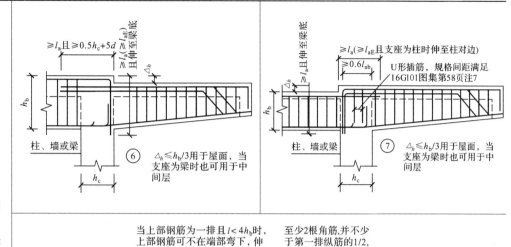

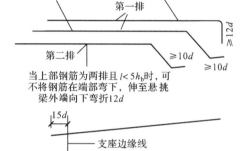

当悬挑梁根部与框架梁底齐平时，底部相同直径的纵筋可拉通设置

<table>
<tr><td rowspan="5">构造说明</td><td>(1)第一排上部纵筋至少配置两根角筋，并且不少于第一排纵筋的二分之一的上部纵筋一直伸到悬臂梁端部，并向下弯折≥12d；其余纵筋不应在梁的上部截断，而应按规定的弯折点位置向下弯折，并按规定在梁的下边锚固；当$l<4h_b$时，上部钢筋可不在端部弯下，伸至悬挑梁外端，向下弯折12d。</td></tr>
<tr><td>(2)第二排上部纵筋在悬挑长度的0.75处下弯45°的斜坡到梁底部再伸出≥10d的平直段，当$l<5h_b$时，可不将钢筋在端部弯下，伸至悬挑梁外端向下弯折12d；当梁上部设有第三排钢筋时，其伸出长度应由设计者注明。</td></tr>
<tr><td>(3)纯悬挑梁的上部纵筋在支座的锚固，即伸至柱外侧纵筋内侧且≥$0.4l_{ab}$，再弯折15d；纯悬挑梁的长度$l≤2\,000$ mm。</td></tr>
<tr><td>(4)括号内数值为框架梁纵筋锚固长度。当悬挑梁考虑竖向地震作用时（由设计明确），悬挑梁中钢筋锚固长度l_a、l_{ab}应改为l_{aE}、l_{abE}，悬挑梁下部钢筋伸入支座长度也应采用l_{aE}。</td></tr>
<tr><td>(5)悬挑梁下部纵筋是架立筋，在支座的锚固长度为15d</td></tr>
</table>

2. 悬挑梁纵筋的计算

（1）纯悬挑梁

①弯锚

上部第一排纵筋——伸至悬挑梁外端

钢筋长度＝（锚入支座内平直长度＋15d）＋$(l-c)$＋12d

上部第一排纵筋——下弯钢筋

钢筋长度＝（锚入支座内平直长度＋15d）＋$(l-c)$＋0.414（近似按端部梁高－2c－$2d_v$）

注：当$l<4h_b$时，上部钢筋可不在端部弯下，按伸至悬挑梁外端形式计算。

上部第二排纵筋

钢筋长度＝(锚入支座内平直长度＋15d)＋0.75l＋1.414(近似按上弯点处梁高－2c－2d_v－d_1－25)＋10d

注：当l＜5h_b时，可不将钢筋在端部弯下，按伸至悬挑梁外端形式计算。

下部纵筋

钢筋长度＝(l－c)＋15d

②直锚

上部第一排纵筋——伸至悬挑梁外端

钢筋长度＝$\max[l_a+(0.5h_c+5d)]$＋(l－c)＋12d

上部第一排纵筋——下弯钢筋

钢筋长度＝$\max[l_a,(0.5h_c+5d)]$＋(l－c)＋0.414(近似按端部梁高－2c－2d_v)

注：当l＜4h_b时，上部钢筋可不在端部弯下，按伸至悬挑梁外端形式计算。

上部第二排纵筋

钢筋长度＝$\max[l_a,(0.5h_c+5d)]$＋0.75l＋1.414(近似按上弯点处梁高－2c－2d_v－d_1－25)＋10d

注：当l＜5h_b时，可不将钢筋在端部弯下，按伸至悬挑梁外端形式计算。

下部纵筋

钢筋长度＝(l－c)＋15d

(2)外伸悬挑梁

上部第一排纵筋——伸至悬挑梁外端：

钢筋长度＝(延伸长度＋支座宽度)(或与跨中梁贯通)＋(l－c)＋12d

上部第一排纵筋——下弯钢筋：

钢筋长度＝(延伸长度＋支座宽度)(或与跨中梁贯通)＋(l－c)＋0.414(近似按端部梁高－2c－2d_v)

注：当l＜4h_b时，上部钢筋可不在端部弯下，按伸至悬挑梁外端形式计算。

上部第二排纵筋：

钢筋长度＝(延伸长度＋支座宽度)(或与跨中梁贯通)＋0.75l＋1.414(近似按上弯点处梁高－2c－2d_v－d_1－25)＋10d

注：当l＜5h_b时，可不将钢筋在端部弯下，按伸至悬挑梁外端形式计算。

下部纵筋：

钢筋长度＝(l－c)＋15d

【例2-18】 图2-34为某纯悬挑梁平法施工图，一级抗震等级，一类环境，混凝土强度等级为C35，柱外侧纵筋直径d_c＝25 mm，柱箍筋直径d_{sv}＝8 mm，求悬挑梁钢筋长度。

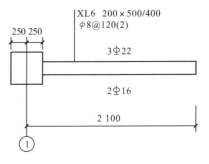

XL6 200×500/400
φ8@120(2)

250 250

3Φ22

2Φ16

2 100

①

图2-34 XL6平法施工图

解:计算过程见表 2-46。

表 2-46　　　　　　　　　悬挑梁 **XL6** 钢筋计算过程

计算 l_a、l_{ab}	查表 1-8,得 $l_a=27d=27\times22=594$ mm;查表 1-5,得 $l_{ab}=27d=27\times22=594$ mm
判断直锚/弯锚	支座 $h_c-c=500-20=480$ mm$<l_a=594$ mm,且 $h_c-c-d_{sv}-d_c-25=500-20-8-25-25=422$ mm$>0.4l_{ab}=0.4\times594=238$ mm,故采用弯锚
上部钢筋 3Φ22	$l=(2\,100-250)=1\,850$ mm$<4h_b=4\times500=2\,000$ mm,故上部钢筋全部伸至悬挑梁外端
	钢筋长度=(锚入支座内平直长度+15d)+($l-c$)+12d
	弯锚长度=$422+15\times22=752$ mm
	悬挑外端下弯=$12\times22=264$ mm
	长度=$752+(1\,850-20)+264=2\,846$ mm
下部钢筋 2Φ16	钢筋长度=($l-c$)+15d
	锚固长度=$15\times16=240$ mm
	钢筋长度=$(1\,850-20)+240=2\,070$ mm

【例 2-19】　图 2-35 为某纯悬挑梁平法施工图,三级抗震等级,一类环境,混凝土强度等级为 C30,柱外侧纵筋直径 $d_c=22$ mm,柱箍筋直径 $d_{sv}=8$ mm,求悬挑梁钢筋长度。

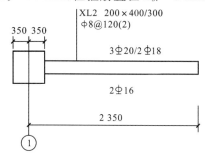

图 2-35　XL2 平法施工图

解:计算过程见表 2-47。

表 2-47　　　　　　　　　悬挑梁 **XL2** 钢筋计算过程

	计算 l_a、l_{ab}	查表 1-8,得 $l_a=29d=29\times20=580$ mm;查表 1-5,得 $l_{ab}=29d=29\times20=580$ mm
	判断直锚/弯锚	支座 $h_c-c=700-20=680$ mm$>l_a=580$ mm,故采用直锚
上部钢筋	第一排角部钢筋 2Φ20	钢筋长度=$\max[l_a,(0.5h_c+5d)]+(l-c)+12d$
		直锚长度=$\max[29\times20,(0.5\times700+5\times20)]=580$ mm
		悬挑外端下弯=$12\times20=240$ mm
		钢筋长度=$580+(2\,000-20)+240=2\,800$ mm
	第一排中间钢筋 1Φ20	$l=(2\,350-350)=2\,000$ mm$>4h_b=4\times400=1\,600$ mm,故可在端部弯下
		钢筋长度=$\max[l_a,(0.5h_c+5d)]+(l-c)+0.414$(端部梁高$-2c-2d_v$)
		直锚长度=$\max[29\times20,(0.5\times700+5\times20)]=580$ mm
		0.414(端部梁高$-2c-2d_v$)=$0.414\times(300-2\times20-2\times8)=101$ mm
		钢筋长度=$580+(2\,000-20)+101=2\,661$ mm

（续表）

上部钢筋	第二排钢筋 2⊕18	$l=(2\ 350-350)=2\ 000\ \text{mm}=5h_{\text{b}}=5\times400=2\ 000\ \text{mm}$,故可在端部弯下
		上弯点处梁高$=300+0.25\times2\ 000\times100/2\ 000=325\ \text{mm}$
		钢筋长度$=\max[l_{\text{a}},(0.5h_{\text{c}}+5d)]+0.75l+1.414(上弯点处梁高-2c-2d_{\text{v}}-d_1-25)+10d$
		直锚长度$=\max[29\times18,(0.5\times700+5\times20)]=522\ \text{mm}$
		$1.414(上弯点处梁高-2c-2d_{\text{v}}-d_1-25)=1.414\times(325-2\times20-2\times8-20-25)=317\ \text{mm}$
		平直长度$=10d=10\times18=180\ \text{mm}$
		钢筋长度$=522+0.75\times2\ 000+317+180=2\ 519\ \text{mm}$
下部钢筋	2⊕16	钢筋长度$=(l-c)+15d$
		锚固长度$=15\times16=240\ \text{mm}$
		长度$=(2\ 000-20)+240=2\ 220\ \text{mm}$

【**例 2-20**】 图 2-36 为某悬挑梁平法施工图,二级抗震等级,一类环境,混凝土强度等级为 C35,求悬挑梁钢筋长度。

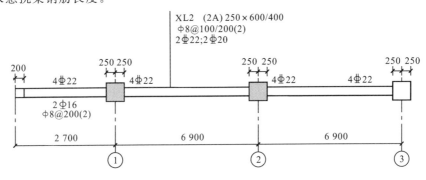

XL2 （2A) $250\times600/400$
⊕8@100/200(2)
2⊕22;2⊕20

图 2-36 XL2(2A)平法施工图

解:计算过程见表 2-48。

表 2-48 悬挑梁 **XL2** 钢筋计算过程

上部钢筋	第一排角部钢筋 2⊕22	第一排角部钢筋为上部贯通钢筋,伸至悬挑梁外端下弯 $12d$,计算略
	第一排中间钢筋 2⊕22	$l=(2\ 700-250)=2\ 450\ \text{mm}>4h_{\text{b}}=4\times600=2\ 400\ \text{mm}$,故可在端部弯下
		钢筋长度$=$（延伸长度＋支座宽度）$+(l-c)+0.414$（近似按端部梁高$-2c-2d_{\text{v}}$）
		延伸长度$=(6\ 900-500)/3=2\ 133\ \text{mm}$
		0.414（端部梁高$-2c-2d_{\text{v}}$）$=0.414\times(400-2\times20-2\times8)=142\ \text{mm}$
		钢筋长度$=(2\ 133+500)+(2\ 450-20)+142=5\ 205\ \text{mm}$
下部钢筋	2⊕16	钢筋长度$=(l-c)+15d$
		锚固长度$=15\times16=240\ \text{mm}$
		长度$=(2\ 450-20)+240=2\ 670\ \text{mm}$

2.3.6　井字梁 JZL 的构造

1. 概述

井字梁 JZL 通常由非框架梁构成,并以框架梁为支座(特殊情况下以专门设置的非框架大梁为支座)。在此情况下,为明确区分井字梁与作为井字梁支座的梁,井字梁用单粗虚线表示(当井字梁顶面高出板面时可用单粗实线表示),作为井字梁支座的梁用双细虚线表示(当梁顶面高出板面时可用双细实线表示)。

在此介绍的井字梁是指在同一矩形平面内相互正交所组成的结构构件,井字梁的分布范围称为矩形平面网格区域(简称网格区域)。当在结构平面布置中仅有由四根框架梁框起的一片网格区域时,所有在该区域相互正交的井字梁均为单跨;当有多片网格区域相连时,贯通多片网格区域的井字梁为多跨梁,且相邻两片网格区域分界处即该井字梁的中间支座。对某根井字梁编号时,其跨数为其总支座数减 1;在该梁的任意两个支座之间,无论有几根同类梁与其相交,均不作为支座,如图 2-37 所示。

图 2-37 所示为两片矩形平面网格区域井字梁的平面图,仅标注了井字梁编号、序号和跨数。

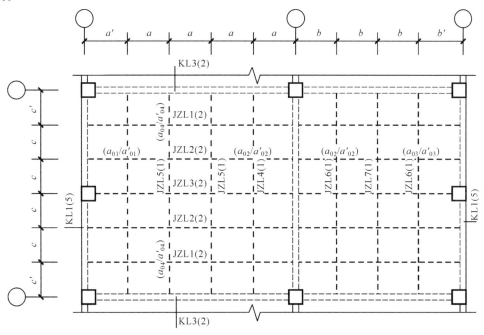

图 2-37　井字梁矩形平面网格区域示意图

2. 井字梁 JZL 配筋构造

井字梁 JZL 配筋构造见表 2-49。

表 2-49 井字梁 JZL 配筋构造

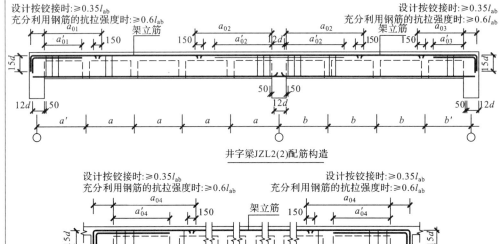

井字梁JZL2(2)配筋构造

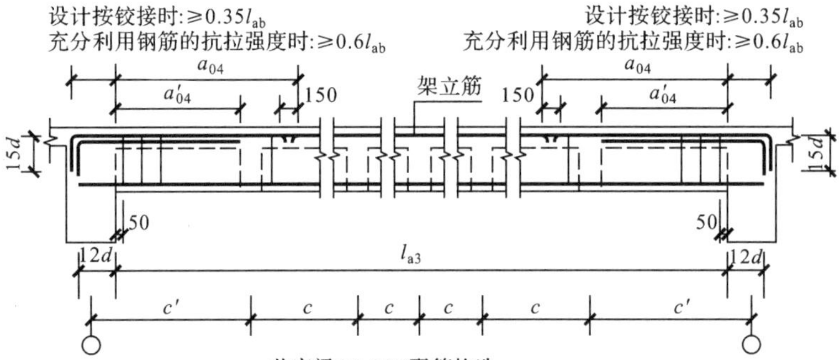

井字梁JZL5(1)配筋构造

图示	
构造说明	(1)井字梁上部纵筋在端支座弯锚,当设计按铰接时,平直段伸至端支座对边后弯折,且平直段长度≥$0.35l_{ab}$,弯折段长度$15d$(d 为纵筋直径);充分利用钢筋的抗拉强度时,直段伸至端支座对边后弯折,且平直段长度≥$0.6l_{ab}$,弯折段长度$15d$;当直段长度不小于 l_a 时可不弯折。 (2)井字梁的端部支座和中间支座上部纵筋的伸出长度 a_{0i}、a'_{0i} 值,由设计者在原位加注具体数值予以说明;梁的几何尺寸与配筋数值详见具体工程设计。 (3)设计还应注明纵、横两个方向梁相交处同层面钢筋的上下交错关系(指梁上部或下部的同层面交错钢筋,何梁在上何梁在下),以及在该相交处两方向箍筋的布置要求。设计无具体说明时,井字梁上、下部纵筋均短跨在下,长跨在上;短跨梁箍筋在相交范围内通长设置;相交处两侧各附加 3 道箍筋,间距 50 mm,箍筋直径及肢数同梁内箍筋。 (4)当梁上部有通长筋时,连接位置宜位于跨中 $l_{ni}/3$ 范围内;梁下部钢筋连接位置宜位于支座 $l_{ni}/4$ 范围内;且在同一连接区段内钢筋接头面积百分率不宜大于 50%。 (5)下部纵筋在端支座和中间支座的直锚长度为 $12d$;当纵筋采用光面钢筋时,直锚长度为 $15d$。 (6)架立筋与支座负筋的搭接长度为 150 mm。 (7)从距支座边缘 50 mm 处开始布置第一个箍筋。 (8)井字梁的集中标注和原位标注方法与非框架梁相同

2.3.7 梁箍筋构造与计算

1. 梁箍筋构造

(1)梁箍筋加密区构造

为了保证地震时框架节点核心区的安全性,框架梁每一跨的两端,箍筋必须进行加密。依据框架梁抗震等级的不同,箍筋加密区的长度也有所区别。

梁箍筋加密区构造见表 2-50。

表 2-50 　梁箍筋加密区构造

类型	图示	构造
框架梁 KL、WKL 的箍筋加密区构造	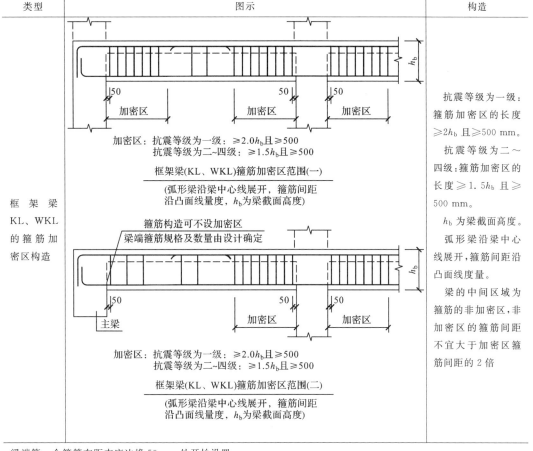 加密区：抗震等级为一级： ≥2.0h_b且≥500 抗震等级为二~四级： ≥1.5h_b且≥500 **框架梁(KL、WKL)箍筋加密区范围(一)** (弧形梁沿梁中心线展开，箍筋间距沿凸面线量度，h_b为梁截面高度) 箍筋构造可不设加密区 梁端箍筋规格及数量由设计确定 主梁 加密区：抗震等级为一级： ≥2.0h_b且≥500 抗震等级为二~四级： ≥1.5h_b且≥500 **框架梁(KL、WKL)箍筋加密区范围(二)** (弧形梁沿梁中心线展开，箍筋间距沿凸面线量度，h_b为梁截面高度)	抗震等级为一级：箍筋加密区的长度≥2h_b且≥500 mm。 抗震等级为二~四级：箍筋加密区的长度≥1.5h_b且≥500 mm。 h_b为梁截面高度。 弧形梁沿梁中心线展开，箍筋间距沿凸面线度量。 梁的中间区域为箍筋的非加密区，非加密区的箍筋间距不宜大于加密区箍筋间距的 2 倍

梁端第一个箍筋在距支座边缘 50 mm 处开始设置

（2）梁横截面纵筋与箍筋排布构造

梁横截面纵筋与箍筋排布构造如图 2-38 所示。图中标有 $m/n(k)$，其中 m 为梁上部第一排纵筋根数，n 为梁下部第一排纵筋根数，k 为梁箍筋肢数。图 2-38 所示为 $m \geq n$ 时的钢筋排布方案；当 $m < n$ 时，可根据排布规则将图 2-38 中纵筋上下换位后应用。

当梁箍筋为双肢箍筋时，梁上部纵筋、下部纵筋及箍筋的排布无关联，各自独立排布；当梁箍筋为复合箍筋时，梁上部纵筋、下部纵筋及箍筋的排布有关联，钢筋排布应按以下规则综合考虑：

①梁上部纵筋、下部纵筋及复合箍筋的排布应遵循对称均匀原则。

②梁复合箍筋应采用截面周边外封闭大箍加内封闭小箍的组合方式（大箍套小箍），内部复合箍筋可采用相邻两肢形成一个内封闭小箍的形式；当梁箍筋肢数≥6 时，相邻两肢形成的内封闭小箍水平段尺寸较小，施工中不易加工及安装绑扎时，内部复合箍筋也可采用非相邻肢形成一个内封闭小箍的形式（连环套），但沿外封闭箍筋周边箍筋重叠不应多于三层。

③梁复合箍筋肢数易为双数，当复合箍筋的肢数为单数时，设一个单肢箍筋，单肢箍筋应同时钩住纵筋和外封闭箍筋。

④梁箍筋转角处应设有纵筋，当箍筋上部转角处的纵筋未能贯通全跨时，在跨中上部可

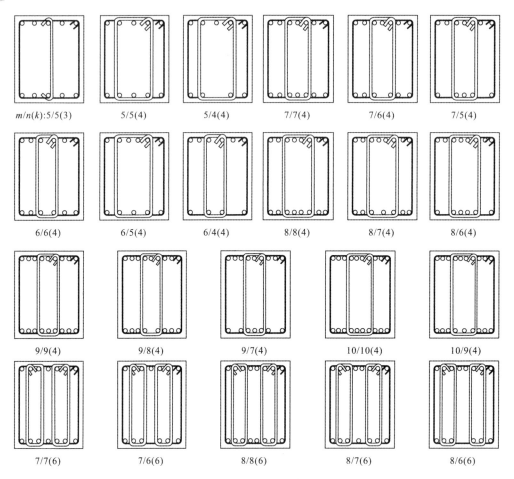

图 2-38 梁横截面纵筋与箍筋排布构造

设置架立筋(架立筋的直径:当梁的跨度小于 4 m 时,不宜小于 8 mm;当梁的跨度为 4~6 m 时,不宜小于 10 mm;当梁的跨度大于 6 m 时,不宜小于 12 mm。架立筋与梁纵筋搭接长度为 150 mm)。

⑤梁上部通长筋应对称均匀设置,通长筋宜置于箍筋转角处。

⑥梁同一跨内各组箍筋的复合方式应完全相同,当同一组内复合箍筋各肢位置不能满足对称性要求时,此跨内每相邻两组箍筋各肢的安装绑扎位置应沿梁纵向交错对称排布。

⑦梁横截面纵筋与箍筋排布时,除考虑本跨内钢筋排布关联因素外,还应综合考虑相邻跨之间的关联影响。

框架梁箍筋加密区长度内的箍筋肢距:一级抗震等级,不宜大于 200 mm 和 20 倍箍筋直径的较大值;二、三级抗震等级,不宜大于 250 mm 和 20 倍箍筋直径的较大值;四级抗震等级,不宜大于 300 mm。

2. 梁箍筋计算实例

【**例 2-21**】 求例 2-6 框架梁的箍筋长度和箍筋根数。

解:计算过程见表 2-51。

表 2-51　　　　　　　　　　　　　例 2-6 框架梁钢筋计算过程

	箍筋长度	$2(b+h)-8c + 27.13d = 2(250+500)-8×20+27.13×8 = 1\ 557\ \text{mm}$
第一跨	箍筋加密区范围	$\max[1.5h_\text{b},500] = \max[1.5×500,500] = 750\ \text{mm}$
	箍筋根数	梁一端加密区根数 $=(750-50)/100+1=8$ 根，则两端根数 $=8×2=16$ 根
		非加密根数 $=(7\ 200-250×2-750×2)/200-1=25$ 根
		总根数 $=16+25=41$ 根
第二跨	箍筋长度	$2(b+h)-8c + 27.13d = 2(250+700)-8×20+27.13×8 = 1\ 957\ \text{mm}$
	箍筋加密区范围	$\max[1.5h_\text{b},500] = \max[1.5×700,500] = 1\ 050\ \text{mm}$
	箍筋根数	梁一端加密区根数 $=(1\ 050-50)/100+1=11$ 根，则两端根数 $=11×2=22$ 根
		非加密区根数 $=(5\ 100-250×2-1\ 050×2)/200-1=12$ 根
		总根数 $=22+12=34$ 根
第三跨	箍筋根数	同第一跨

【例 2-22】　求例 2-7 框架梁的箍筋长度和箍筋根数。

解：计算过程见表 2-52。

表 2-52　　　　　　　　　　　　　例 2-7 框架梁钢筋计算过程

	箍筋长度	$2(b+h)-8c + 27.13\ d = 2(250+600)-8×20+27.13×8 = 1\ 757\ \text{mm}$
第一跨	箍筋加密区范围	$\max[1.5h_\text{b},500] = \max[1.5×600,500] = 900\ \text{mm}$
	箍筋根数	梁一端加密区根数 $=(900-50)/100+1=10$ 根，则两端根数为 20 根
		非加密区根数 $=(7\ 500-250×2-900×2)/200-1=25$ 根
		总根数 $=20+25=45$ 根
第二跨	箍筋长度	$2(b+h)-8c + 27.13\ d = 2(400+600)-8×20+27.13×8 = 2\ 057\ \text{mm}$
	箍筋加密区范围	$\max[1.5h_\text{b},500] = \max[1.5×600,500] = 900\ \text{mm}$
	箍筋根数	梁一端加密区根数 $=(900-50)/100+1=10$ 根，则两端根数为 20 根
		非加密区根数 $=(5\ 400-250×2-900×2)/200-1=15$ 根
		总根数 $=20+15=35$ 根
第三跨	箍筋长度	$2(b+h)-8c + 27.13\ d = 2(250+600)-8×20+27.13×8 = 1\ 757\ \text{mm}$
	箍筋加密区范围	$\max[1.5h_\text{b},500] = \max[1.5×600,500] = 900\ \text{mm}$
	箍筋根数	梁一端加密区根数 $=(900-50)/100+1=10$ 根，则两端根数为 20 根
		非加密区根数 $=(6\ 600-250×2-900×2)/200-1=21$ 根
		总根数 $=20+21=41$ 根

【例 2-23】　图 2-39 为某屋面框架梁平法施工图，一级抗震等级，一类环境，混凝土强度等级为 C35，求箍筋长度和箍筋根数。

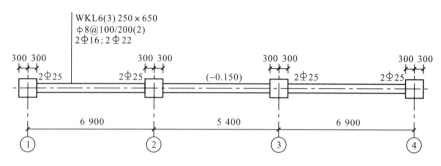

图 2-39 屋面框架梁 WKL6 平法施工图

解:计算过程见表 2-53。

表 2-53 屋面框架梁 WKL6 钢筋计算过程

箍筋长度		$2(b+h)-8c+27.13d=2(250+650)-8\times20+27.13\times8=1\,857$ mm
箍筋加密区范围		$\max[2h_b,500]=\max[2\times650,500]=1\,300$ mm
第一跨	箍筋根数	梁一端加密区根数=$(1\,300-50)/100+1=14$ 根,则两端根数为 28 根
		非加密区根数=$(6\,900-300\times2-1\,300\times2)/200-1=18$ 根
		总根数=$28+18=46$ 根
第二跨	箍筋根数	梁一端加密区根数=$(1\,300-50)/100+1=14$ 根,则两端根数为 28 根
		非加密区根数=$(5\,400-300\times2-1\,300\times2)/200-1=10$ 根
		总根数=$28+10=38$ 根
第三跨	箍筋根数	同第一跨

【例 2-24】 求例 2-13 框架梁的箍筋长度和箍筋根数。

解:计算过程见表 2-54。

表 2-54 例 2-13 框架梁钢筋计算过程

箍筋长度		外封闭大箍长度=$2(b+h)-8c+27.13d=2(250+600)-8\times20+27.13\times8=1\,757$ mm
		内封闭小箍长度=$2(h-2c)+2\{[(b-2c-2d-D)/$间距个数$]\times$内箍占间距个数$+D+2d\}+27.13d=2(600-2\times20)+2\{[(250-2\times20-2\times8-22)/3]\times1+22+2\times8\}+27.13\times8=1\,528$ mm
箍筋加密区范围		$\max[1.5h_b,500]=\max[1.5\times600,500]=900$ mm
第一跨	箍筋根数	梁一端加密区根数=$(900-50)/100+1=10$ 根,则两端根数为 20 根
		非加密区根数=$(7\,200-300\times2-900\times2)/200-1=23$ 根
		外封闭大箍总根数=$20+23=43$ 根
		内封闭小箍总根数=$20+23=43$ 根
第二跨	箍筋根数	梁一端加密区根数=$(900-50)/100+1=10$ 根,则两端根数为 20 根
		非加密区根数=$(5\,400-300\times2-900\times2)/200-1=14$ 根
		外封闭大箍总根数=$20+14=34$ 根
		内封闭小箍总根数=$20+14=34$ 根
第三跨	箍筋根数	梁一端加密区根数=$(900-50)/100+1=10$ 根,则两端根数为 20 根
		非加密区根数=$(6\,300-300\times2-900\times2)/200-1=19$ 根
		外封闭大箍总根数=$20+19=39$ 根
		内封闭小箍总根数=$20+19=39$ 根

【例 2-25】 求例 2-14 非框架梁的箍筋长度和箍筋根数。

解:计算过程见表 2-55。

表 2-55　　　　　　　　　　　　例 2-14 非框架梁钢筋计算过程

第一跨	箍筋长度	$2(b+h)-8c+17.13d=2(200+450)-8×20+17.13×8=1\ 277$ mm
	箍筋根数	根数$=(4\ 800-200×2-100)/200+1=23$ 根
第二跨	箍筋长度	$2(b+h)-8c+17.13d=2×(200+300)-8×20+17.13×8=977$ mm
	箍筋根数	根数$=(4\ 200-200×2-100)/200+1=20$ 根

2.3.8　梁的附加横向钢筋构造与计算

1. 梁的附加横向钢筋构造

主梁和次梁相交处,在主梁高度范围内受到次梁传来的集中荷载的作用。因此,应在次梁两侧设置附加横向钢筋,把集中力传递到主梁顶部受压区。附加横向钢筋可以是附加箍筋和附加吊筋,见表 2-56。

在主、次梁相交处,当主梁上承受的集中荷载数值很大时,附加箍筋和附加吊筋可同时设置。

表 2-56　　　　　　　　　　　　梁附加横向钢筋构造

类别	附加箍筋	附加吊筋
图示	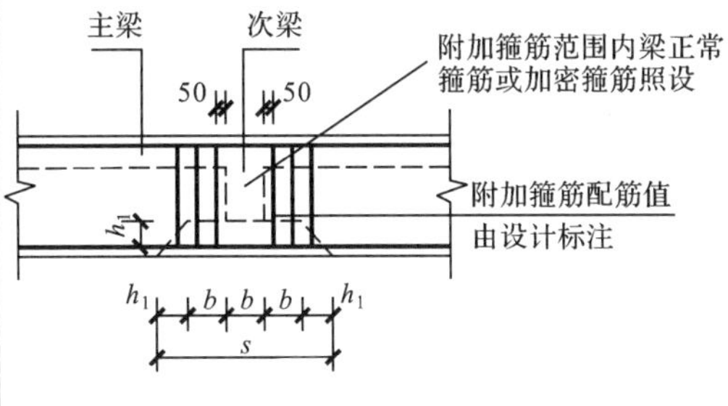	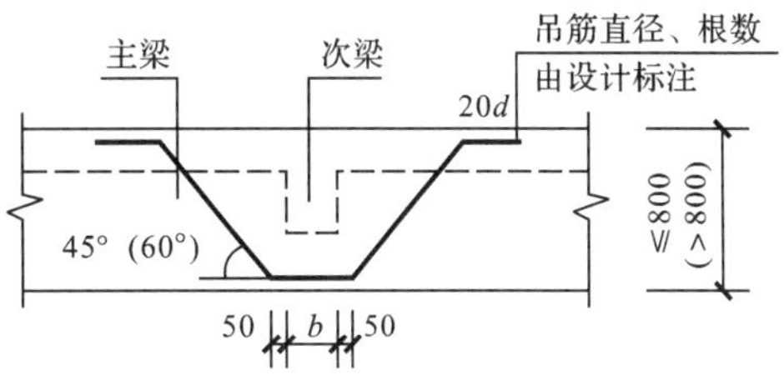
构造要求	宜优先采用附加箍筋,布置在长度 $s=2h_1+3b$ 内	弯起段应伸至梁的上边缘,且末端水平段长度在受拉区不应小于 $20d$,在受压区不应小于 $10d$,d 为弯起钢筋的直径。 当主梁高 $h≤800$ mm 时,吊筋弯起角度为 $45°$;当主梁高 $h>800$ mm 时,吊筋弯起角度为 $60°$

2. 附加吊筋计算

吊筋长度$=$次梁宽度 $b+2×50+2×$(主梁高度$-2×$保护层厚度$-$

$2×$箍筋直径)$/\sin45°$(或 $\sin60°$)$+2×20d$

【例 2-26】 图 2-40 为某框架梁平法施工图,三级抗震等级,一类环境,混凝土强度等级为 C30,求框架梁附加吊筋长度。

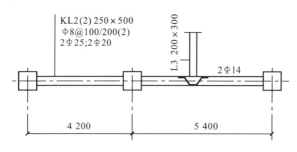

图 2-40 框架梁 KL2 平法施工图

解:吊筋长度=200+2×50+2×(500-2×20-2×8)/sin45°+2×20×14=2 116 mm

2.4 工程实例

某框架梁平法施工图如图 2-41 所示,混凝土等级为 C40,抗震等级一级,梁柱保护层均为 30 mm,板厚 100 mm,柱外侧纵筋直径 22 mm,钢筋定尺长度为 9 000 mm,机械连接,柱箍筋直径 8 mm,求梁内钢筋长度及根数。

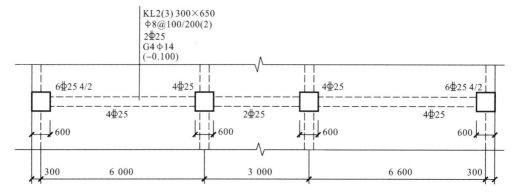

图 2-41 KL2 平法施工图

解:计算过程见表 2-57。

表 2-57　框架梁 KL2 梁内钢筋计算过程

端支座锚固类型判断	计算 l_{aE}、l_{abE}	查表 1-9,得 $l_{aE}=33d=33×25=825$ mm;查表 1-6,得 $l_{abE}=33d=$ $33×25=825$ mm
	判断直锚/弯锚	右支座 $h_c-c=600-30=570$ mm$<l_{aE}=660$ mm,且 $h_c-c-d_{sv}-$ $d_c-25=600-30-8-22-25=515$ mm$>0.4l_{abE}=0.4×825=$ 330 mm,故采用弯锚
上部通长筋	左端支座锚固长度	$(h_c-c-d_{sv}-d_c-25)+15d=515+15×25=890$ mm
	左端支座锚固长度	$(h_c-c-d_{sv}-d_c-25)+15d=515+15×25=890$ mm
	端支座间净距	$6 000-300+3 000+6 600-300=15 000$ mm
	通长筋总长度	$890+15 000+890=16 780$ mm,共 2 根

（续表）

左端支座负筋	左端支座负筋锚固长度	第一排：890 mm
		第二排：$(h_c-c-d_{sv}-d_c-25-d_1-25)+15d=(600-30-8-22-25-25-25)+15\times25=840$ mm
	左端支座负筋伸入梁内	第一排：$l_n/3=5\,400/3=1\,800$ mm
		第二排：$l_n/4=5\,400/4=1\,350$ mm
	左端支座负筋长度	第一排：$890+1\,800=2\,690$ mm，共 2 根
		第二排：$840+1\,350=2\,190$ mm，共 2 根
中间支座负筋（贯通第二跨）	伸入第一跨长度	$l_n/3=5\,400/3=1\,800$ mm
	伸入第三跨长度	$l_n/3=6\,000/3=2\,000$ mm
	中间支座负筋长度	$1\,800+300+3\,000+300+2\,000=7\,400$ mm，共 2 根
右端支座负筋	右端支座负筋锚固长度	第一排：$(h_c-c-d_{sv}-d_c-25)+15d=515+15\times25=890$ mm
		第二排：$(h_c-c-d_{sv}-d_c-25-d_1-25)+15d=(600-30-8-22-25-25-25)+15\times25=840$ mm
	右端支座负筋伸入梁内	第一排：$l_n/3=6\,000/3=2\,000$ mm
		第二排：$l_n/4=6\,000/4=1\,500$ mm
	右端支座负筋长度	第一排：$890+2\,000=2\,890$ mm，共 2 根
		第二排：$840+1\,500=2\,340$ mm，共 2 根
第一跨构造纵筋	左右支座锚固长度	$15d=15\times14=210$ mm
	侧面构造筋长度	$210+5\,400+210=5\,820$ mm，共 4 根
第二跨构造纵筋	左右支座锚固长度	$15d=15\times14=210$ mm
	侧面构造筋长度	$210+2\,400+210=2\,820$ mm，共 4 根
第三跨构造纵筋	左右支座锚固长度	$15d=15\times14=210$ mm
	侧面构造筋长度	$210+6\,000+210=6\,420$ mm，共 4 根
第一跨下部纵筋	左端支座锚固长度	右支座 $h_c-c=600-30=570$ mm$<l_{aE}=825$ mm 伸至梁上部纵筋弯钩段内侧：$h_c-c-d_{sv}-d_c-25-d_1-25-d_1-25=600-30-8-22-25-25-25-25-25=415$ mm$>0.4l_{abE}=0.4\times825=330$ mm，故采用弯锚 $15d=15\times25=375$ mm 锚固长度$=415+375=790$ mm
	第一跨净长	5 400 mm
	右支座锚固长度	$\max(0.5h_c+5d,l_{aE})=825$ mm
	下部纵筋长度	$790+5\,400+825=7\,015$ mm，共 4 根
第二跨下部纵筋	左支座锚固长度	$\max(0.5h_c+5d,l_{aE})=825$ mm
	第二跨净长	2 400 mm
	右支座锚固长度	$\max(0.5h_c+5d,l_{aE})=825$ mm
	下部纵筋长度	$825+2\,400+825=4\,050$ mm，共 2 根

（续表）

第三跨下部纵筋	左支座锚固长度	$\max(0.5h_c+5d,l_{aE})=825$ mm
	第三跨净长	6 000 mm
	右端支座锚固长度	790 mm
	下部纵筋长度	825＋6 000＋790＝7 615 mm,共 4 根
箍筋长度		$2(b+h)-8c+27.13d=2(300+650)-8\times30+27.13\times8=1\ 877$ mm
箍筋根数	箍筋加密区范围＝$\max(2.0h_b,500)=\max(2.0\times650,500)=1\ 300$ mm	
	第一跨	梁一端加密区根数＝（1 300－50）/100＋1＝14 根,则两端根数为 28 根 非加密区根数＝（5 400－1 300×2）/200－1＝13 根
	第二跨	第二跨净长＝2 400＜1 300×2,故全跨加密,（2 400－50－50）/100＋1＝24 根
	第三跨	梁一端加密区根数＝（1 300－50）/100＋1＝14 根,则两端根数为 28 根 非加密区根数＝（6 000－1 300×2）/200－1＝16 根
	总计	28＋13＋24＋28＋16＝109 根

复习思考题

1.梁构件分为哪几类？梁内钢筋种类有哪些？

2.梁构件的平法注写方式有几种？采用最多的是哪一种？

3.梁构件的平面注写方式有哪两种标注？各包括哪些内容？

4.简述楼层框架梁纵筋构造。

5.简述框架梁侧面纵向构造钢筋和拉筋构造。

6.梁侧面纵向构造钢筋的设置条件、间距、直径的取值是什么？

7.梁侧面纵向构造钢筋和受扭纵筋的搭接与锚固长度有何不同？

8.简述屋面框架梁纵筋构造。

9.楼面框架梁与屋面框架梁有何区别？

10.屋面框架梁纵筋边柱构造有哪两种形式？

11.简述非框架梁纵筋构造。

12.简述纯悬挑梁及外伸悬挑梁配筋构造。

13.简述井字梁配筋构造。

14.简述框架梁 KL、WKL 的箍筋加密区构造。

15.简述梁的附加箍筋和附加吊筋构造。

习　题

第2章习题答案

1.已知某结构楼层框架梁 KL1 的平法施工图如图 2-42 所示,混凝土强度等级为 C30,抗震等级为三级,钢筋定尺长度为 9 000 mm,柱外侧纵筋直径 $d_c=22$ mm,柱箍筋直径 $d_{sv}=8$ mm。试计算梁内钢筋长度及根数。

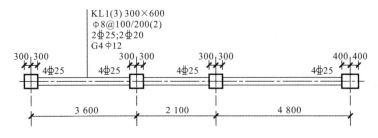

图 2-42　框架梁 KL1 平法施工图

2. 图 2-43 为某框架梁平法施工图,一级抗震等级,一类环境,混凝土强度等级为 C35,柱外侧纵筋直径 $d_c=22$ mm,柱箍筋直径 $d_{sv}=8$ mm,钢筋定尺长度为 9 000 mm。试计算梁内钢筋长度及根数。

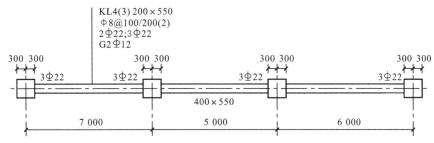

图 2-43　框架梁 KL4 平法施工图

3. 图 2-44 为某框架梁平法施工图,二级抗震等级,一类环境,混凝土强度等级为 C30,柱外侧纵筋直径 $d_c=25$ mm,柱箍筋直径 $d_{sv}=8$ mm,钢筋定尺长度为 9 000 mm。试计算梁内钢筋长度及根数。

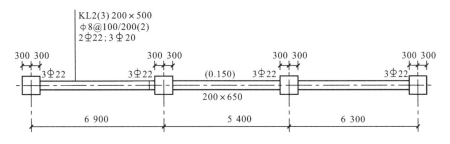

图 2-44　框架梁 KL2 平法施工图

4. 已知某结构屋面框架梁 WKL1 的平法施工图,如图 2-45 所示,混凝土强度等级为 C30,抗震等级为一级,钢筋定尺长度为 9 000 mm,柱外侧纵筋直径 $d_c=20$ mm,柱箍筋直径 $d_{sv}=8$ mm。试计算梁内钢筋长度及根数。

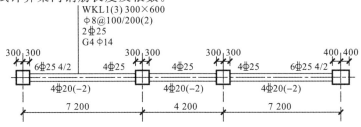

图 2-45　框架梁 WKL1 平法施工图

5.已知某结构屋面框架梁 WKL2 的平法施工图,如图 2-46 所示,中间跨屋面框架梁比两侧跨梁高 0.1 m,混凝土强度等级为 C30,抗震等级为一级,钢筋定尺长度为 9 000 mm,柱外侧纵筋直径 $d_c=25$ mm,柱箍筋直径 $d_{sv}=8$ mm。试计算梁内钢筋长度及根数。

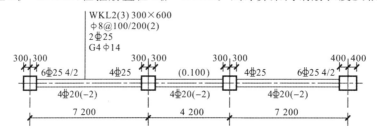

图 2-46　框梁架 WKL2 平法施工图

6.图 2-47 为某屋面框架梁平法施工图,三级抗震等级,一类环境,混凝土强度等级为 C30,柱外侧纵筋直径 $d_c=25$ mm,柱箍筋直径 $d_{sv}=8$ mm,钢筋定尺长度为 9 000 mm。试计算梁内钢筋长度及根数。

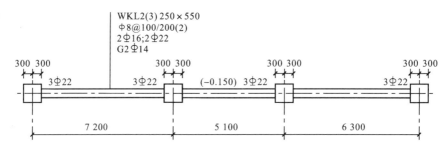

图 2-47　框架梁 WKL2 平法施工图

7.已知某结构非框架梁 L1 的平法施工图,如图 2-48 所示,混凝土强度等级为 C30,钢筋定尺长度为 9 000 mm。试计算梁内钢筋长度及根数。

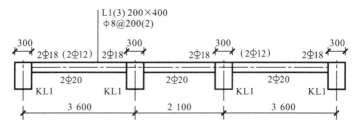

图 2-48　非框架梁 L1 平法施工图

8.图 2-49 为某房屋非框架梁平法施工图,二类环境,混凝土强度等级为 C30,钢筋定尺长度为 9 000 mm。试计算梁内钢筋长度及根数。

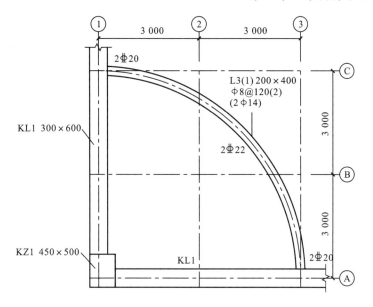

图 2-49 非框架梁 L3 平法施工图

9. 如图 2-50 所示某纯悬挑梁平法施工图,三级抗震等级,一类环境,混凝土强度等级为 C35,柱外侧纵筋直径 $d_c = 25$ mm,柱箍筋直径 $d_{sv} = 8$ mm,钢筋定尺长度为 9 000 mm。试计算梁内钢筋长度及根数。

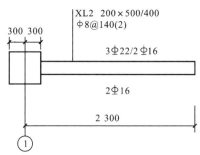

图 2-50 纯悬挑梁 XL2 平法施工图

10. 如图 2-51 所示某框架梁平法施工图,二级抗震等级,一类环境,混凝土强度等级为 C35,柱外侧纵筋直径 $d_c = 22$ mm,柱箍筋直径 $d_{sv} = 8$ mm,钢筋定尺长度为 9 000 mm。试计算梁内钢筋长度及根数。

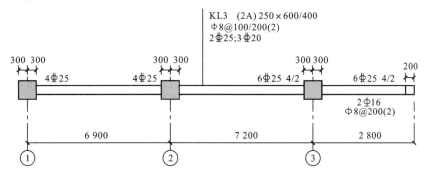

图 2-51 框架梁 KL3 平法施工图

第3章
柱构件平法识图

微课8

学习目标

了解柱的类型及柱内钢筋;

掌握柱平法施工图制图规则,能够熟练应用柱平法施工图制图规则识读柱平法施工图;

熟悉柱的钢筋构造要求,能够熟练应用柱标准构造详图进行柱钢筋的布置和柱内钢筋的计算。

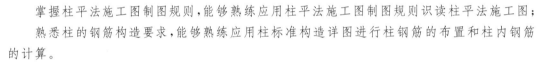

3.1 柱构件基本知识

3.1.1 柱构件知识体系

柱构件知识体系可概括为三方面:柱构件的分类、柱内钢筋、柱构件的各种情况,如图3-1所示。

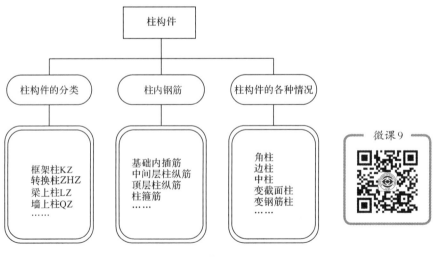

图 3-1 柱构件知识体系

3.1.2 柱构件的分类

钢筋混凝土柱是房屋结构中重要的承重构件,主要承受竖向荷载,并把所受荷载传递给基础。

常见的钢筋混凝土柱构件有框架柱、转换柱、梁上柱、墙上柱和芯柱,见表 3-1。

表 3-1　　　　　　　　　　　　　　　　柱构件的分类

柱构件名称	图示	基本概念
框架柱 KZ	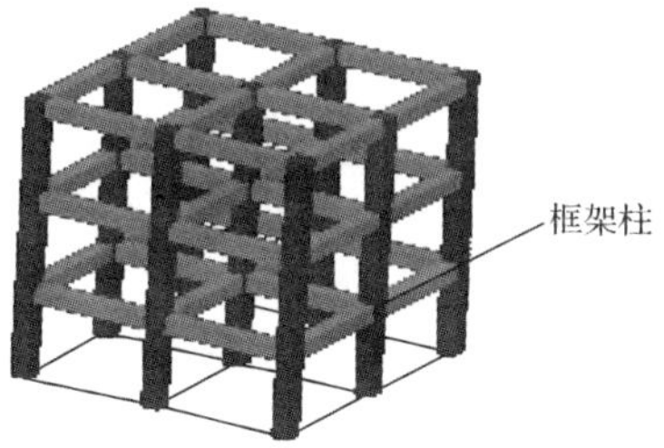 框架柱	在框架结构中框架柱承受梁和板传来的荷载,并将荷载传给基础,是主要的竖向受力构件
转换柱 ZHZ	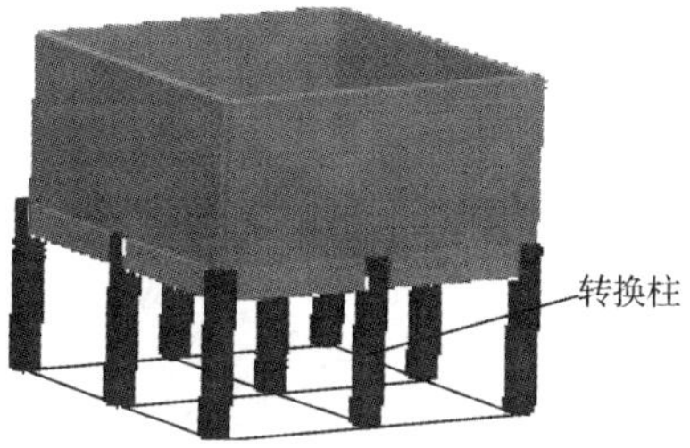 转换柱	因为建筑功能要求,下部大空间,上部部分竖向构件不能直接连续贯通落地,而通过水平转换结构与下部竖向构件连接。当布置的转换梁支撑上部的剪力墙的时候,转换梁也称框架梁,支撑框支梁的柱子就叫做转换柱
梁上柱 LZ 墙上柱 QZ	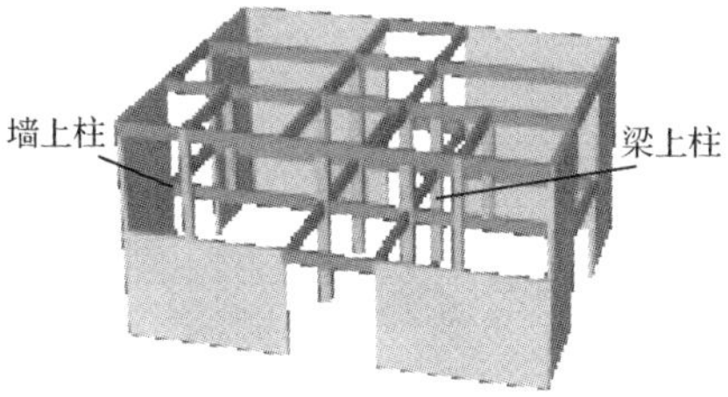 墙上柱　　梁上柱	柱的生根不在基础上而在梁上的柱称为梁上柱;柱的生根不在基础上而在墙上的柱称为墙上柱;主要出现在建筑物上、下结构或建筑布局发生变化时
芯柱 XZ	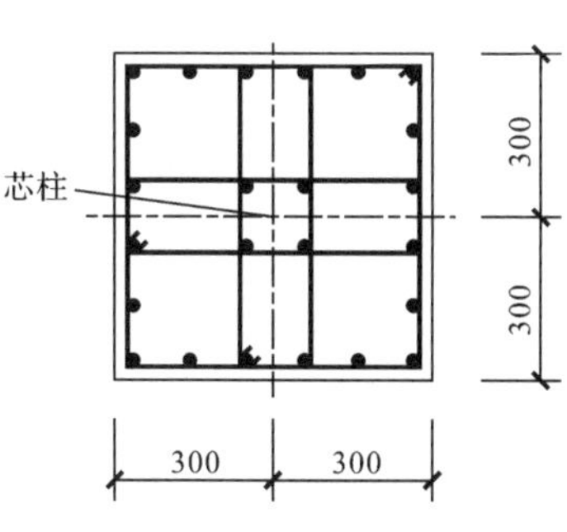 芯柱	芯柱不是一根独立的柱子,在建筑外表是看不到的,而是隐藏在柱内。当柱截面较大时,由设计人员计算柱的承力情况,当外侧一圈钢筋不能满足承力要求时,在柱中再设置一圈纵筋,此时由柱内内侧钢筋围成的部位称为芯柱

3.1.3 柱内钢筋

钢筋混凝土柱内钢筋主要由纵筋和箍筋组成,见表 3-2 及图 3-2。

表 3-2 柱内主要钢筋

钢筋类型	纵筋			箍筋	
钢筋名称	角部纵筋	b 边一侧中部纵筋	h 边一侧中部纵筋	普通箍筋	螺旋箍筋

1. 纵筋

柱内纵筋主要协助混凝土承受压力以减小构件尺寸,有时承受可能的弯矩以及混凝土收缩、徐变和温度变形引起的拉应力,防止构件突然发生脆性破坏。

柱内纵筋根据所在位置不同,可以分为角部纵筋、b 边一侧中部纵筋和 h 边一侧中部纵筋,如图 3-3 所示。

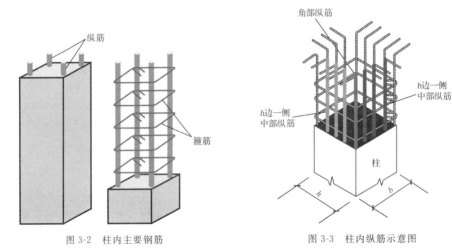

图 3-2 柱内主要钢筋

图 3-3 柱内纵筋示意图

2. 箍筋

柱内箍筋与纵筋形成钢筋骨架,能够防止混凝土受力后外凸,约束核心混凝土,增加构件的承载能力和延性。柱内箍筋可以分为普通箍筋和螺旋箍筋,如图 3-4 所示。实际工程中常用矩形复合箍筋,复合箍筋的实际配筋形式和常用复合方式如图 3-5、图 3-6 所示。

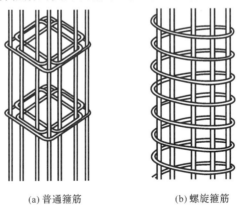

(a) 普通箍筋   (b) 螺旋箍筋

图 3-4 柱内普通箍筋和螺旋箍筋示意图

图 3-5 常用复合箍筋配筋形式

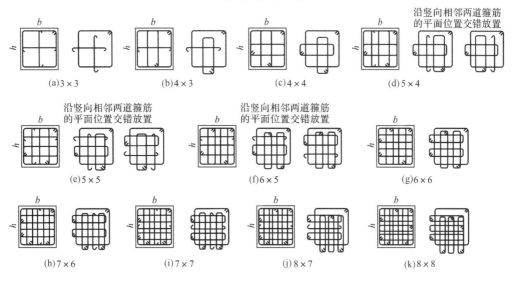

图 3-6 常用矩形箍筋复合方式

3.2 柱构件平法识图

钢筋混凝土柱构件的平法表达方式有两种:截面注写方式和列表注写方式。在实际工程中,这两种表达方式均广泛使用。

3.2.1 柱的截面注写方式

截面注写方式是指在柱平面布置图上,对所有的柱子编号,分别在同一编号的柱中选择一个截面,并将此截面在原位放大,以直接注写截面尺寸和配筋具体数值的方式表达柱平法施工图,如图 3-7 所示。

在柱的截面注写平法施工图中,主要表达的内容为:柱高、柱编号、柱的截面尺寸及与轴线关系、纵筋和箍筋。其中,根据结构层高表和图名可以确定柱构件所在楼层及相应的柱高。表达内容以图 3-7 中的 KZ1(图 3-8)和 KZ2(图 3-9)为例进行说明。

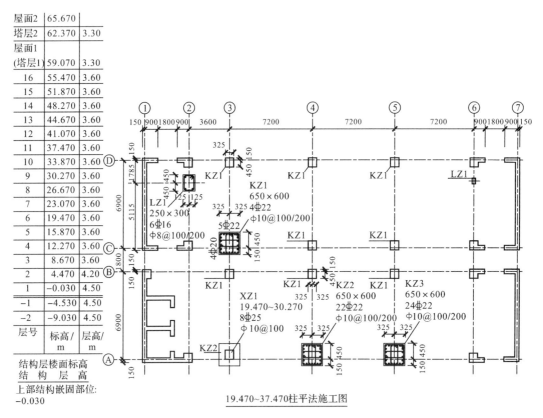

图 3-7 柱的截面注写方式

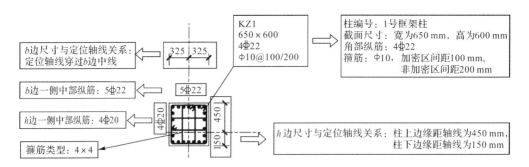

图 3-8 KZ1 截面注写方式

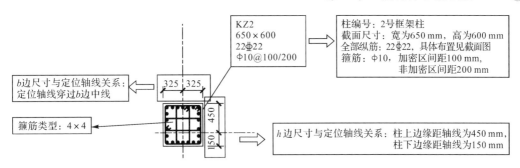

图 3-9 KZ2 截面注写方式

当柱内纵筋采用两种直径时,需要在集中标注中注写角部纵筋,在截面相应位置再注写 b 边一侧中部纵筋和 h 边一侧中部纵筋,如图 3-8 所示。

当柱内纵筋只采用一种直径时,只需要在集中标注中注写全部纵筋,钢筋的具体位置在截面图中按照实际布置画出,b 边和 h 边不再用文字标注,如图 3-9 所示。

有些框架柱在一定高度范围内,需要在其内部的中心位置设置芯柱,此时,芯柱的截面注写方式需要注写芯柱的起止标高、全部纵筋及箍筋的具体数值,如图 3-10 所示。

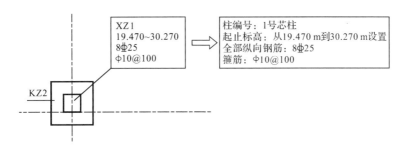

图 3-10 XZ1 截面注写方式

采用截面注写方式表达柱的平法施工图时,柱内钢筋可以用截面图直接表达出来,感性认知较好。但是,有时需要画多个标准层平面图,并且在同一个平面图上两种类型的柱子距离太近时,容易发生截面碰撞。因此,截面注写方式适用于柱子类型较少的结构。

3.2.2 柱的列表注写方式

柱的列表注写方式是指在柱平面布置图上,对所有的柱子编号,分别在同一编号的柱中选择一个截面标注几何参数代号,然后对同一编号的柱子采用列表的方式表达柱编号、柱段起止标高、几何尺寸与配筋的具体数值,并配以各种柱截面形状及其箍筋类型图的方式表达柱平法施工图,如图 3-11 所示。

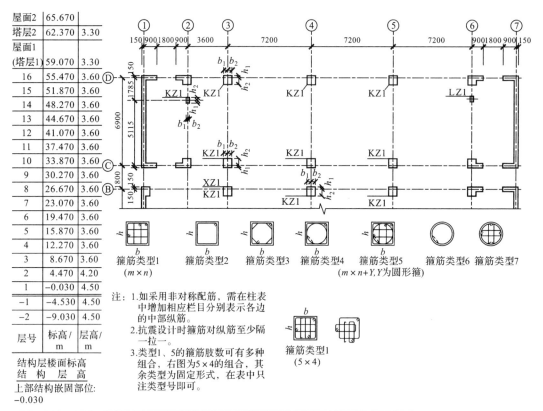

屋面2	65.670	
塔层2	62.370	3.30
屋面1(塔层1)	59.070	3.30
16	55.470	3.60
15	51.870	3.60
14	48.270	3.60
13	44.670	3.60
12	41.070	3.60
11	37.470	3.60
10	33.870	3.60
9	30.270	3.60
8	26.670	3.60
7	23.070	3.60
6	19.470	3.60
5	15.870	3.60
4	12.270	3.60
3	8.670	3.60
2	4.470	4.20
1	-0.030	4.50
-1	-4.530	4.50
-2	-9.030	4.50
层号	标高/m	层高/m

结构层楼面标高
结构层高
上部结构嵌固部位：-0.030

注：1.如采用非对称配筋，需在柱表中增加相应栏目分别表示各边的中部纵筋。
　　2.抗震设计时箍筋对纵筋至少隔一拉一。
　　3.类型1、5的箍筋肢数可有多种组合，右图为5×4的组合，其余类型为固定形式，在表中只注类型号即可。

箍筋类型1 (5×4)

柱号	标高	b×h(圆柱直径D)	b_1	b_2	h_1	h_2	全部纵筋	角部纵筋	b边一侧中部纵筋	h边一侧中部纵筋	箍筋类型号	箍筋	备注
KZ1	-0.030~19.470	750×700	375	375	150	550	24Φ25				1(5×4)	Φ10@100/200	—
	19.470~37.470	650×600	325	325	150	450		4Φ22	5Φ22	4Φ20	1(4×4)	Φ10@100/200	
	37.470~59.070	550×500	275	275	150	350		4Φ22	5Φ22	4Φ20	1(4×4)	Φ8@100/200	
XZ1	-0.030~8.670						8Φ25				按标准构造详图	Φ10@100	③×Ⓑ轴KZ1中设置

-0.030~59.070柱平法施工图(局部)

图 3-11　柱的列表注写方式

在柱的列表注写平法施工图中,主要内容有柱编号、各段柱的起止标高、柱的截面尺寸及与轴线关系、纵筋和箍筋。图 3-12 为 KZ1 列表注写方式。

采用列表注写方式表达柱的平法施工图时,一般只需要画一个柱平面布置图,且在柱平面布置图上只需要画出柱子轮廓,柱子不会在图纸中发生碰撞。但是,柱内钢筋用柱表表达,钢筋没有画出来,表达不直观,感性认知较差。列表注写方式适用于各种柱的结构类型。

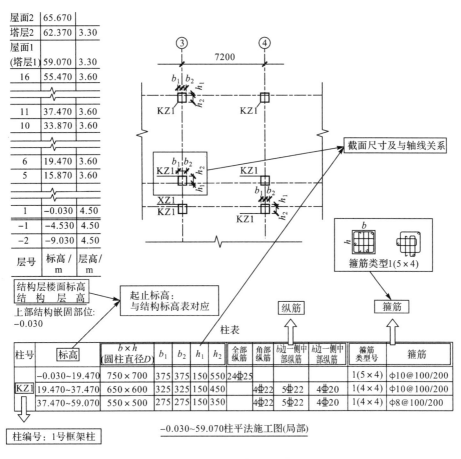

图 3-12　KZ1 列表注写方式

3.3　柱构件钢筋构造

　　整体浇筑的混凝土结构,因技术或组织的原因,一般不能连续浇筑而沿高度留施工缝。柱子的施工缝应按设计要求留设,通常选在基础顶面、柱根和梁底面 20～30 mm。所以在一般情况下,框架柱是以每层为一个柱段进行分段施工的。因此,柱内纵筋按照其在柱内的竖向位置及相关构造可分为基础插筋、首层纵筋、中间层纵筋及顶层纵筋,见表 3-3。

表 3-3　　　　　　　　　　　　　　　　　柱内钢筋

钢筋类型	纵筋				箍筋
钢筋名称	基础插筋	首层纵筋	中间层纵筋	顶层纵筋	箍筋

　　柱内钢筋的连接方式有三种:绑扎搭接、机械连接和焊接连接。

3.3.1　柱基础插筋构造

　　柱插入到基础中并预留接头的钢筋称为柱的基础插筋。在浇筑混凝土前将柱插筋留好,等浇筑完基础混凝土后,从插筋上进行钢筋连接,钢筋的预留长度应满足非连接区长度及搭接长度等要求。

基础插筋的构造包括两部分:柱插筋在基础中的锚固部分和伸出基础的部分。

1. 柱插筋在基础中的锚固构造

柱插筋在基础中的锚固构造见表 3-4。

表 3-4　　　　　　　　　　柱插筋在基础中的锚固构造

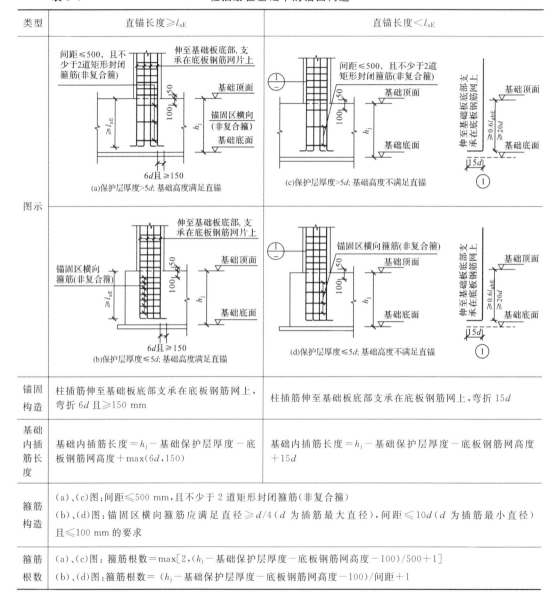

类型	直锚长度$\geq l_{aE}$	直锚长度$< l_{aE}$
图示	(a)保护层厚度$>5d$;基础高度满足直锚 (b)保护层厚度$\leq 5d$;基础高度满足直锚	(c)保护层厚度$>5d$;基础高度不满足直锚 ① (d)保护层厚度$\leq 5d$;基础高度不满足直锚 ①
锚固构造	柱插筋伸至基础板底部支承在底板钢筋网上,弯折 $6d$ 且≥ 150 mm	柱插筋伸至基础板底部支承在底板钢筋网上,弯折 $15d$
基础内插筋长度	基础内插筋长度$=h_j-$基础保护层厚度$-$底板钢筋网高度$+\max(6d,150)$	基础内插筋长度$=h_j-$基础保护层厚度$-$底板钢筋网高度$+15d$
箍筋构造	(a)、(c)图:间距≤ 500 mm,且不少于 2 道矩形封闭箍筋(非复合箍) (b)、(d)图:锚固区横向箍筋应满足直径$\geq d/4$(d 为箍筋最大直径),间距$\leq 10d$(d 为插筋最小直径)且≤ 100 mm 的要求	
箍筋根数	(a)、(c)图:箍筋根数$=\max[2,(h_j-$基础保护层厚度$-$底板钢筋网高度$-100)/500+1]$ (b)、(d)图:箍筋根数$=(h_j-$基础保护层厚度$-$底板钢筋网高度$-100)/$间距$+1$	

2. 柱基础插筋伸出基础部分采用绑扎搭接时的钢筋构造

柱基础插筋伸出基础部分采用绑扎搭接时的钢筋构造见表 3-5。

表 3-5　　　　　　　柱基础插筋伸出基础部分采用绑扎搭接时的钢筋构造

类型	无地下室 KZ	有地下室 KZ
图示	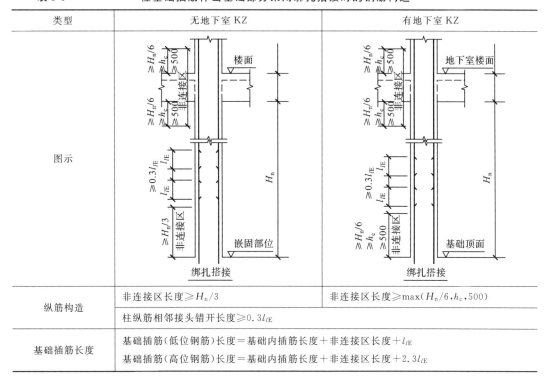	
纵筋构造	非连接区长度≥$H_n/3$	非连接区长度≥$\max(H_n/6, h_c, 500)$
	柱纵筋相邻接头错开长度≥$0.3l_{lE}$	
基础插筋长度	基础插筋(低位钢筋)长度＝基础内插筋长度＋非连接区长度＋l_{lE}	
	基础插筋(高位钢筋)长度＝基础内插筋长度＋非连接区长度＋$2.3l_{lE}$	

特别说明:本书中提到的"低位钢筋""高位钢筋"是相对于柱纵筋竖向连接点的位置而言的,"低位钢筋"是相对于竖向连接点处于较低位置的柱纵筋,"高位钢筋"是相对于竖向连接点处于较高位置的柱纵筋。

3. 柱基础插筋伸出基础部分采用机械连接时的钢筋构造

柱基础插筋伸出基础部分采用机械连接时的钢筋构造见表 3-6。

表 3-6　　　　　　　柱基础插筋伸出基础部分采用机械连接时的钢筋构造

类型	无地下室 KZ	有地下室 KZ
图示	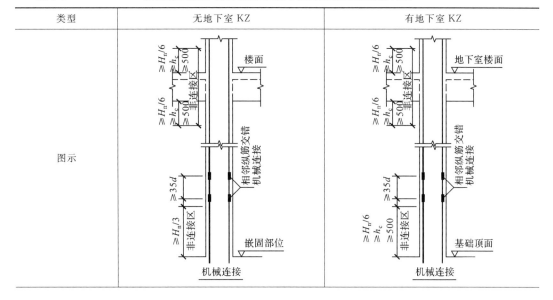	

（续表）

类型	无地下室 KZ	有地下室 KZ
纵筋构造	非连接区长度≥$H_n/3$	非连接区长度≥$\max(H_n/6,h_c,500)$
	柱纵筋相邻接头错开长度≥$35d$	
基础插筋长度	基础插筋(低位钢筋)长度＝基础内插筋长度＋非连接区长度	
	基础插筋(高位钢筋)长度＝基础内插筋长度＋非连接区长度＋$35d$	

4. 柱基础插筋伸出基础部分采用焊接连接时的钢筋构造

柱基础插筋伸出基础部分采用焊接连接时的钢筋构造见表 3-7。

表 3-7　　　　　　　　　　柱基础插筋伸出基础部分采用焊接连接时的钢筋构造

类型	无地下室 KZ	有地下室 KZ
图示	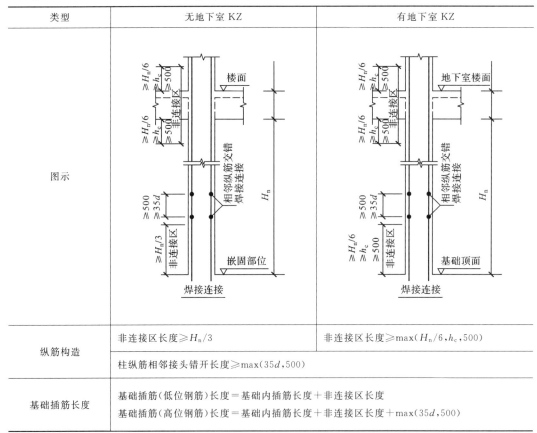	
纵筋构造	非连接区长度≥$H_n/3$	非连接区长度≥$\max(H_n/6,h_c,500)$
	柱纵筋相邻接头错开长度≥$\max(35d,500)$	
基础插筋长度	基础插筋(低位钢筋)长度＝基础内插筋长度＋非连接区长度	
	基础插筋(高位钢筋)长度＝基础内插筋长度＋非连接区长度＋$\max(35d,500)$	

【例 3-1】　图 3-13 为某框架结构建筑物，二级抗震等级，混凝土强度等级为 C35，中柱纵筋为 12Φ25，一层层高为 7.6 m，梁高为 700 mm，一层框架柱下为独立基础，独立基础的总高度为 1 000 mm，基础底板钢筋网为Φ12，基础保护层厚度为 40 mm，纵筋采用绑扎搭接，钢筋搭接接头面积百分率为 50％，求基础插筋的长度和箍筋根数。

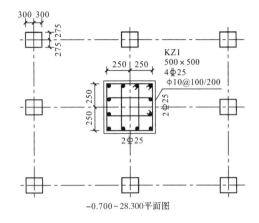

层号	顶标高/m	层高/m	顶梁高/mm
4	28.300	6.600	700
3	21.700	6.900	700
2	14.800	7.200	700
1	7.600	7.600	700
基础	−0.700	基础厚 1 000	—

图 3-13 KZ1 柱平法施工图

解:计算过程见表 3-8。

表 3-8 **KZ1 柱基础插筋计算过程**

抗震锚固长度	$l_{aE}=37d=37\times25=925$ mm
基础内插筋长度	直锚长度＝1 000−40−12×2＝936 mm>l_{aE}＝925 mm 基础插筋的弯钩长度＝max(6d,150)＝max(6×25,150)＝150 mm 基础内插筋长度＝h_j−基础保护层厚度−底板钢筋网高度+max(6d,150)＝ 1 000−40−12×2+150＝1 086 mm
伸出基础的长度	一层框架柱净高 H_n＝7 600+700−700＝7 600 mm 搭接长度 l_{lE}＝52d＝52×25＝1 300 mm 低位钢筋伸出长度＝非连接区长度 H_n/3+l_{lE}＝ 7 600/3+1 300＝3 833 mm 高位钢筋伸出长度＝非连接区长度 H_n/3+2.3l_{lE}＝ 7 600/3+2.3×1 300＝5 523 mm
基础插筋长度	基础插筋(低位钢筋)长度＝基础内插筋长度+非连接区长度+l_{lE}＝ 1 086+3 833＝4 919 mm 基础插筋(高位钢筋)长度＝基础内插筋长度+非连接区长度+2.3l_{lE}＝ 1 086+5 523＝6 609 mm
箍筋根数	箍筋根数＝max[2,(h_j−基础保护层厚度−底板钢筋网高度−100)/500+1] ＝max[2,(1 000−40−24−100)/500+1]＝3

【例 3-2】 图 3-14 为某框架结构建筑物,二级抗震等级,混凝土强度等级为 C30,中柱纵筋为 12ϕ22,负一层层高为 3.9 m,梁高为 700 mm,负一层框架柱下为独立基础,独立基础的总高度为 800 mm,基础底板钢筋网为ϕ14,基础保护层厚度为 40 mm,纵筋采用焊接连接,求基础插筋的长度。

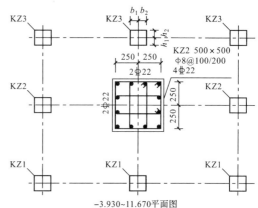

层号	顶标高/m	层高/m	顶梁高/mm
3	11.670	3.600	1 000
2	8.070	3.900	700
1	4.170	4.200	700
-1	-0.030	3.900	700
基础	-3.930	基础厚 800	—

图 3-14 KZ2 柱平法施工图

解：计算过程见表 3-9。

表 3-9 **KZ2 柱基础插筋计算过程**

抗震锚固长度	$l_{aE}=40d=40\times22=880$ mm
基础内插筋长度	直锚长度 $=800-40-14\times2=732$ mm $<l_{aE}=880$ mm 且 $>\max(0.6l_{abE},20d)=\max(0.6\times40\times22,20\times22)=528$ mm 基础插筋的弯钩长度 $=15d=15\times22=330$ mm 基础内插筋长度 $=h_j-$ 基础保护层厚度 $-$ 底板钢筋网高度 $+15d=$ $800-40-14\times2+330=1\,062$ mm
伸出基础的长度	地下室框架柱净高 $H_n=3\,900-700=3\,200$ mm 低位钢筋伸出长度 $=$ 非连接区长度 $\max(H_n/6,h_c,500)=$ $\max(3\,200/6,500,500)=533$ mm 高位钢筋伸出长度 $=$ 非连接区长度 $\max(H_n/6,h_c,500)+\max(35d,500)=$ $\max(3\,200/6,500,500)+\max(35\times22,500)=1\,303$ mm
基础插筋长度	基础插筋（低位钢筋）长度 $=$ 基础内插筋长度 $+$ 非连接区长度 $=$ $1\,062+533=1\,595$ mm 基础插筋（高位钢筋）长度 $=$ 基础内插筋长度 $+$ 非连接区长度 $+\max(35d,500)=$ $1\,062+1\,303=2\,365$ mm

3.3.2 中间层柱钢筋构造

1. 楼层中框架柱纵筋采用绑扎搭接时的钢筋构造

楼层中框架柱纵筋采用绑扎搭接时的钢筋构造见表 3-10。

表 3-10　　　　　　　　　　　楼层中框架柱纵筋采用绑扎搭接时的钢筋构造

类型	无地下室 KZ	有地下室 KZ
图示	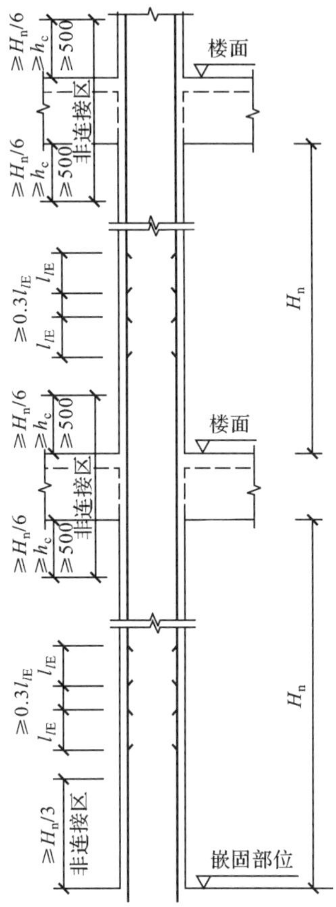	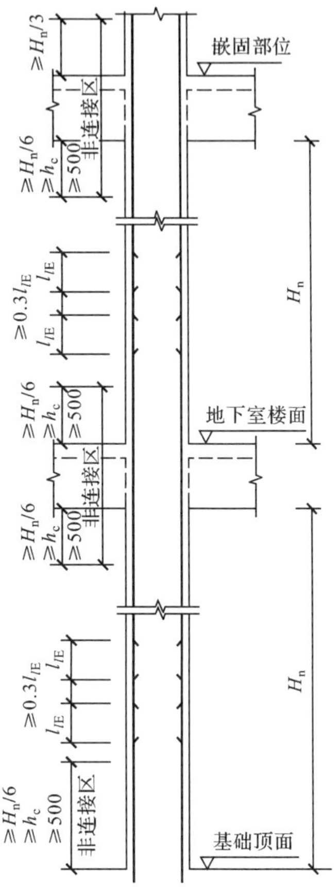
纵筋构造	非连接区高度： 嵌固部位(即首层地面)≥$H_n/3$ 其他楼层上下均≥max($H_n/6,h_c,500$)	非连接区高度： 基础顶面≥max($H_n/6,h_c,500$) 嵌固部位(即首层地面)≥$H_n/3$ 其他楼层上下均≥max($H_n/6,h_c,500$)
	柱纵筋相邻接头错开长度≥$0.3l_{lE}$	
柱纵筋长度	柱纵筋(低位钢筋)长度＝层高－本层柱下端非连接区长度＋上层柱下端非连接区长度＋ 　　　　上层 l_{lE} 柱纵筋(高位钢筋)长度＝层高－本层柱下端非连接区长度－本层 $1.3l_{lE}$＋上层柱下端非连 　　　　接区长度＋上层 $2.3l_{lE}$	

特别说明：上下两层 H_n 的取值。在计算每一层的非连接区高度或箍筋加密区高度时，都可能会用到 H_n 这个参数，当不同楼层净高不同时就需要注意，计算的内容在哪一层就用哪一层 H_n。

2. 楼层中框架柱纵筋采用机械连接时的钢筋构造

楼层中框架柱纵筋采用机械连接时的钢筋构造见表 3-11。

表 3-11 　　　　　　　　　楼层中框架柱纵筋采用机械连接时的钢筋构造

类型	无地下室 KZ	有地下室 KZ
图示	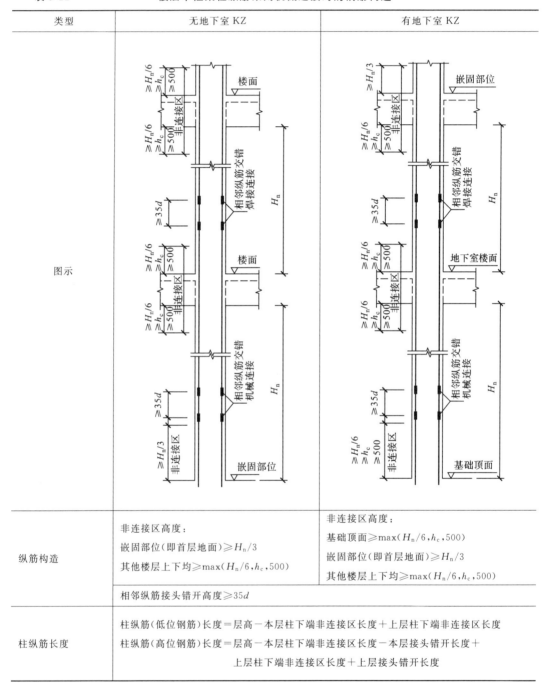	
纵筋构造	非连接区高度: 嵌固部位(即首层地面)$\geqslant H_n/3$ 其他楼层上下均$\geqslant \max(H_n/6, h_c, 500)$	非连接区高度: 基础顶面$\geqslant \max(H_n/6, h_c, 500)$ 嵌固部位(即首层地面)$\geqslant H_n/3$ 其他楼层上下均$\geqslant \max(H_n/6, h_c, 500)$
	相邻纵筋接头错开高度$\geqslant 35d$	
柱纵筋长度	柱纵筋(低位钢筋)长度=层高-本层柱下端非连接区长度+上层柱下端非连接区长度 柱纵筋(高位钢筋)长度=层高-本层柱下端非连接区长度-本层接头错开长度+ 　　　　　　　　上层柱下端非连接区长度+上层接头错开长度	

3. 楼层中框架柱纵筋采用焊接连接时的钢筋构造

楼层中框架柱纵筋采用焊接连接时的钢筋构造,见表 3-12。

表 3-12　　　　　　　　　楼层中框架柱纵筋采用焊接连接时的钢筋构造

类型	无地下室 KZ	有地下室 KZ
图示	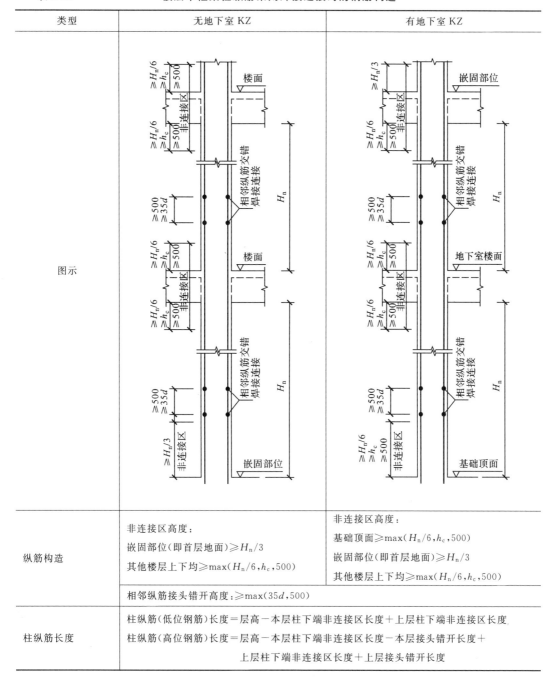	
纵筋构造	非连接区高度: 嵌固部位(即首层地面)≥$H_n/3$ 其他楼层上下均≥max($H_n/6$,h_c,500) 相邻纵筋接头错开高度:≥max($35d$,500)	非连接区高度: 基础顶面≥max($H_n/6$,h_c,500) 嵌固部位(即首层地面)≥$H_n/3$ 其他楼层上下均≥max($H_n/6$,h_c,500)
柱纵筋长度	柱纵筋(低位钢筋)长度=层高-本层柱下端非连接区长度+上层柱下端非连接区长度 柱纵筋(高位钢筋)长度=层高-本层柱下端非连接区长度-本层接头错开长度+ 　　　　　　　上层柱下端非连接区长度+上层接头错开长度	

【**例 3-3**】　计算例 3-1 中间层中柱钢筋的长度。

解:计算过程见表 3-13。

表 3-13 例 3-1 中间层柱钢筋计算过程

1 层	低位钢筋	柱纵筋长度＝层高－本层柱下端非连接区长度＋上层柱下端非连接区长度＋上层 l_{lE}
		搭接长度 $l_{lE}＝52d＝52×25＝1\ 300$ mm
		本层柱下端非连接区长度＝$H_n/3＝(7\ 600＋700－700)/3＝2\ 533$ mm
		伸入 2 层的非连接区长度(上层柱下端非连接区长度)＝$\max(H_n/6,h_c,500)＝$ $\max[(7\ 200－700)/6,500,500]＝1\ 083$ mm
		柱纵筋长度＝$(7\ 600＋700)－2\ 533＋1\ 083＋1\ 300＝8\ 150$ mm
	高位钢筋	柱纵筋长度＝层高－本层柱下端非连接区长度－本层 $1.3l_{lE}$＋上层柱下端非连接区长度＋上层 $2.3l_{lE}$
		柱纵筋长度＝$(7\ 600＋700)－2\ 533－1.3×1\ 300＋1\ 083＋2.3×1\ 300＝8\ 150$ mm
2 层	低位钢筋	柱纵筋长度＝层高－本层柱下端非连接区长度＋上层柱下端非连接区长度＋上层 l_{lE}
		本层柱下端非连接区长度＝$\max(H_n/6,h_c,500)＝\max[(7\ 200－700)/6,500,500]＝$ $1\ 083$ mm
		伸入 3 层的非连接区长度(上层柱下端非连接区长度)＝$\max(H_n/6,h_c,500)＝$ $\max[(6\ 900－700)/6,500,500]＝1\ 033$ mm
		柱纵筋长度＝$7\ 200－1\ 083＋1\ 033＋1\ 300＝8\ 450$ mm
	高位钢筋	柱纵筋(高位钢筋)长度＝层高－本层柱下端非连接区长度－本层 $1.3l_{lE}$＋上层柱下端非连接区长度＋上层 $2.3l_{lE}$
		柱纵筋长度＝$7\ 200－1\ 083－1.3×1\ 300＋1\ 033＋2.3×1\ 300＝8\ 450$ mm
3 层	低位钢筋	柱纵筋长度＝层高－本层柱下端非连接区长度＋上层柱下端非连接区长度＋上层 l_{lE}
		本层柱下端非连接区长度＝$\max(H_n/6,h_c,500)＝\max[(6\ 900－700)/6,500,500]＝$ $1\ 033$ mm
		伸入 4 层的非连接区长度(上层柱下端非连接区长度)＝$\max(H_n/6,h_c,500)＝$ $\max[(6\ 600－700)/6,500,500]＝983$ mm
		柱纵筋长度＝$6\ 900－1\ 033＋983＋1\ 300＝8\ 150$ mm
	高位钢筋	柱纵筋长度＝层高－本层柱下端非连接区长度－本层 $1.3l_{lE}$＋上层柱下端非连接区长度＋上层 $2.3l_{lE}$
		柱纵筋长度＝$6\ 900－1\ 033－1.3×1\ 300＋983＋2.3×1\ 300＝8\ 150$ mm

【例 3-4】 计算例 3-2 中间层中柱钢筋的长度。

解：计算过程见表 3-14。

表 3-14 例 3-2 中间层柱钢筋计算过程

－1 层	低位钢筋	柱纵筋长度＝层高－本层柱下端非连接区长度＋上层柱下端非连接区长度
		本层柱下端非连接区长度＝$\max(H_n/6,h_c,500)＝\max[(3\ 900－700)/6,500,500]＝$ 533 mm
		伸入 1 层的非连接区长度(上层柱下端非连接区长度)＝$H_n/3＝(4\ 200－700)/3＝$ $1\ 167$ mm
		柱纵筋长度＝$3\ 900－533＋1\ 167＝4\ 534$ mm
	高位钢筋	柱纵筋长度＝层高－本层柱下端非连接区长度－本层接头错开长度＋上层柱下端非连接区长度＋上层接头错开长度
		柱纵筋长度＝$3\ 900－533－\max(35d,500)＋1\ 067＋\max(35d,500)＝4\ 434$ mm

（续表）

1 层	低位钢筋	柱纵筋长度＝层高－本层柱下端非连接区长度＋上层柱下端非连接区长度
		本层柱下端非连接区长度＝H_n/3＝(4 200－700)/3＝1 167 mm 伸入 2 层的非连接区长度(上层柱下端非连接区长度)＝max(H_n/6,h_c,500)＝max[(3 900－700)/6,500,500]＝533 mm
		柱纵筋长度＝4 200－1 167＋533＝3 566 mm
	高位钢筋	柱纵筋长度＝层高－本层柱下端非连接区长度－本层接头错开长度＋上层柱下端非连接区长度＋上层接头错开长度
		柱纵筋长度＝4 200－1 167－max(35d,500)＋533＋max(35d,500)＝3 566 mm
2 层	低位钢筋	柱纵筋长度＝层高－本层柱下端非连接区长度＋上层柱下端非连接区长度
		本层柱下端非连接区长度＝max(H_n/6,h_c,500)＝max[(3 900－700)/6,500,500]＝533 mm 伸入 3 层的非连接区长度(上层柱下端非连接区长度)＝max(H_n/6,h_c,500)＝max[(3 600－1 000)/6,500,500]＝500 mm
		柱纵筋长度＝3 900－533＋500＝3 867 mm
	高位钢筋	柱纵筋长度＝层高－本层柱下端非连接区长度－本层接头错开长度＋上层柱下端非连接区长度＋上层接头错开长度
		柱纵筋长度＝3 900－533－max(35d,500)＋500＋max(35d,500)＝3 867 mm

4. 框架柱中间层变截面钢筋构造

(1)KZ 柱变截面位置纵筋构造

KZ 柱变截面位置纵筋构造，见表 3-15 和表 3-16。

表 3-15　　KZ 柱变截面位置纵筋非直通构造

情况	Δ/h_b＞1/6	不考虑 Δ/h_b
图示	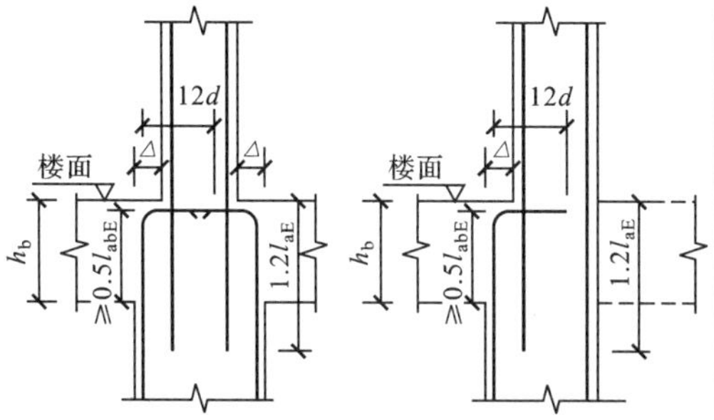	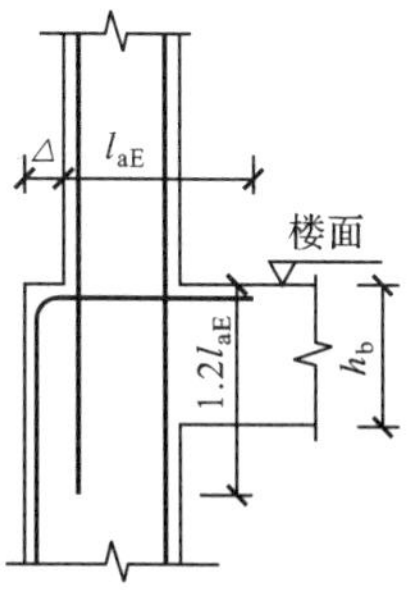
纵筋构造	(1)下层柱纵筋断开收头，上层柱纵筋伸入下层； (2)下层柱纵筋伸至层顶弯折 12d； (3)上层柱纵筋伸入下层，自楼面梁顶部算起伸入 1.2l_{aE}	(1)下层柱纵筋断开收头，上层柱纵筋伸入下层； (2)下层柱纵筋伸至层顶弯折 $l_{aE}+\Delta-c-d_{sv}$； (3)上层柱纵筋伸入下层，自楼面梁顶部算起伸入 1.2l_{aE}

(续表)

计算 简图	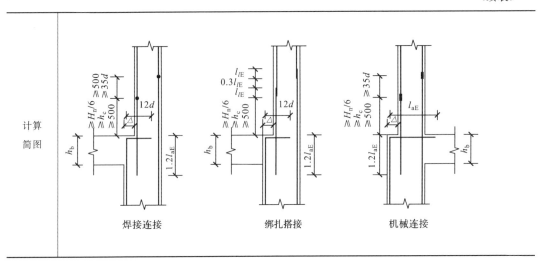
	焊接连接　　　　绑扎搭接　　　　机械连接

从表 3-15 中可知,本层纵筋弯锚计算方法如下:

①采用焊接连接和机械连接

柱纵筋(低位钢筋)长度＝本层层高－柱下端非连接区长度－柱顶保护层厚度＋柱顶弯折长度

柱纵筋(高位钢筋)长度＝本层层高－柱下端非连接区长度－接头错开长度－柱顶保护层厚度＋柱顶弯折长度

②采用绑扎搭接

柱纵筋(低位钢筋)长度＝本层层高－柱下端非连接区长度－柱顶保护层厚度＋柱顶弯折长度

柱纵筋(高位钢筋)长度＝本层层高－柱下端非连接区长度－本层 $1.3l_{lE}$ －柱顶保护层厚度＋柱顶弯折长度

上层纵筋反插,插筋长度计算如下:

采用焊接连接和机械连接:

插筋(低位钢筋)长度＝伸入下层的长度 $1.2l_{aE}$ ＋本层下端非连接区长度

插筋(高位钢筋)长度＝伸入下层的长度 $1.2l_{aE}$ ＋本层下端非连接区长度＋接头错开长度

采用绑扎搭接:

插筋(低位钢筋)长度＝伸入下层的长度 $1.2l_{aE}$ ＋本层下端非连接区长度＋本层 $1.3l_{lE}$

插筋(高位钢筋)长度＝伸入下层的长度 $1.2l_{aE}$ ＋本层下端非连接区长度＋本层 $2.3l_{lE}$

表 3-16 KZ柱变截面位置纵筋直通构造

情况	$\Delta/h_b \leqslant 1/6$	
图示	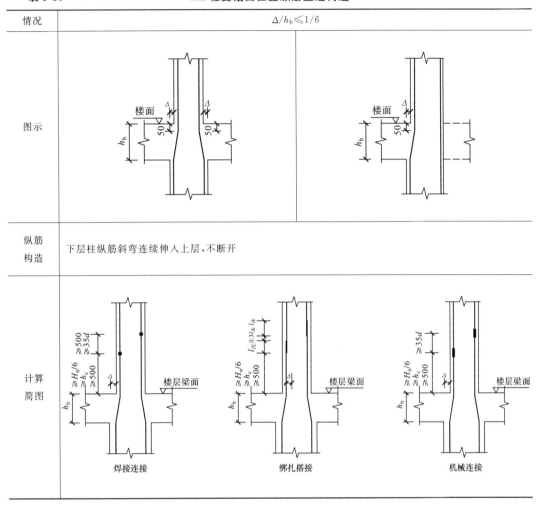	
纵筋构造	下层柱纵筋斜弯连续伸入上层,不断开	
计算简图		

焊接连接　　绑扎搭接　　机械连接

【例 3-5】 图 3-15 为某框架结构建筑物,一级抗震等级,混凝土强度等级为 C30,纵筋采用焊接连接,求变截面位置纵筋的长度。

层号	顶标高	层高	顶梁高
4	15.870	3.600	600
3	12.270	3.600	600
2	8.670	4.200	600
1	4.470	4.500	600
基础	-0.930	基础厚800	—

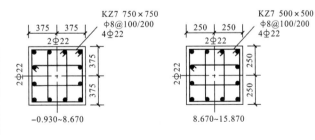

图 3-15　框架柱中间层变截面平法施工图

解:计算简图如图 3-16 所示。

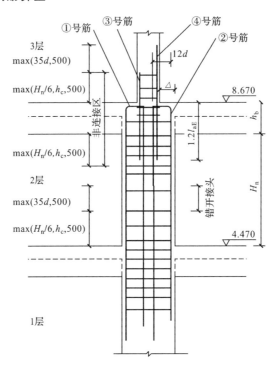

图 3-16 KZ7 计算简图

计算过程：$\Delta/h_b = 125/600 > 1/6$，故采用非直通构造，见表 3-17。

表 3-17   KZ7 柱钢筋计算过程

2 层纵筋	①号筋 （低位钢筋）	柱纵筋长度＝本层层高－柱下端非连接区长度－柱顶保护层厚度＋柱顶弯折长度 $12d$
		柱下端非连接区长度＝$\max(H_n/6,h_c,500)$＝$\max[(4\,200-600)/6,750,500]$＝750 mm
		柱纵筋长度＝$4\,200-750-20+12\times22$＝3 694 mm
	②号筋 （高位钢筋）	柱纵筋长度＝本层层高－柱下端非连接区长度－接头错开长度－柱顶保护层厚度＋柱顶弯折长度 $12d$
		柱下端非连接区长度＝$\max(H_n/6,h_c,500)$＝$\max[(4\,200-600)/6,750,500]$＝750 mm
		接头错开长度＝$\max(35d,500)$＝$\max(35\times22,500)$＝770 mm
		柱纵筋长度＝$4\,200-750-770-20+12\times22$＝2 924 mm
3 层纵筋	③号筋 （低位钢筋）	插筋长度＝伸入下层的长度 $1.2l_{aE}$＋本层下端非连接区长度
		本层下端非连接区长度＝$\max(H_n/6,h_c,500)$＝$\max[(3\,600-600)/6,500,500]$＝500 mm
		插筋长度＝$1.2\times33\times22+500$＝1 371.2 mm
	④号筋 （高位钢筋）	插筋长度＝伸入下层的长度 $1.2l_{aE}$＋本层下端非连接区长度＋接头错开长度
		本层下端非连接区长度＝$\max(H_n/6,h_c,500)$＝$\max[(3\,600-600)/6,500,500]$＝500 mm
		插筋长度＝$1.2l_{aE}+500+\max(35d,500)$＝$1.2\times33\times22+500+35\times22$＝2 141.2 mm

（2）KZ 柱纵筋变化截面钢筋构造

KZ 柱纵筋变化截面钢筋构造，见表 3-18。

表 3-18   KZ柱纵筋变化截面钢筋构造

类型	上柱钢筋比 下柱钢筋多	下柱钢筋比 上柱钢筋多	上柱钢筋比 下柱钢筋直径大	下柱钢筋比 上柱钢筋直径大
图示	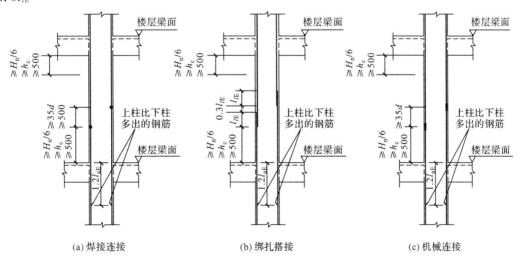			
纵筋构造	上柱多出的钢筋伸入下层,自楼面梁顶部算起伸入 $1.2l_{aE}$	下柱多出的钢筋伸入上层,自楼面梁底部算起伸入 $1.2l_{aE}$	上柱大直径钢筋伸入下层,在下层的上端非连接区以下位置与下层小直径的钢筋连接	下柱较大直径钢筋伸入上层,在上层的下端非连接区以上位置与上层小直径的钢筋连接

图 3-17 为柱变纵筋构造,由图可知,上柱多出纵筋插筋计算方法如下:

(1)采用焊接连接和机械连接

柱插筋(低位钢筋)长度＝上柱下端非连接区长度＋伸入下层的长度 $1.2l_{aE}$

柱插筋(高位钢筋)长度＝上柱下端非连接区长度＋伸入下层的长度 $1.2l_{aE}$＋接头错开长度

(2)采用绑扎搭接

柱插筋(低位钢筋)长度＝上柱下端非连接区长度＋伸入下层的长度 $1.2l_{aE}$＋本层 l_{lE}

柱插筋(高位钢筋)长度＝上柱下端非连接区长度＋伸入下层的长度 $1.2l_{aE}$＋本层 $2.3l_{lE}$

图 3-17　柱变纵筋构造节点(上柱钢筋比下柱钢筋根数多)

图 3-18 为柱变纵筋构造，由图可知，下柱多出纵筋插筋计算方法如下：

（1）采用焊接连接

下柱纵筋（低位钢筋）长度＝下柱层高－下柱下端非连接区长度－梁高＋伸入上层的长度 $1.2\,l_{aE}$

下柱纵筋（高位钢筋）长度＝下柱层高－下柱下端非连接区长度－接头错开长度－梁高＋伸入上层的长度 $1.2\,l_{aE}$

（2）采用绑扎搭接

下柱纵筋（低位钢筋）长度＝下柱层高－下柱下端非连接区长度－梁高＋伸入上层的长度 $1.2\,l_{aE}$

下柱纵筋（高位钢筋）长度＝下柱层高－下柱下端非连接区长度－本层 $1.3l_{lE}$－梁高＋伸入上层的长度 $1.2\,l_{aE}$

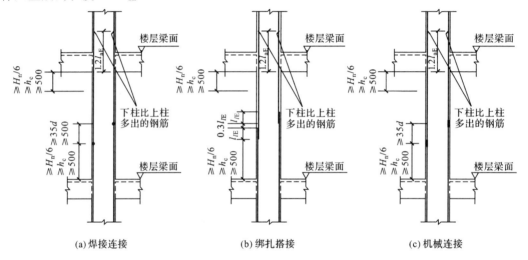

(a) 焊接连接　　　　　(b) 绑扎搭接　　　　　(c) 机械连接

图 3-18　柱变纵筋构造节点（下柱钢筋比上柱钢筋根数多）

【例 3-6】　图 3-19 为某框架结构建筑物，一级抗震等级，混凝土强度等级为 C30，纵筋采用绑扎搭接，钢筋搭接接头面积百分率为 50%，求纵筋变化截面钢筋的长度。

层号	顶标高	层高	顶梁高
4	27.870	6.600	600
3	21.270	6.600	600
2	14.670	7.200	600
1	7.470	7.500	600
基础	−0.930	基础厚 800	—

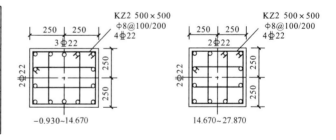

图 3-19　框架柱中间层钢筋变化截面平法施工图

解:(1)计算简图如图 3-20 所示。

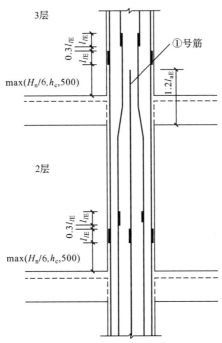

图 3-20　KZ2 计算简图

(2)计算过程见表 3-19。

表 3-19　KZ2 柱钢筋计算过程

①号筋	下柱纵筋(低位钢筋)长度=下柱层高−下柱下端非连接区长度−梁高+伸入上层的长度 1.2 l_{aE}
	下柱下端非连接区长度(2 层)=max($H_n/6,h_c$,500)=max[(7 200−600)/6,500,500]=1 100 mm
	伸入上层的长度=1.2l_{aE}=1.2×40×22=1 056 mm
	下柱纵筋(低位钢筋)长度=7 200−1 100−600+1 056=6 556 mm
	下柱纵筋(高位钢筋)长度=下柱层高−下柱下端非连接区长度−本层 1.3l_{lE}−梁高+伸入上层的长度 1.2 l_{aE}
	下柱下端非连接区长度(2 层)=max($H_n/6,h_c$,500)=max[(7 200−600)/6,500,500]=1 100 mm
	本层 1.3l_{lE}=1.3×56d=1.3×56×22=1 602 mm
	伸入上层的长度=1.2l_{aE}=1.2×40×22=1 056 mm
	下柱纵筋(高位钢筋)长度=7 200−1 100−1 602−600+1 056=4 954 mm

【例 3-7】　如图 3-21 所示某框架结构建筑物,二级抗震等级,混凝土强度等级为 C30,纵筋采用焊接连接,求纵筋变化截面钢筋的长度。

层号	顶标高	层高	顶梁高
4	15.870	3.600	600
3	12.270	3.600	600
2	8.670	4.200	600
1	4.470	4.500	600
基础	−0.930	基础厚 800	—

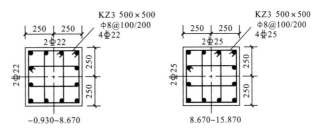

图 3-21　框架柱中间层钢筋变化截面平法施工图

解:(1)计算简图如图 3-22 所示。

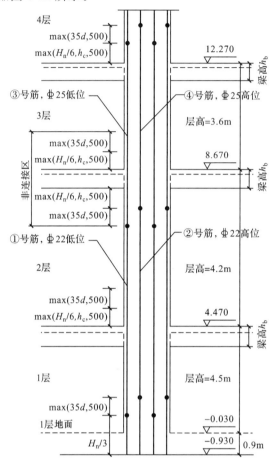

图 3-22 KZ3 计算简图

(2)计算过程见表 3-20。

表 3-20   **KZ3 柱钢筋计算过程**

	计算公式:1 层层高+1 层地面至基础顶面高度−1 层下部非连接区长度+2 层层高−2 层顶梁高−2 层上部非连接区长度−接头错开长度
①号筋⚎22	1 层下部非连接区长度=$H_n/3$=(4 500+900−600)/3=1 600 mm
(低位钢筋)	2 层上部非连接区长度= $\max(H_n/6,h_c,500)$=$\max[(4\ 200−600)/6,500,500]$=600 mm
	接头错开长度= $\max(35d,500)$=$\max(35×22,500)$=770 mm
	总长=4 500+900−1 600+4 200−600−600−770=6 030 mm
	计算公式:1 层层高+1 层地面至基础顶面高度−1 层下部非连接区长度−接头错开长度+2 层层高−2 层顶梁高−2 层上部非连接区长度
②号筋⚎22	1 层下部非连接区长度=$H_n/3$=(4 500+900−600)/3=1 600 mm
(高位钢筋)	2 层上部非连接区长度= $\max(H_n/6,h_c,500)$=$\max[(4\ 200−600)/6,500,500]$=600 mm
	接头错开长度= $\max(35d,500)$=$\max(35×22,500)$=770 mm
	总长=4 500+900−1 600−770+4 200−600−600=6 030 mm

③号筋⊕25 (低位钢筋)与①号 筋连接	计算公式:3 层层高+(2 层顶梁高+2 层上部非连接区长度+接头错开长度)+伸入 4 层的非连接区长度
	2 层上部非连接区= $\max(H_n/6,h_c,500)$=$\max[(4\,200-600)/6,500,500]$=600 mm
	接头错开长度= $\max(35d,500)$=$\max(35\times22,500)$=770 mm
	伸入 4 层的非连接区长度= $\max(H_n/6,h_c,500)$=$\max[(3\,600-600)/6,500,500]$=500 mm
	总长=3 600+(600+600+770)+500=6 070 mm
④号筋⊕25 (高位钢筋)与②号 筋连接	计算公式:3 层层高+(2 层顶梁高+2 层上部非连接区长度)+(伸入 4 层的非连接区长度+接头错开长度)
	2 层上部非连接区= $\max(H_n/6,h_c,500)$=$\max[(4\,200-600)/6,500,500]$=600 mm
	接头错开长度= $\max(35d,500)$=$\max(35\times22,500)$=770 mm
	伸入 4 层的非连接区长度= $\max(H_n/6,h_c,500)$=$\max[(3\,600-600)/6,500,500]$=500 mm
	总长=3 600+(600+600)+(500+770)=6 070 mm

特别说明:d 为相互连接两根钢筋中较小直径。

3.3.3 柱顶钢筋构造

1.顶层边柱、角柱与中柱

顶层框架柱根据柱所在平面位置的不同分为中柱、边柱和角柱,如表 3-21 和图 3-23 所示。因此,框架柱顶层钢筋构造分为中柱、边柱、角柱柱顶纵筋构造。

表 3-21   顶层框架柱

柱类型	钢筋构造分类	特征
中柱	全部纵筋均为内侧纵筋	柱四边均有梁
边柱	一侧纵筋为外侧纵筋,三侧纵筋为内侧纵筋	柱三边有梁
角柱	两侧纵筋为外侧纵筋,两侧纵筋为内侧纵筋	柱两边有梁

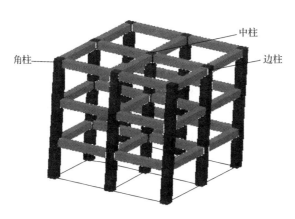

图 3-23 中柱、边柱及角柱

2.顶层中柱钢筋构造

KZ 中柱柱顶纵筋构造见表 3-22。

表 3-22　　　　　　　　　　　　　　　**KZ 中柱柱顶纵筋构造**

类型	直锚	弯锚
图示	 （当直锚长度≥l_{aE}时）	①　　　　　　　　　② （当柱顶有不小于100 mm厚的现浇板）
适用情况	梁高－保护层厚度≥l_{aE}	梁高－保护层厚度<l_{aE}
纵筋构造	顶层中柱全部纵筋伸至柱顶	顶层中柱全部纵筋伸至柱顶，并弯折 12d，但必须保证柱纵筋伸入梁内的长度≥0.5l_{abE}
纵筋锚固长度	纵筋锚固长度＝梁高－保护层厚度	纵筋锚固长度＝梁高－保护层厚度＋12d

特别说明：表 3-22 中节点①和节点②的做法类似，只是一个是柱纵筋的弯钩朝内折，一个是柱纵筋的弯钩朝外折，显然，"弯钩朝外折"的做法更有利些。

当然，节点②需要一定的条件：顶层为现浇混凝土板、板厚≥100 mm，但是这样的"条件"一般工程都能够满足。

（1）当直锚长度小于 l_{aE} 时，中柱纵筋弯折 12d

图 3-24 为顶层中柱纵筋弯锚示意图，由图可知，纵筋长度计算方法如下：

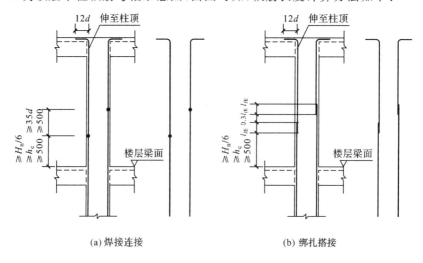

(a) 焊接连接　　　　　　　　　　　(b) 绑扎搭接

图 3-24　顶层中柱纵筋弯锚示意图

①采用焊接连接

顶层中柱纵筋（低位钢筋）长度＝顶层层高－本层柱下端非连接区长度 max($H_n/6$, h_c, 500)－保护层厚度＋弯折长度 12d

顶层中柱纵筋（高位钢筋）长度＝顶层层高－本层柱下端非连接区长度 max($H_n/6$, h_c,

500)－接头错开长度－保护层厚度＋弯折长度 $12d$

②采用绑扎搭接

顶层中柱纵筋(低位钢筋)长度＝顶层层高－本层柱下端非连接区长度 $\max(H_n/6, h_c,$ 500)－保护层厚度＋弯折长度 $12d$

顶层中柱纵筋(高位钢筋)长度＝顶层层高－本层柱下端非连接区长度 $\max(H_n/6, h_c,$ 500)－本层 $1.3l_{lE}$－保护层厚度＋弯折长度 $12d$

(2)当直锚长度大于等于 l_{aE} 时,中柱纵筋直接伸至柱顶截断

图 3-25 为顶层中柱纵筋直锚示意图,由图可知,纵筋长度计算方法如下:

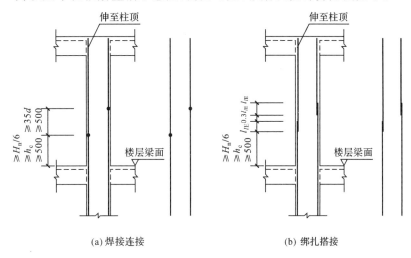

图 3-25　顶层中柱纵筋直锚示意图

①采用焊接连接

顶层中柱纵筋(低位钢筋)长度＝顶层层高－本层柱下端非连接区长度 $\max(H_n/6, h_c,$ 500)－保护层厚度

顶层中柱纵筋(高位钢筋)长度＝顶层层高－本层柱下端非连接区长度 $\max(H_n/6, h_c,$ 500)－接头错开长度－保护层厚度

②采用绑扎搭接

顶层中柱纵筋(低位钢筋)长度＝顶层层高－本层柱下端非连接区长度 $\max(Hn/6, h_c,$ 500)－保护层厚度

顶层中柱纵筋(高位钢筋)长度＝顶层层高－本层柱下端非连接区长度 $\max(Hn/6, h_c,$ 500)－本层 $1.3l_{lE}$－保护层厚度

【例 3-8】　计算例 3-1 顶层中柱钢筋的长度。

解:计算过程见表 3-23。

表 3-23   例 3-1 顶层柱钢筋计算过程

	锚固方式判别	梁高－保护层厚度＝700－20＝680 mm＜l_{aE}＝37d＝37×25＝925 mm 故中柱所有纵筋伸入顶层梁板内弯锚
4 层	低位钢筋	顶层中柱纵筋长度＝顶层层高－本层柱下端非连接区长度 max($H_n/6,h_c$,500)－保护层厚度＋弯折长度 12d
		本层柱下端非连接区长度＝max($H_n/6,h_c$,500)＝max[(6 600－700)/6,500,500]＝983 mm
		弯折长度＝12d＝12×25＝300 mm
		柱纵筋长度＝6 600－983－20＋300＝5 897
	高位钢筋	顶层中柱纵筋长度＝顶层层高－本层柱下端非连接区长度 max($H_n/6,h_c$,500)－本层 1.3l_{lE}－保护层厚度＋弯折长度 12d
		本层柱下端非连接区长度＝max($H_n/6,h_c$,500)＝max[(6 600－700)/6,500,500]＝983 mm
		搭接长度 l_{lE}＝52d＝52×25＝1 300 mm
		弯折长度＝12d＝12×25＝300 mm
		柱纵筋长度＝6 600－983－1.3×1 300－20＋300＝4 207 mm

【例 3-9】 计算例 3-2 顶层中柱钢筋的长度。

解:计算过程见表 3-24。

表 3-24   例 3-2 顶层柱钢筋计算过程

	锚固方式判别	梁高－保护层厚度＝1 000－20＝980 mm＞l_{aE}＝40d＝40×22＝880 mm 故中柱所有纵筋伸入顶层梁板内直锚
4 层	低位钢筋	顶层中柱纵筋长度＝顶层层高－本层柱下端非连接区长度 max($H_n/6,h_c$,500)－保护层厚度
		本层柱下端非连接区长度＝max($H_n/6,h_c$,500)＝max[(3 600－1 000)/6,500,500]＝500 mm
		柱纵筋长度＝3 600－500－20＝3 080 mm
	高位钢筋	顶层中柱纵筋长度＝顶层层高－本层柱下端非连接区长度 max($H_n/6,h_c$,500)－接头错开长度－保护层厚度
		本层柱下端非连接区长度＝max($H_n/6,h_c$,500)＝max[(3 600－1 000)/6,500,500]＝500 mm
		接头错开长度＝max(35d,500)＝max(35×22,500)＝770 mm
		柱纵筋长度＝3 600－500－770－20＝2 310 mm

3. 顶层边柱和角柱钢筋构造

顶层边柱和角柱的钢筋构造,先要区分内侧钢筋和外侧钢筋,区分的依据是角柱有两条外侧面,边柱只有一条外侧面。

顶层边柱、角柱的钢筋构造有五种形式,见表 3-25,进行钢筋算量时,选用哪一种形式,应按照实际施工图确定,不过,不管选用哪一种构造形式,注意屋面框架梁钢筋要与之匹配。

表 3-25　　　　　　　　　　　　　　　顶层边柱和角柱的钢筋构造

节点	图示	钢筋构造	纵筋锚固长度
①	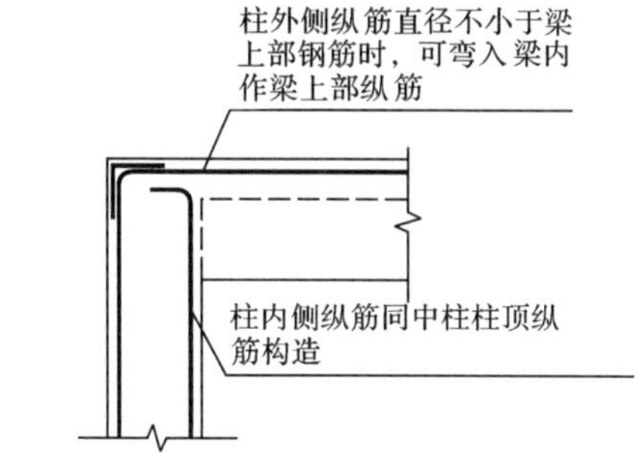 柱外侧纵筋直径不小于梁上部钢筋时,可弯入梁内作梁上部纵筋 柱内侧纵筋同中柱柱顶纵筋构造 柱筋作为梁上部钢筋使用	柱外侧纵筋直径不小于梁上部钢筋时,可弯入梁内作梁上部纵筋	外侧纵筋锚固长度＝梁高－保护层厚度＋弯入梁内长度
②	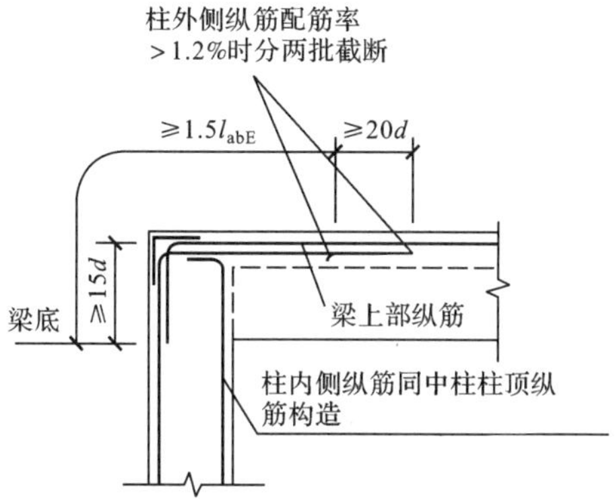 柱外侧纵筋配筋率＞1.2%时分两批截断 $≥1.5l_{abE}$　$≥20d$ $≥15d$ 梁底 梁上部纵筋 柱内侧纵筋同中柱柱顶纵筋构造 从梁底算起$1.5l_{abE}$超过柱内侧边缘	柱外侧纵筋锚入屋面框架梁的顶部,锚固长度从梁底位置算起$≥1.5l_{abE}$; 当配筋率＞1.2%时,钢筋分两批截断,第二批截断点再延伸$20d$	第一批截断: 外侧纵筋锚固长度$=1.5l_{abE}$ 第二批截断: 外侧纵筋锚固长度$=1.5l_{abE}+20d$
③	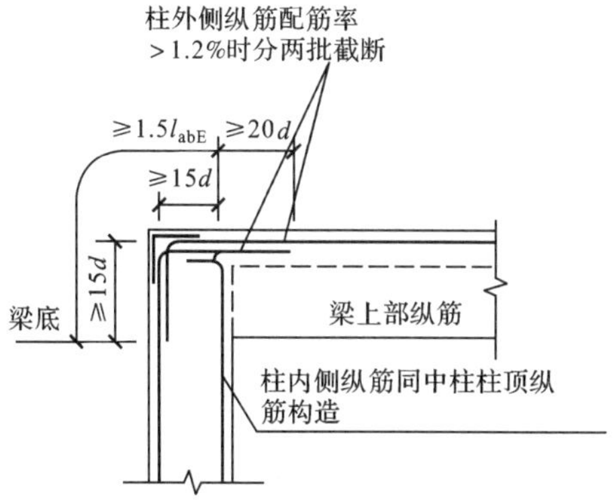 柱外侧纵筋配筋率＞1.2%时分两批截断 $≥1.5l_{abE}$　$≥20d$ $≥15d$ $≥15d$ 梁底 梁上部纵筋 柱内侧纵筋同中柱柱顶纵筋构造 从梁底算起$1.5l_{abE}$未超过柱内侧边缘	柱外侧纵筋锚入屋面框架梁的顶部,锚固长度从梁底位置算起$≥1.5l_{abE}$,且水平弯折长度$≥15d$; 当配筋率＞1.2%时,钢筋分两批截断,第二批截断点再延伸$20d$	第一批截断: 外侧纵筋锚固长度$=\max(1.5l_{abE}$,梁高－保护层厚度$+15d)$ 第二批截断: 外侧纵筋锚固长度$=\max(1.5l_{abE}$,梁高－保护层厚度$+15d)+20d$

（续表）

节点	图示	钢筋构造	纵筋锚固长度
④	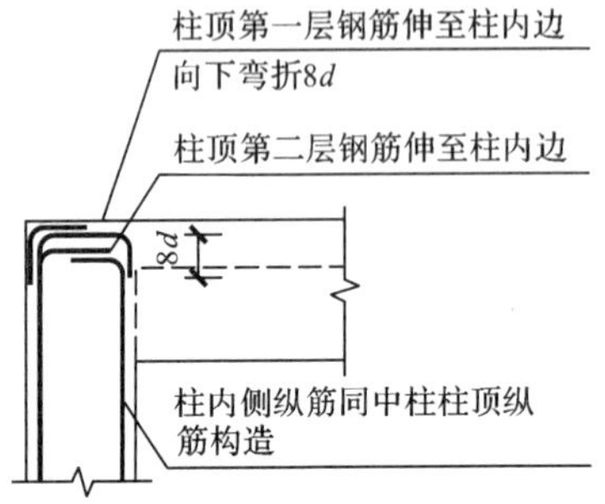 柱顶第一层钢筋伸至柱内边 向下弯折8d 柱顶第二层钢筋伸至柱内边 8d 柱内侧纵筋同中柱柱顶纵筋构造 （用于①、②或③节点未伸入梁内的柱外侧钢筋锚固） 当现浇板厚度不小于100时也可按②节点方式伸入板内锚固，且伸入板内长度不宜小于15d	柱顶第一层柱外侧纵筋伸至柱内侧向下弯折8d；柱顶第二层柱外侧纵筋伸至柱内侧	第一层外侧纵筋锚固长度＝梁高－保护层厚度＋柱宽－2×保护层厚度＋8d 第二层外侧纵筋锚固长度＝梁高－保护层厚度＋柱宽－2×保护层厚度
⑤	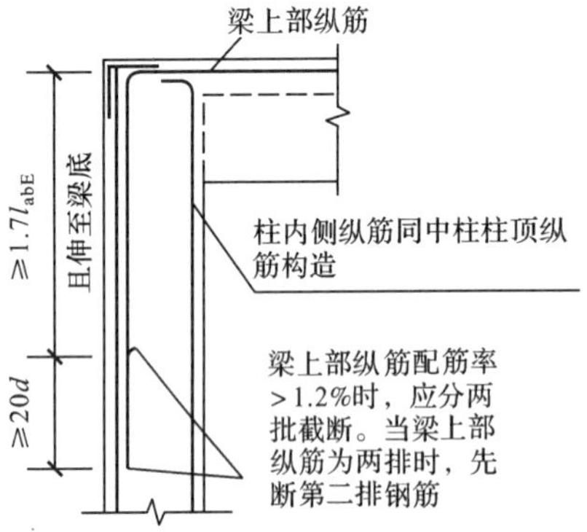 梁上部纵筋 ≥1.7l_{abE} 且伸至梁底 柱内侧纵筋同中柱柱顶纵筋构造 ≥20d 梁上部纵筋配筋率＞1.2%时，应分两批截断。当梁上部纵筋为两排时，先断第二排钢筋 梁、柱纵筋搭接接头沿节点外侧直线布置	梁、柱纵筋搭接接头沿节点外侧直线布置	——

注：1. 节点①、②、③、④应配合使用，节点④不应单独使用（仅用于未伸入梁内的柱外侧纵筋锚固），伸入梁内的柱外侧纵筋不宜少于柱外侧全部纵筋面积的65%。可选择②＋④或③＋④或①＋②＋④或①＋③＋④的做法。

2. 节点⑤用于梁、柱纵筋接头沿节点柱顶外侧直线布置的情况，可与节点①组合使用。

以如图3-26所示的"②＋④"节点做法进行分析：边角柱外侧面积65%的①号纵筋伸入梁内锚固，其余可在柱内弯折锚固；②号纵筋为外侧第一层纵筋，伸至柱内侧后向下弯折8d；③号纵筋为柱外侧第二层纵筋，伸至柱内侧后截断；④号纵筋为柱内侧纵筋，当直锚长度＜l_{aE}时，弯折12d；⑤号纵筋为柱内侧纵筋，当直锚长度≥l_{aE}时伸至柱顶后截断。

从图3-26中可知，焊接连接时纵筋长度计算方法如下：

①号纵筋（低位钢筋）长度＝顶层层高－柱下端非连接区长度 $\max(H_n/6, h_c, 500)$－梁高＋伸入梁板内长度 $1.5l_{abE}$

①号纵筋（高位钢筋）长度＝顶层层高－柱下端非连接区长度 $\max(H_n/6, h_c, 500)$－接头错开长度 $\max(35d, 500)$－梁高＋伸入梁板内长度 $1.5l_{abE}$

④号纵筋（低位钢筋）长度＝顶层层高－柱下端非连接区长度 $\max(H_n/6, h_c, 500)$－柱顶保护层厚度＋弯折长度12d

④号纵筋（高位钢筋）长度＝顶层层高－柱下端非连接区长度 $\max(H_n/6, h_c, 500)$－接头错开长度 $\max(35d, 500)$－柱顶保护层厚度＋弯折长度12d

⑤号纵筋（低位钢筋）长度＝顶层层高－柱下端非连接区长度 $\max(H_n/6, h_c, 500)$－柱顶保护层厚度

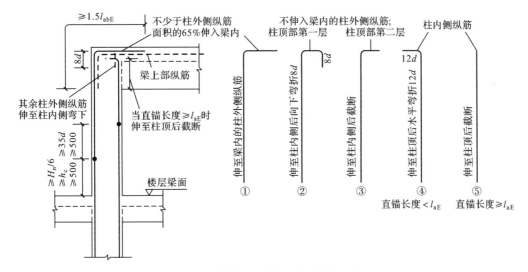

图 3-26　顶层边角柱焊接连接时纵筋示意图

⑤号纵筋(高位钢筋)长度＝顶层层高－柱下端非连接区长度 $\max(H_n/6, h_c, 500)$－接头错开长度 $\max(35d, 500)$－柱顶保护层厚度

②号纵筋(低位钢筋)长度＝顶层层高－柱下端非连接区长度 $\max(H_n/6, h_c, 500)$－柱顶保护层厚度＋(柱宽－柱保护层厚度×2)＋弯折长度 $8d$

②号纵筋(高位钢筋)长度＝顶层层高－柱下端非连接区长度 $\max(H_n/6, h_c, 500)$－接头错开长度 $\max(35d, 500)$－柱顶保护层厚度＋(柱宽－柱保护层厚度×2)＋弯折长度 $8d$

③号纵筋(低位钢筋)长度＝顶层层高－柱下端非连接区长度 $\max(H_n/6, h_c, 500)$－柱顶保护层厚度＋(柱宽－柱保护层厚度×2)

③号纵筋(高位钢筋)长度＝顶层层高－柱下端非连接区长度 $\max(H_n/6, h_c, 500)$－接头错开长度 $\max(35d, 500)$－柱顶保护层厚度＋(柱宽－柱保护层厚度×2)

图 3-27 为顶层边角柱绑扎搭接时纵筋示意图,由图可知,绑扎搭接时纵筋长度计算方法如下:

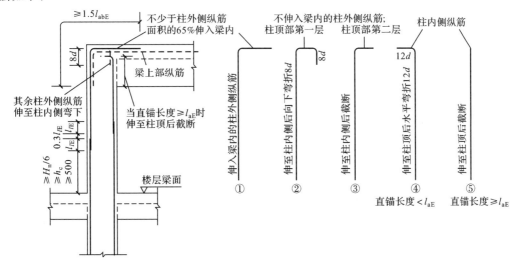

图 3-27　顶层边角柱绑扎搭接时纵筋示意图

①号纵筋(低位钢筋)长度＝顶层层高－柱下端非连接区长度 $\max(H_n/6, h_c, 500)$ －梁高＋伸入梁板内长度 $1.5l_{abE}$

①号纵筋(高位钢筋)长度＝顶层层高－柱下端非连接区长度 $\max(H_n/6, h_c, 500)$ －$1.3l_{lE}$ －梁高＋伸入梁板内长度 $1.5l_{abE}$

④号纵筋(低位钢筋)长度＝顶层层高－柱下端非连接区长度 $\max(H_n/6, h_c, 500)$ －柱顶保护层厚度＋弯折长度 $12d$

④号纵筋(高位钢筋)长度＝顶层层高－柱下端非连接区长度 $\max(H_n/6, h_c, 500)$ －$1.3l_{lE}$ －柱顶保护层厚度＋弯折长度 $12d$

⑤号纵筋(低位钢筋)长度＝顶层层高－柱下端非连接区长度 $\max(H_n/6, h_c, 500)$ －柱顶保护层厚度

⑤号纵筋(高位钢筋)长度＝顶层层高－柱下端非连接区长度 $\max(H_n/6, h_c, 500)$ －$1.3l_{lE}$ －柱顶保护层厚度

②号纵筋(低位钢筋)长度＝顶层层高－柱下端非连接区长度 $\max(H_n/6, h_c, 500)$ －柱顶保护层厚度＋(柱宽－柱保护层厚度×2)＋弯折长度 $8d$

②号纵筋(高位钢筋)长度＝顶层层高－柱下端非连接区长度 $\max(H_n/6, h_c, 500)$ －$1.3l_{lE}$ －柱顶保护层厚度＋(柱宽－柱保护层厚度×2)＋弯折长度 $8d$

③号纵筋(低位钢筋)长度＝顶层层高－柱下端非连接区长度 $\max(H_n/6, h_c, 500)$ －柱顶保护层厚度＋(柱宽－柱保护层厚度×2)

③号纵筋(高位钢筋)长度＝顶层层高－柱下端非连接区长度 $\max(H_n/6, h_c, 500)$ －$1.3l_{lE}$ －柱顶保护层厚度＋(柱宽－柱保护层厚度×2)

【例 3-10】 图 3-28 为某框架结构建筑物,二级抗震等级,混凝土强度等级为 C30,角柱纵筋为 12Φ22,纵筋采用焊接连接,按"②＋④"节点计算顶层角柱钢筋的长度。

层号	顶标高	层高	顶梁高
4	15.870	3.600	700
3	12.270	3.600	700
2	8.670	4.200	700
1	4.470	4.500	700
基础	－0.930	基础厚 800	—

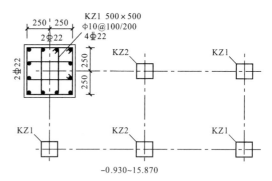

图 3-28 KZ1 柱平法施工图

解:(1)外侧钢筋与内侧钢筋

外侧钢筋总根数为 7 根,内侧钢筋根数为 5 根;内、外侧钢筋中的第一层、第二层钢筋,以及伸入梁板内不同长度的钢筋,如图 3-29 所示。

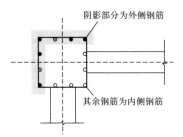

阴影部分为外侧钢筋

其余钢筋为内侧钢筋

1 号钢筋	●	不少于 65% 的柱外侧钢筋伸入梁内 7×65%＝5 根
2 号钢筋	◎	其余外侧钢筋中，位于第一层的，伸至柱内侧边下弯 8d，共 1 根
3 号钢筋	◉	其余外侧钢筋中，位于第二层的，伸至柱内侧边，共 1 根
4 号钢筋	○	内侧钢筋，共 5 根

图 3-29　第一层、第二层钢筋

（2）计算每一种钢筋

①号钢筋计算简图如图 3-30 所示，计算过程见表 3-26。

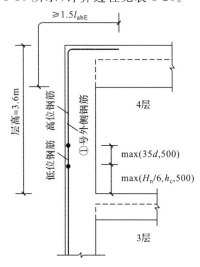

图 3-30　①号钢筋计算简图

表 3-26　　　　　　　　　　　　　　　　　　①号钢筋计算过程

①号钢筋	低位钢筋	纵筋长度＝顶层层高－柱下端非连接区长度 $\max(H_n/6, h_c, 500)$－梁高＋伸入梁板内长度 $1.5l_{abE}$
		柱下端非连接区长度＝$\max(H_n/6, h_c, 500)$＝$\max[(3\ 600-700)/6, 500, 500]$＝500 mm
		伸入梁板内长度＝$1.5l_{abE}$＝$1.5×40×22$＝1 320 mm
		纵筋长度＝$3\ 600-500-700+1\ 320$＝3 720 mm
	高位钢筋	纵筋长度＝顶层层高－柱下端非连接区长度 $\max(H_n/6, h_c, 500)$－接头错开长度 $\max(35d, 500)$－梁高＋伸入梁板内长度 $1.5l_{aE}$
		柱下端非连接区长度＝$\max(H_n/6, h_c, 500)$＝$\max[(3\ 600-700)/6, 500, 500]$＝500 mm
		接头错开长度＝$\max(35d, 500)$＝$\max(35×22, 500)$＝770 mm
		伸入梁板内长度＝$1.5l_{abE}$＝$1.5×40×22$＝1 320 mm
		纵筋长度＝$3\ 600-500-770-700+1\ 320$＝2 950 mm

②号钢筋计算简图如图 3-31 所示,计算过程见表 3-27。

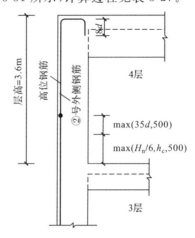

图 3-31　②号钢筋计算简图

表 3-27 ②号钢筋计算过程

说明:②号钢筋只有 1 根,根据其所在位置为高位钢筋		
②号钢筋	高位钢筋	纵筋长度＝顶层层高－柱下端非连接区长度 $\max(H_n/6,h_c,500)$－接头错开长度 $\max(35d,500)$－柱顶保护层厚度＋(柱宽－柱保护层厚度×2)＋弯折长度 $8d$
		柱下端非连接区长度＝$\max(H_n/6,h_c,500)$＝$\max[(3\,600-700)/6,500,500]$＝500 mm
		接头错开长度＝$\max(35d,500)$＝$\max(35×22,500)$＝770 mm
		(柱宽－柱保护层厚度×2)＝500－(20＋10)×2＝440 mm
		弯折长度＝8×22＝176 mm
		纵筋长度＝3 600－500－770－20＋440＋176＝2 926 mm

③号钢筋计算简图如图 3-32 所示,计算过程见表 3-28。

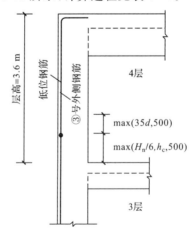

图 3-32　③号钢筋计算简图

表 3-28		③号钢筋计算过程
说明:③号钢筋只有1根,根据其所在位置为低位钢筋		
③号钢筋	低位钢筋	纵筋长度=顶层层高-柱下端非连接区长度$\max(H_n/6,h_c,500)$-柱顶保护层厚度+（柱宽-柱保护层厚度×2）
		柱下端非连接区长度=$\max(H_n/6,h_c,500)=\max[(3\ 600-700)/6,500,500]=500\ \text{mm}$
		（柱宽-柱保护层厚度×2）$=500-(20+10)\times2=440\ \text{mm}$
		纵筋长度=$3\ 600-500-20+440=3\ 520\ \text{mm}$

④号钢筋计算简图如图 3-33 所示,计算过程见表 3-29。

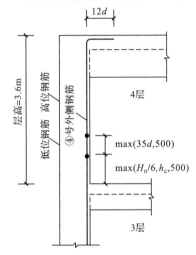

图 3-33　④号钢筋计算简图

表 3-29		④号钢筋计算过程
④号钢筋	锚固方式判别	梁高-保护层厚度=$700-20=680\ \text{mm}<l_{aE}=40d=40\times22=880\ \text{mm}$
		故角柱内侧纵筋伸入顶层梁板内弯锚
	低位钢筋	纵筋长度=顶层层高-柱下端非连接区长度$\max(H_n/6,h_c,500)$-柱顶保护层厚度+弯折长度$12d$
		本层柱下端非连接区长度=$\max(H_n/6,h_c,500)=\max[(3\ 600-700)/6,500,500]=500\ \text{mm}$
		弯折长度=$12d=12\times22=264\ \text{mm}$
		柱纵筋长度=$3\ 600-500-20+264=3\ 344\ \text{mm}$
	高位钢筋	纵筋长度=顶层层高-柱下端非连接区长度$\max(H_n/6,h_c,500)$-接头错开长度$\max(35d,500)$-柱顶保护层厚度+弯折长度$12d$
		本层柱下端非连接区长度=$\max(H_n/6,h_c,500)=\max[(3\ 600-700)/6,500,500]=500\ \text{mm}$
		接头错开长度=$\max(35d,500)=\max(35\times22,500)=770\ \text{mm}$
		弯折长度=$12d=12\times22=264\ \text{mm}$
		柱纵筋长度=$3\ 600-500-770-20+264=2\ 574\ \text{mm}$

顶层边柱的钢筋计算与顶层角柱的钢筋计算相同,只是外侧钢筋和内侧钢筋的根数不同,如图 3-34 所示。

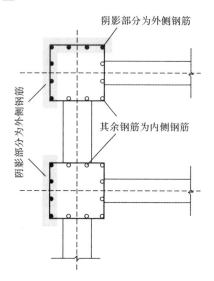

图 3-34   顶层角柱与边柱内、外侧钢筋示意图

4.边柱、角柱柱顶等截面伸出时纵筋构造

边柱、角柱柱顶等截面伸出时纵筋构造,见表 3-30。

表 3-30   边柱、角柱柱顶等截面伸出时纵筋构造

类型	直锚	弯锚
图示	箍筋规格及数量由设计指定,肢距不大于400,箍筋间距应满足16G101图集第58页注7要求 伸至柱外侧纵筋内侧,$\geq 0.6l_{abE}$ 梁上部纵筋 $\geq 15d$ $\geq l_{aE}$ 梁下部纵筋 (当伸出长度自梁顶算起满足直锚长度l_{aE}时)	箍筋规格及数量由设计指定,肢距不大于400,箍筋间距应满足16G101图集第58页注7要求 $15d$ $12d$ 伸至柱顶 $\geq 0.6l_{abE}$ 伸至柱外侧纵筋内侧,$\geq 0.6l_{abE}$ 梁上部纵筋 $\geq 15d$ 梁下部纵筋 (当伸出长度自梁顶算起不能满足直锚长度l_{aE}时)
适用情况	伸出长度-保护层厚度$\geq l_{aE}$	伸出长度-保护层厚度$< l_{aE}$
纵向钢筋构造	柱全部纵筋伸至柱顶	柱全部纵筋伸至柱顶且$\geq 0.6l_{abE}$,外侧纵筋弯折$15d$,内侧纵筋弯折$12d$

（1）当直锚长度大于等于 l_{aE} 时，边柱、角柱纵筋直接伸至柱顶截断

从表 3-30 中可知，纵筋长度计算方法如下：

①采用焊接连接

顶层中柱纵筋（低位钢筋）长度＝顶层层高－本层柱下端非连接区长度 $\max(H_n/6, h_c,$ 500)＋伸出长度－保护层厚度

顶层中柱纵筋（高位钢筋）长度＝顶层层高－本层柱下端非连接区长度 $\max(H_n/6, h_c,$ 500)－接头错开长度＋伸出长度－保护层厚度

②采用绑扎搭接

顶层中柱纵筋（低位钢筋）长度＝顶层层高－本层柱下端非连接区长度 $\max(H_n/6, h_c,$ 500)＋伸出长度－保护层厚度

顶层中柱纵筋（高位钢筋）长度＝顶层层高－本层柱下端非连接区长度 $\max(H_n/6, h_c,$ 500)－本层 $1.3 l_{lE}$＋伸出长度－保护层厚度

（2）当直锚长度小于 l_{aE} 时，边柱、角柱纵筋弯折 $15d$（外侧纵筋）、$12d$（内侧纵筋）

从表 3-30 中可知，纵筋长度计算方法如下：

①采用焊接连接

顶层中柱纵筋（低位钢筋）长度＝顶层层高－本层柱下端非连接区长度 $\max(H_n/6, h_c,$ 500)＋伸出长度－保护层厚度＋弯折长度

顶层中柱纵筋（高位钢筋）长度＝顶层层高－本层柱下端非连接区长度 $\max(H_n/6, h_c,$ 500)－接头错开长度＋伸出长度－保护层厚度＋弯折长度

②采用绑扎搭接

顶层中柱纵筋（低位钢筋）长度＝顶层层高－本层柱下端非连接区长度 $\max(H_n/6, h_c,$ 500)＋伸出长度－保护层厚度＋弯折长度

顶层中柱纵筋（高位钢筋）长度＝顶层层高－本层柱下端非连接区长度 $\max(H_n/6, h_c,$ 500)－本层 $1.3 l_{lE}$＋伸出长度－保护层厚度＋弯折长度

3.3.4　柱内箍筋构造

框架柱箍筋一般分为两大类：非复合箍筋和复合箍筋。常见的矩形复合箍筋的复合方式如图 3-35 所示。

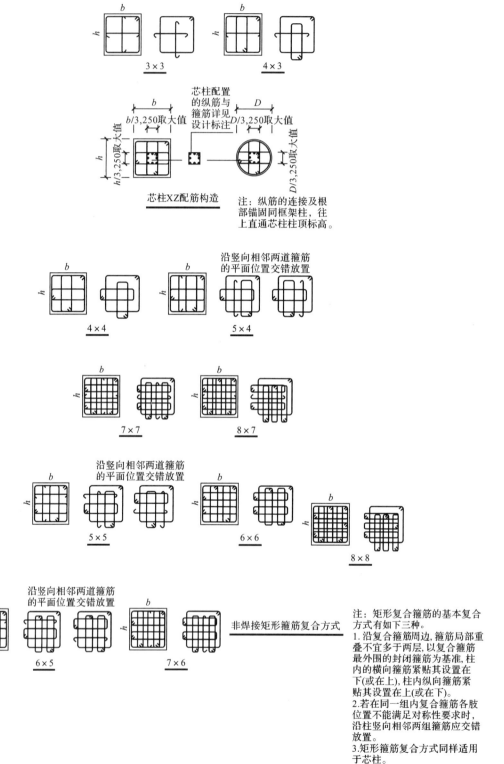

图 3-35　常见的矩形复合箍筋的复合方式

箍筋加密区范围构造见表 3-31。

表 3-31　　　　　　　　　　　　　　　箍筋加密区范围构造

类型	无地下室 KZ	有地下室 KZ
图例	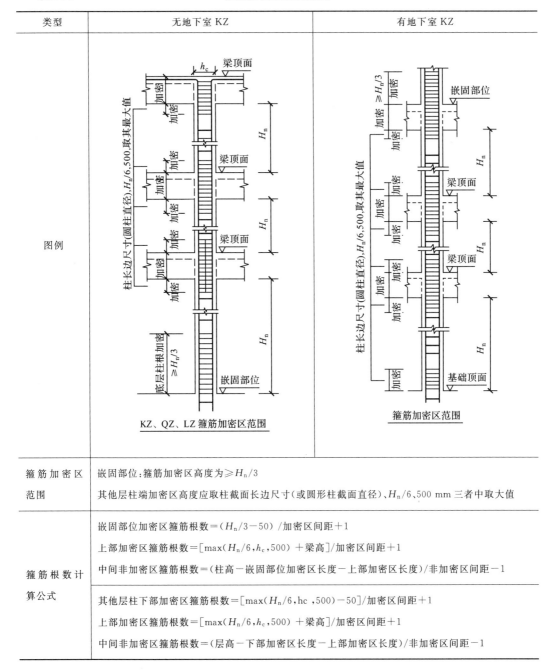	
箍筋加密区范围	嵌固部位:箍筋加密区高度为 $\geqslant H_n/3$ 其他层柱端加密区高度应取柱截面长边尺寸(或圆形柱截面直径)、$H_n/6$、500 mm 三者中取大值	
箍筋根数计算公式	嵌固部位加密区箍筋根数 $=(H_n/3-50)$/加密区间距$+1$ 上部加密区箍筋根数 $=[\max(H_n/6,h_c,500)+梁高]$/加密区间距$+1$ 中间非加密区箍筋根数 $=(柱高-嵌固部位加密区长度-上部加密区长度)$/非加密区间距-1 其他层柱下部加密区箍筋根数 $=[\max(H_n/6,h_c,500)-50]$/加密区间距$+1$ 上部加密区箍筋根数 $=[\max(H_n/6,h_c,500)+梁高]$/加密区间距$+1$ 中间非加密区箍筋根数 $=(层高-下部加密区长度-上部加密区长度)$/非加密区间距-1	

【例 3-11】　计算例 3-1 柱箍筋的长度和根数。

解:计算过程见表 3-32。

表 3-32　　　　　　　　　　　　　　　　　　例 3-1 柱箍筋计算过程

箍筋长度	外封闭箍筋 （大双肢箍）	箍筋长度 = $2(b+h)-8c+\max(27.13d,150+7.13d)$ $=2\times(500+500)-8\times20+\max(27.13\times10,150+7.13\times10)=2\,111\text{ mm}$
	竖向内封闭 箍筋 （小双肢箍）	内箍长度 $=2(h-2c)+2\{[(b-2c-2d-D)/$间距个数$]\times$内箍占间距个数$+D+2d\}+\max(27.13d,150+7.13d)$ $=2(500-2\times20)+2\{[(500-2\times20-2\times10-25)/3]\times1+25+2\times10\}+\max(27.13\times10,150+7.13\times10)$ $=1\,558\text{ mm}$
	水平向内封闭 箍筋 （小双肢箍）	内箍长度 $=2(b-2c)+2\{[(h-2c-2d-D)/$间距个数$]\times$内箍占间距个数$+D+2d\}+\max(27.13d,150+7.13d)$ $=2(500-2\times20)+2\{[(500-2\times20-2\times10-25)/3]\times1+25+2\times10\}+\max(27.13\times10,150+7.13\times10)$ $=1\,558\text{ mm}$
箍筋根数	基础内 （大双肢箍）	箍筋根数 $=\max\{2,(h_j-$基础保护层厚度$-$底板钢筋网高度$-100)/500+1\}$
		箍筋根数 $=\max\{2,(1\,000-40-12\times2-100)/500+1\}=3$ 根
	一层	钢筋搭接长度 $l_{lE}=52d=52\times25=1\,300\text{ mm}$ 一层柱根加密区箍筋根数 $=[(H_n/3+2.3l_{lE})-50]/100+1=[(7\,600/3+2.3\times1\,300)-50]/100+1=56$ 根 上部加密区根数 $=[\max(7\,600/6,500,500)+700]/100+1=21$ 根 中间非加密区根数 $=[7\,600-(7\,600/3+2.3\times1\,300)-7\,600/6]/200-1=4$ 根 合计：$56+21+4=81$ 根
	二层	下部加密区根数 $=[\max(6\,500/6,500,500)+2.3\times1\,300-50]/100+1=42$ 根 上部加密区根数 $=[\max(6\,500/6,500,500)+700]/100+1=19$ 根 中间非加密区根数 $=[6\,500-(6\,500/6+2.3\times1\,232)-6\,500/6]/200-1=6$ 根 合计：$42+19+6=67$ 根
	三层	下部加密区根数 $=[\max(6\,200/6,500,500)+2.3\times1\,300-50]/100+1=41$ 根 上部加密区根数 $=[\max(6\,200/6,500,500)+700]/100+1=19$ 根 中间非加密区根数 $=[6\,200-(6\,200/6+2.3\times1\,300)-6\,200/6]/200-1=5$ 根 合计：$41+19+5=65$ 根
	四层	下部加密区根数 $=[\max(5\,900/6,500,500)+2.3\times1\,300-50]/100+1=41$ 根 上部加密区根数 $=[\max(5\,900/6,500,500)+700]/100+1=18$ 根 中间非加密区根数 $=[5\,900-(5\,900/6+2.3\times1\,300)-5\,900/6]/200-1=4$ 根 合计：$41+18+4=63$ 根

【例 3-12】　某框架结构建筑物地上三层，地下一层，梁高均为 600 mm，二级抗震等级，混凝土强度 C30，梁柱保护层均为 30 mm，基础保护层厚度 40 mm，基础底板钢筋网为 Φ12，中 KZ2 柱平法施工图如图 3-36 所示，采用机械连接，求柱内钢筋长度及根数。

层号	顶标高	层高	顶梁高
3	11.070	3.600	600
2	7.470	3.600	600
1	3.870	3.900	600
−1	−0.030	4.200	600
基础	−4.230	基础厚600	—

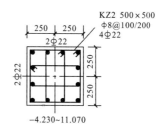

图 3-36　KZ2 柱平法施工图

解:柱内钢筋计算过程见表 3-33。

表 3-33　　　　　　　　　　　　**KZ2 柱内钢筋计算过程**

抗震锚固长度		$l_{aE}=33d=33\times22=726$ mm，$l_{abE}=33d=33\times22=726$ mm	
柱基础插筋	基础内插筋长度	直锚长度$=600-40-12\times2=536$ mm$<l_{aE}=$ 726 mm 且$>$max$(0.6l_{abE},20d)=$max$(0.6\times726,20\times22)=440$ mm 基础插筋的弯钩长度$=15d=15\times22=330$ mm 基础内插筋长度$=h_j-$基础保护层厚度$-$底板钢筋网高度$+15d=600-40-12\times2+330=866$ mm	
	基础插筋长度（低位）	非连接区长度 max$(H_n/6,h_c,500)=$ max$(3\ 600/6,500,500)=600$ mm	
		基础插筋(低位钢筋)长度$=$基础内插筋长度$+$非连接区长度 $=866+600=1\ 466$ mm	
	基础插筋长度（高位）	相邻纵筋错开高度$35d=35\times22=770$ mm	
		基础插筋(高位钢筋)长度$=$基础内插筋长度$+$非连接区长度$+\ 35d=866+600+770=2\ 236$ mm	
地下一层柱纵筋	地下一层非连接区长度	max$(H_n/6,h_c,500)=$ max$(3\ 600/6,500,500)=600$ mm	
	一层非连接区长度	$H_n/3=3\ 300/3=1\ 100$ mm	
	地下一层纵筋长度	$4\ 200-600+1\ 100=4\ 700$ mm	
一层柱纵筋	一层非连接区长度	$H_n/3=3\ 300/3=1\ 100$ mm	
	第二层非连接区长度	max$(H_n/6,h_c,500)=$ max$(3\ 000/6,500,500)=500$ mm	
	一层纵筋长度	$3\ 900-1\ 100+500=3\ 300$ mm	
二层柱纵筋	第二层非连接区长度	max$(H_n/6,h_c,500)=$ max$(3\ 000/6,500,500)=500$ mm	
	第三层非连接区长度	max$(H_n/6,h_c,500)=$ max$(3\ 000/6,500,500)=500$ mm	
	二层纵筋长度	$3\ 600-500+500=3\ 600$ mm	

柱顶层纵筋	顶层非连接区长度	$\max(H_n/6, h_c, 500)=\max(3\,000/6, 500, 500)=500$ mm
	柱顶的锚固长度	$h_b-c=600-30=570$ mm$<l_{aE}=726$ mm，弯锚
		锚固长度$=600-30+12\times22=834$ mm
	顶层纵筋长度（低位）	$3\,600-500-600+834=3\,334$ mm
	顶层纵筋长度（高位）	相邻纵筋错开高度$35d=35\times22=770$ mm
		$3\,334-770=2\,564$ mm
箍筋长度	外封闭箍筋（大双肢箍）	箍筋长度$=2(b+h)-8c+\max(27.13d, 150+7.13d)=$
		$2\times(500+500)-8\times30+\max(27.13\times8, 150+7.13\times8)=1\,977$ mm
	竖向小封闭箍筋（小双肢箍）	内箍长度$=2(h-2c)+2\{[(b-2c-2d-D)/$间距个数$]\times$内箍占间距个数$+D+2d\}+\max(27.13d, 150+7.13d)=$
		$2(500-2\times30)+2\{[(500-2\times30-2\times8-22)/3]\times1+22+2\times8\}+$
		$\max(27.13\times8, 150+7.13\times8)=$
		$1\,441$ mm
	水平向小封闭箍筋（小双肢箍）	内箍长度$=2(b-2c)+2\{[(h-2c-2d-D)/$间距个数$]\times$内箍占间距个数$+D+2d\}+\max(27.13d, 150+7.13d)=$
		$2(500-2\times30)+2\{[(500-2\times30-2\times8-22)/3]\times1+22+2\times8\}+$
		$\max(27.13\times8, 150+7.13\times8)=$
		$1\,441$ mmm
箍筋根数	基础内（大双肢箍）	$\max\{2, (600-40-24-100)/500+1\}=2$ 根
	地下一层	下部加密区根数$=[\max(3\,600/6, 500, 500)-50]/100+1=7$ 根
		上部加密区根数$=[\max(3\,600/6, 500, 500)+600]/100+1=13$ 根
		中间非加密区根数$=(4\,200-600-1\,200)/200-1=11$ 根
		合计：$7+13+11=31$ 根
	一层	一层柱根加密区箍筋根数$=(3\,300/3-50)/100+1=12$ 根
		上部加密区根数$=[\max(3\,300/6, 500, 500)+600]/100+1=13$ 根
		中间非加密区根数$=(3\,900-1\,100-1\,150)/200-1=8$ 根
		合计：$12+13+8=33$ 根
	二层	下部加密区根数$=[\max(3\,000/6, 500, 500)-50]/100+1=6$ 根
		上部加密区根数$=[\max(3\,000/6, 500, 500)+600]/100+1=12$ 根
		中间非加密区根数$=(3\,600-500-1\,100)/200-1=9$ 根
		合计：$6+12+9=27$ 根
	三层	下部加密区根数$=[\max(3\,000/6, 500, 500)-50]/100+1=6$ 根
		上部加密区根数$=[\max(3\,000/6, 500, 500)+600]/100+1=12$ 根
		中间非加密区根数$=(3\,600-500-1\,100)/200-1=9$ 根
		合计：$6+12+9=27$ 根

复习思考题

1. 简述常见柱的类型及相关概念。

2. 柱平法施工图常采用哪两种注写方式？阐述各自特点。

3. 框架柱纵筋在基础内的锚固长度如何确定？

4.简述不同情况下框架柱纵筋非连接区范围。

5.简述框架柱中间层变截面纵筋构造要求。

6.简述框架柱中柱柱顶锚固构造。

7.简述框架柱柱顶梁端节点柱插梁和梁插柱两种做法的特点。

8.框架柱加密区范围如何确定？

习　题

1.图 3-37 为某框架结构建筑物,地下一层,地上三层,梁高均为 700 mm,二级抗震等级,混凝土强度等级为 C30,中柱纵筋为 12 Φ25,框架柱下为独立基础,独立基础的总高度为 900 mm,基础底板钢筋网为 Φ12,基础保护层厚度为 40 mm,纵筋采用绑扎搭接,钢筋搭接接头面积百分率为 50%,求柱内钢筋长度及根数,如不满足钢筋构造要求,请选择纵筋的连接方案。

层号	顶标高	层高	顶梁高
3	11.670	3.600	700
2	8.070	3.900	700
1	4.170	4.200	700
-1	-0.030	3.900	700
基础	-3.930	基础厚 900	—

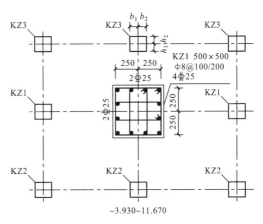

图 3-37　KZ1 柱平法施工图

2.图 3-38 为某框架结构建筑物,二级抗震等级,混凝土强度等级为 C35,中柱纵筋为 12 Φ22,框架柱下为独立基础,独立基础的总高度为 1 100 mm,基础底板钢筋网为 Φ14,基础保护层厚度为 40 mm,纵筋采用焊接连接,求柱内钢筋长度及根数。

层号	顶标高	层高	顶梁高
4	15.900	3.600	1000
3	12.300	3.600	700
2	8.700	4.200	700
1	4.500	4.500	700
基础	-0.700	基础厚 1 100	—

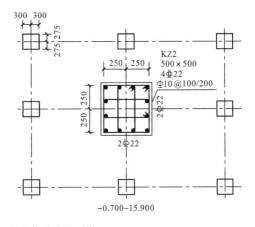

图 3-38　KZ2 柱平法施工图

3.图 3-39 为某框架结构建筑物,地下一层,地上四层,梁高均为 600 mm,二级抗震等级,混凝土强度等级为 C30,框架柱下为独立基础,独立基础的总高度为 800 mm,基础底板钢筋网为Φ14,基础保护层厚度为 40 mm,纵筋采用机械连接,求柱内钢筋长度及根数。

层号	顶标高	层高	顶梁高
4	16.100	3.600	600
3	12.500	3.900	600
2	8.600	4.200	600
1	4.400	4.500	600
—1	−0.100	4.300	600
基础	−4.400	基础厚 800	—

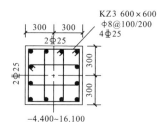

图 3-39 KZ3 柱平法施工图

4.图 3-40 为某框架结构建筑物,一级抗震等级,混凝土强度等级为 C35,纵筋采用焊接连接,求变截面位置纵筋的长度。

层号	顶标高	层高	顶梁高
4	16.170	3.600	600
3	12.570	3.900	600
2	8.670	4.200	600
1	4.470	4.500	600
基础	−0.930	基础厚 900	—

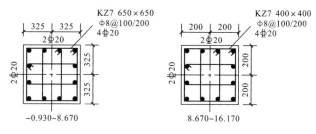

图 3-40 KZ7 框架柱中间层变截面平法施工图

5.图 3-41 为某框架结构建筑物,一级抗震等级,混凝土强度等级为 C30,纵筋采用绑扎搭接,钢筋搭接接头面积百分率为 50%,求纵筋变化截面钢筋的长度。

层号	顶标高	层高	顶梁高
4	28.470	6.900	700
3	21.570	6.900	700
2	14.670	7.200	700
1	7.470	7.500	700
基础	−0.930	基础厚 700	—

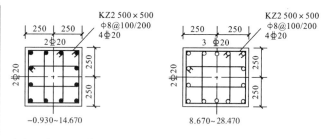

图 3-41 KZ2 框架柱中间层钢筋变化截面平法施工图

6.图 3-42 为某框架结构建筑物,一级抗震等级,混凝土强度等级为 C35,纵筋采用焊接连接,求纵筋变化截面钢筋的长度。

层号	顶标高	层高	顶梁高
4	16.170	3.600	800
3	12.570	3.900	800
2	8.670	4.200	800
1	4.470	4.500	800
基础	−0.980	基础厚 800	—

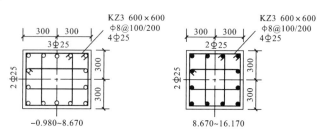

图 3-42 KZ3 框架柱中间层钢筋变化截面平法施工图

7.图 3-43 为某框架结构建筑物,二级抗震等级,混凝土强度等级为 C30,纵筋采用机械连接,求纵筋变化截面钢筋的长度。

层号	顶标高	层高	顶梁高
4	16.170	3.600	650
3	12.570	3.900	650
2	8.670	4.200	650
1	4.470	4.500	650
基础	−0.930	基础厚 800	—

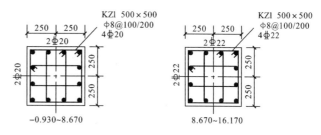

图 3-43　KZ1 框架柱中间层钢筋变化截面平法施工图

8.图 3-44 为某框架结构建筑物,二级抗震等级,混凝土强度等级为 C30,纵筋采用焊接连接,按"②+④"节点计算顶层角柱钢筋的长度。

层号	顶标高	层高	顶梁高
4	16.470	3.900	800
3	12.570	3.900	800
2	8.670	4.200	800
1	4.470	4.500	800
基础	−0.930	基础厚 700	—

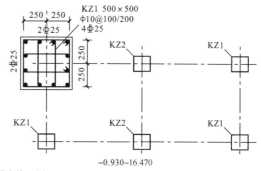

图 3-44　KZ1 柱平法施工图

第3章习题答案

第4章
板构件平法识图

学习目标

了解板构件的分类及板内钢筋;

掌握板平法施工图制图规则,能够熟练应用板平法施工图制图规则识读板平法施工图;

熟悉板的钢筋构造要求,能够熟练应用板标准构造详图进行板钢筋的布置和板内钢筋的计算。

4.1 板构件基本知识

4.1.1 板构件知识体系

板构件知识体系可概括为三方面:板的分类、板构件钢筋的分类、各种形状的板,如图4-1所示。

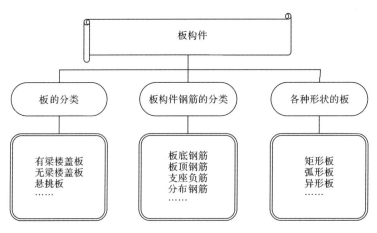

图 4-1 板构件知识体系

4.1.2 板的分类

钢筋混凝土板是房屋结构中重要的承重构件,主要承受竖向荷载和水平荷载,并把所受荷载传递给竖向构件。

钢筋混凝土板根据所在位置不同,可以分为楼面板、屋面板和悬挑板,如图 4-2 所示。

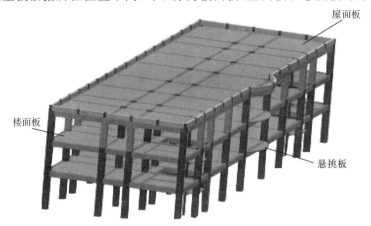

图 4-2　钢筋混凝土板按所在位置分类

钢筋混凝土板根据其受力特点和支承情况,可分为钢筋混凝土单向板和钢筋混凝土双向板。在板的受力和传力过程中,板的长边尺寸 l_{02} 与短边尺寸 l_{01} 的比值决定了板的受力情况。

当长边尺寸 l_{02} 与短边尺寸 l_{01} 的比值较大时,板上的荷载主要沿短边尺寸 l_{01} 方向传递给支承构件,而沿长边尺寸 l_{02} 方向传递的荷载很少,甚至可以略去。这种主要沿短跨受弯的板称为单向板,又称为梁式板。单向板的受力钢筋应沿短向配置,沿长向仅按构造配筋,如图 4-3(a)所示。

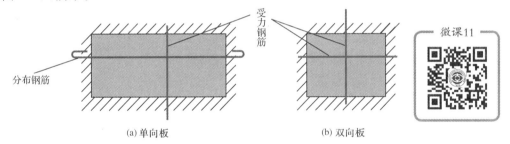

图 4-3　单、双向板受力钢筋布置示意图

当长边尺寸 l_{02} 与短边尺寸 l_{01} 的比值较小时,沿长跨方向传递的荷载将不能略去,这种在两个方向受弯的板称为双向板。双向板的受力钢筋应沿两个方向配置,如图 4-3(b)所示。

工程设计中,当 $l_{02}/l_{01} \geqslant 3$ 时,按单向板设计;当 $l_{02}/l_{01} \leqslant 2$ 时,按双向板设计;当 $2 < l_{02}/l_{01} < 3$ 时,宜按双向板设计。

钢筋混凝土板一般有板底单层布筋和板底板顶双层布筋两种布筋形式,如图 4-4 所示。板底单层布筋形式一般在板的下部布置贯通筋,板的上部周边布置支座负筋;板底板顶双层布筋形式一般在板的上部和下部均布置贯通纵筋。

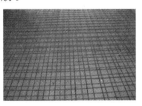

图 4-4　钢筋混凝土板布筋形式

4.1.3 板构件钢筋的分类

钢筋混凝土板内钢筋主要由受力钢筋和构造钢筋组成,见表4-1。钢筋混凝土板配筋示意图如图4-5所示。

表 4-1   板构件钢筋

钢筋类型	受力钢筋			构造钢筋			
钢筋名称	板底钢筋	板顶钢筋	支座负筋	分布钢筋	温度筋	角部附加放射筋	洞口附加筋

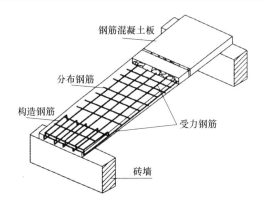

图 4-5   钢筋混凝土板配筋示意图

1. 板底钢筋

板底钢筋是指钢筋混凝土板下部布置的受拉钢筋,通常沿板块贯通布置,如图4-6所示。在钢筋混凝土现浇板中,板底钢筋组成纵横相交的钢筋网,其中长方向钢筋应该放在短方向钢筋上面。

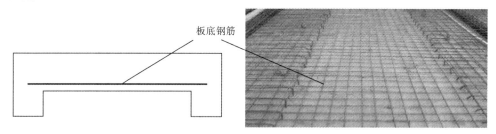

图 4-6   钢筋混凝土板板底钢筋示意图

2. 板顶钢筋

板顶钢筋是指钢筋混凝土板上部布置的钢筋,沿板块贯通布置,如图4-7所示。配置板顶钢筋能够有效地抵抗压力,并能增加构件刚度,增强构件在一定温度条件下的收缩变形能力,防止混凝土开裂。

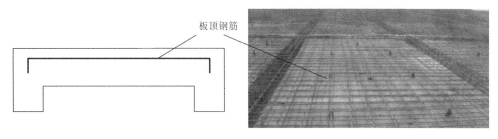

图 4-7　钢筋混凝土板板顶钢筋示意图

3. 支座负筋

板支座负筋是指布置在板支座上部用来抵抗负弯矩的钢筋,根据支座所在位置不同可分为端支座负筋和中间支座负筋,分别如图 4-8、图 4-9 所示。

微课12

4. 分布钢筋

分布钢筋是指与板支座负筋板垂直组成钢筋网的钢筋,布置在支座负筋下面,作用是固定支座负筋并将板上荷载均匀分布在支座负筋上,同时也能防止混凝土裂缝的产生,如图 4-8、图 4-9 所示。

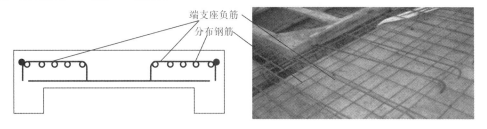

图 4-8　钢筋混凝土板端支座负筋示意图

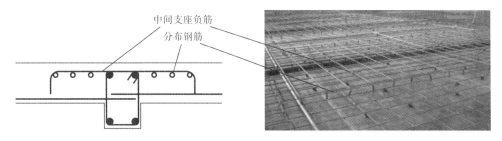

图 4-9　钢筋混凝土板中间支座负筋示意图

4.2　板构件平法识图

本书主要讲解有梁楼盖板的平法识图。有梁楼盖板是指以梁为支座的楼面板与屋面板。有梁楼盖板平法施工图是在楼面板和屋面板布置图上采用平面注写的表达方式。

板平面注写方式主要包括板块集中标注和板支座原位标注,如图 4-10 所示。

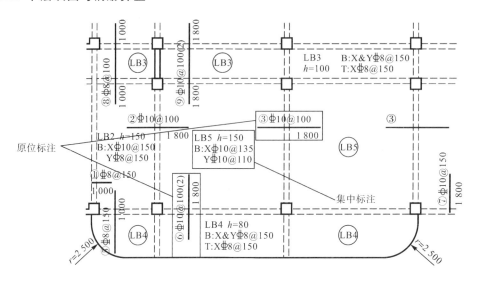

图 4-10 板平面注写方式

为方便设计表达和施工识图,规定结构平面的坐标方向如下:

(1)当两向轴网正交布置时,图面从左至右为 X 向,从下至上为 Y 向。

(2)当轴网转折时,局部坐标方向顺轴网转折角进行相应转折。

(3)当轴网向心布置时,切向为 X 向,径向为 Y 向。

此外,对于平面布置比较复杂的区域,如轴网转折交界区域、向心布置的核心区域等,其平面坐标方向应由设计者另行规定并在图上明确表示。

4.2.1 板块集中标注

板块集中标注如图 4-11 所示,内容包括板块编号、板厚、贯通纵筋,以及当板面标高不同时的标高高差。

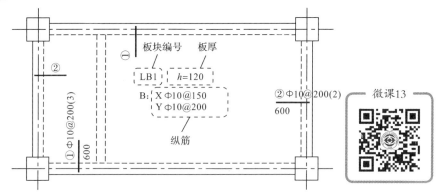

图 4-11 板块集中标注内容

对于普通楼面,两向均以一跨为一板块;对于密肋楼盖,两向主梁(框架梁)均以一跨为一板块(非主梁密肋不计)。所有板块应逐一编号,相同编号的板块可择其一做集中标注,其他仅注写置于圆圈内的板编号,以及当板面标高不同时的标高高差。

1. 板块编号

板块编号由代号和序号组成,见表 4-2。

表 4-2 板 块 编 号

板类型	代号	序号
楼面板	LB	××
屋面板	WB	××
悬挑板	XB	××

2. 板厚

板厚注写为 $h=×××$（为垂直于板面的厚度）；当悬挑板的端部改变截面厚度时，用斜线分隔根部与端部的高度值，注写为 $h=×××/×××$；当设计已在图注中统一注明板厚时，此项可不注。

3. 纵筋

纵筋按板块的下部纵筋和上部贯通纵筋分别注写（当板块上部不设贯通纵筋时则不注），并以 B 代表下部纵筋，以 T 代表上部贯通纵筋，B&T 代表下部与上部；X 向纵筋以 X 打头，Y 向纵筋以 Y 打头，两向纵筋配置相同时则以 X&Y 打头。

当为单向板时，分布钢筋可不必注写，而在图中统一注明。

当在某些板内（例如在悬挑板 XB 的下部）配置有构造钢筋时，则 X 向以 Xc，Y 向以 Yc 打头注写。

当 Y 向采用放射配筋时（切向为 X 向，径向为 Y 向），设计者应注明配筋间距的定位尺寸。

当纵筋采用两种规格钢筋"隔一布一"方式时，表达为 φXX/YY@×××，表示直径为 XX 的钢筋和直径为 YY 的钢筋二者之间间距为 ×××，直径 XX 的钢筋的间距为 ××× 的 2 倍，直径 YY 的钢筋的间距为 ××× 的 2 倍

板构件的贯通纵筋，有"单层"/"双层"、"单向"/"双向"的配筋方式。

【例 4-1】　有一楼面板块标注为：

LB5 $h=100$

B：Y φ 10@100

表示 5 号楼面板，板厚 100 mm，板下部配置的纵筋 Y 向为 φ 10@100，X 向分布钢筋可不必注写，而在施工图中统一注明。

【例 4-2】　有一楼面板块注写为：

LB6　$h=110$

B：X ⊈ 12@120；Y ⊈ 10@110

表示 6 号楼面板，板厚 110 mm，板下部配置的纵筋 X 向为 ⊈ 12 @ 120；Y 向为 ⊈ 10@110。

【例 4-3】　有一屋面板块标注为：

WB2　$h=110$

B：X ⊈ 10/12@100；Y ⊈ 10@110

表示 2 号屋面板，板厚 110 mm，板下部配置的纵筋 X 向为 ⊈ 10、⊈ 12 隔一布一，⊈ 10 与 ⊈ 12 之间间距为 100；Y 向为 ⊈ 10@110；板上部未配置贯通纵筋。

【例 4-4】

XB2　$h=150/100$

B:Xc&·Yc ϕ 8@200

表示 2 号延伸悬挑板,板根部厚 150 mm,端部厚 100 mm,板下部配置构造钢筋双向均为 ϕ 8@200。

【例 4-5】 有一楼面板块标注为:

LB4　$h=120$

B:X ϕ 12@100;Y ϕ 10@120

T:X ϕ 12@120;Y ϕ 10@160

表示 4 号楼面板,板厚 120 mm,板下部配置的纵筋 X 向为 ϕ 12@100;Y 向为 ϕ 10@120。板上部配置的贯通纵筋 X 向为 ϕ 12@120;Y 向为 ϕ 10@160。

【例 4-6】 有一楼面板块标注为:

LB6　$h=130$

B:X&·Y ϕ 10@150

T:X ϕ 10@150

表示 6 号楼面板,板厚 130 mm,板下部配置的纵筋 X 向和 Y 向均为 ϕ 10@150。板上部配置的贯通纵筋 X 向为 ϕ 10@150;Y 向分布钢筋可不必注写,而在施工图中统一注明。

特别提示:

同一编号板块的类型、板厚和贯通纵筋均应相同,但板面标高、跨度、平面形状以及板支座上部非贯通纵筋可以不同,如同一编号板块的平面形状可为矩形、多边形及其他形状等。施工预算时,应根据其实际平面形状,分别计算各块板的混凝土与钢材用量。

4. 板面标高高差

板面标高高差,指相对于结构层楼面标高的高差,应将其注写在括号内,且有高差则注,无高差不注。

例如:(−0.100)表示本板块比本层楼面标高低 0.100 m。

4.2.2 板支座原位标注

板支座原位标注的内容为:板支座上部非贯通纵筋和悬挑板上部受力钢筋。

1. 板支座上部非贯通纵筋

板支座原位标注的钢筋,应在配置相同跨的第一跨表达(当在梁悬挑部位单独配置时则在原位表达)。在配置相同跨的第一跨(或梁悬挑部位),垂直于板支座(梁或墙)绘制一段适宜长度的中粗实线(当该筋通长设置在悬挑板或短跨板上部时,实线段应画至对边或贯通短跨),以该线段代表支座上部非贯通纵筋;并在线段上方注写钢筋编号(如①、②等)、配筋值、横向连续布置的跨数(注写在括号内,当为一跨时可不注)以及是否横向布置到梁的悬挑端。例如,(××)为横向布置的跨数,(×× A)为横向布置的跨数及一端的悬挑梁部位,(××B)为横向布置的跨数及两端的悬挑梁部位。

板支座上部非贯通筋自支座中线向跨内的伸出长度,注写在线段的下方位置。

当中间支座上部非贯通纵筋向支座两侧对称伸出时,可仅在支座一侧线段下方标注伸出长度,另一侧不注,如图 4-12(a)所示。当向支座两侧非对称伸出时,应分别在支座两侧线段下方注写伸出长度,如图 4-12(b)所示。对线段画至对边贯通全跨或贯通全悬挑长度的上部通长纵筋,贯通全跨或伸出至全悬挑端的长度值不注,只注明非贯通筋另一侧的伸出长度值,如图 4-12(c)所示。

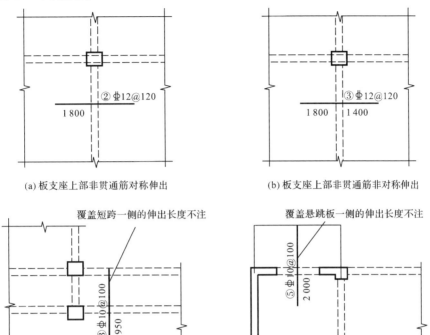

(a) 板支座上部非贯通筋对称伸出　　　　(b) 板支座上部非贯通筋非对称伸出

(c) 板支座非贯通筋贯通全跨或延伸至悬挑端

图 4-12　板支座上部非贯通筋的注写方式

当板支座为弧形,支座上部非贯通纵筋呈放射状分布时,设计者应注明配筋间距的度量位置并加注"放射分布"四字,必要时应补绘平面配筋图,如图 4-13 所示。

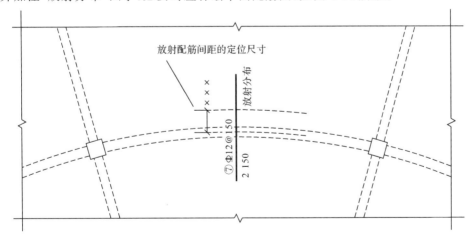

图 4-13　弧形支座处放射配筋

2.悬挑板上部受力钢筋

悬挑板支座非贯通筋的注写方式如图 4-14 所示。当悬挑板端部厚度不小于 150 mm 时,设计者应指定端部封边构造方式,当采用 U 形钢筋封边时,尚应指定 U 形钢筋的规格、直径。

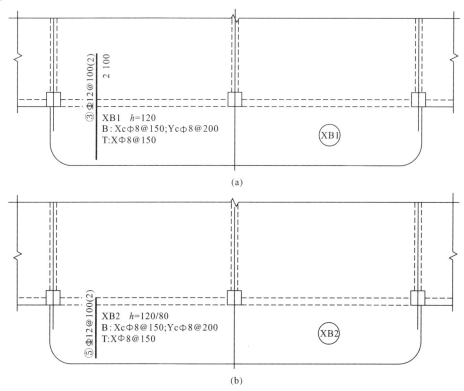

图 4-14 悬挑板支座非贯通筋

在板平面布置图中,不同部位的板支座上部非贯通纵筋及悬挑板上部受力钢筋,可仅在一个部位注写,对其他相同者则仅需在代表钢筋的线段上注写编号及横向连续布置的跨数即可。

【例 4-7】 在板平面布置图某部位,横跨支承梁绘制的对称线段上注有⑦单12@100(5A)和1 500,表示支座上部⑦号非贯通纵筋为单12@100,从该跨起沿支承梁连续布置5 跨加梁一端的悬挑端,该筋自支座中线向两侧跨内的伸出长度均为1 500 mm。在同一板平面布置图的另一部位横跨梁支座绘制的对称线段上注有⑦(2)者,系表示该筋同⑦号纵筋,沿支承梁连续布置2 跨,且无梁悬挑端布置。

此外,与板支座上部非贯通纵筋垂直且绑扎在一起的构造钢筋或分布钢筋,应由设计者在图中注明。

当板的上部已配置有贯通纵筋,但需增配板支座上部非贯通纵筋时,应结合已配置贯通纵筋的直径与间距采取"隔一布一"方式配置。

"隔一布一"方式,为非贯通纵筋的标注间距与贯通纵筋相同,两者组合后的实际间距为各自标注间距的1/2。当设定贯通纵筋为纵筋总截面面积的50%时,两种钢筋应取相同直径;当设定贯通纵筋大于或小于总截面面积的50%时,两种钢筋则取不同直径。

【例 4-8】 板上部已配置贯通纵筋单12@250,该跨同向配置的上部支座非贯通纵筋为⑤单12@250,表示在该支座上部设置的纵筋实际为单12@125,其中1/2 为贯通纵筋,1/2 为⑤号非贯通纵筋,如图 4-15(a)所示。板上部已配置贯通纵筋单10@250,该跨配置的上部同向支座非贯通纵筋为③⊈12@250,表示该跨实际设置的上部纵筋为⊈10 和⊈12 间隔布置,二者之间间距为 125 mm,如图 4-15(b)所示。

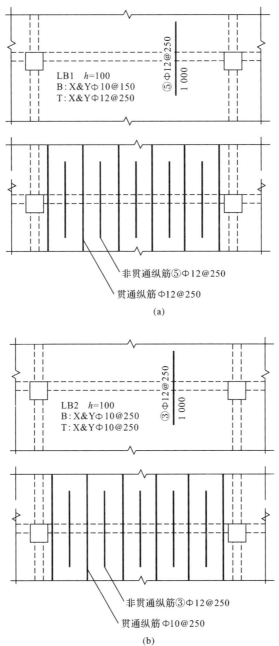

图 4-15　贯通纵筋与非贯通纵筋"隔一布一"排布方式

采用平面注写方式表达的楼面板平法施工图示例如图 4-16 所示。

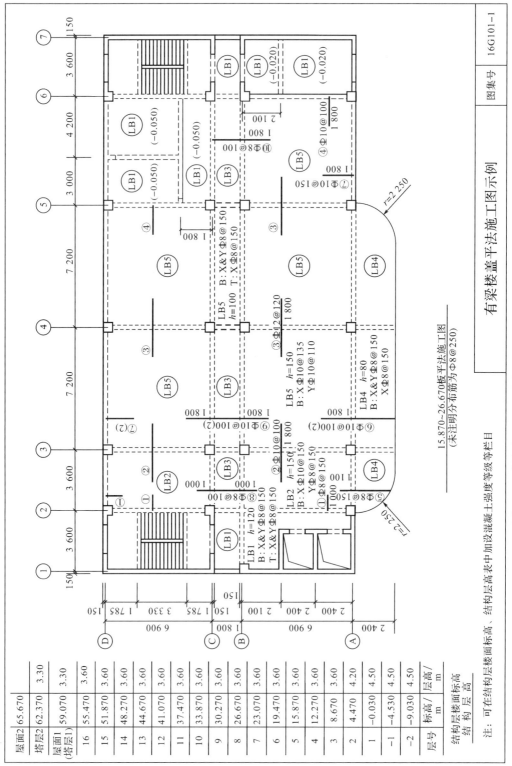

有梁楼盖平法施工图示例

15.870~26.670板平法施工图
（未注明分布筋为Φ8@250）

图集号 16G101-1

图4-16 采用平面注写方式表达的楼面板平法施工图

注：可在结构层楼面标高、结构层高表中加设混凝土强度等级等栏目

层号	标高/m	层高/m
屋面2	65.670	3.30
塔层2	62.370	3.30
屋面1（塔层1）	59.070	3.60
16	55.470	3.60
15	51.870	3.60
14	48.270	3.60
13	44.670	3.60
12	41.070	3.60
11	37.470	3.60
10	33.870	3.60
9	30.270	3.60
8	26.670	3.60
7	23.070	3.60
6	19.470	3.60
5	15.870	3.60
4	12.270	3.60
3	8.670	3.60
2	4.470	4.20
1	-0.030	4.50
-1	-4.530	4.50
-2	-9.030	4.50
结构层楼面标高结构层高		

4.3 板构件钢筋构造与计算

板构件钢筋构造是指板构件的各种钢筋在实际工程中可能出现的各种构造情况。

板构件可分为有梁板和无梁板,本书主要讲解有梁板构件中的主要构造钢筋。

4.3.1 板底钢筋构造

微课14

1.端部支座锚固构造

板底钢筋端部支座锚固构造见表 4-3。

表 4-3 板底钢筋端部支座锚固构造

端部支座名称	梁	剪力墙
图示		墙外侧竖向分布钢筋 墙外侧水平分布钢筋 ≥5d且至少到墙中线(l_{aE})
构造要求	当板端为梁支座时,下部钢筋伸入支座长度≥5d且至少到梁中线	当板端为剪力墙支座时,下部钢筋伸入支座长度≥5d且至少到剪力墙中线 括号内的数值用于梁板式转换层的板,当板下部纵筋直锚长度不足时,可弯锚
锚固长度	端支座锚固长度=max(梁宽/2,5d)	端支座锚固长度=max(墙厚/2,5d)

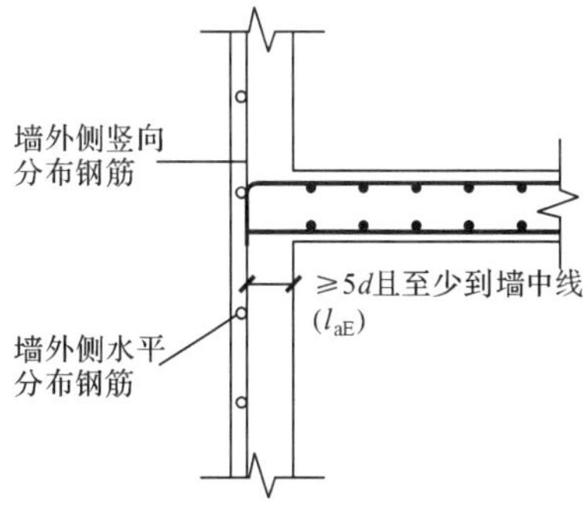

2.中间支座锚固构造

板底钢筋中间支座锚固构造见表 4-4。

表 4-4 板底钢筋中间支座锚固构造

图示	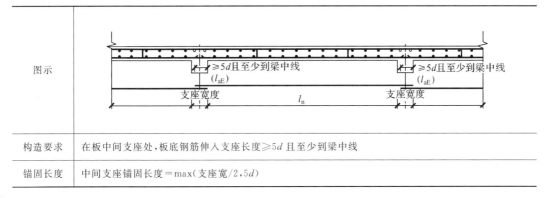
构造要求	在板中间支处,板底钢筋伸入支座长度≥5d且至少到梁中线
锚固长度	中间支座锚固长度=max(支座宽/2,5d)

3.板底钢筋长度计算

由图 4-17 得出：

板底钢筋长度＝板净跨长度＋端支座锚固长度＋弯钩长度

注：当板底钢筋为非光圆钢筋时，则端部弯钩长度取消。

图 4-17　板底钢筋长度计算

4.板底钢筋根数计算

板底钢筋根数计算见表 4-5。

表 4-5　　　　　　　　　　　　　　板底钢筋根数计算

图示	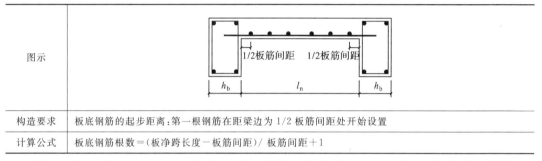
构造要求	板底钢筋的起步距离：第一根钢筋在距梁边为 1/2 板筋间距处开始设置
计算公式	板底钢筋根数＝（板净跨长度－板筋间距）/ 板筋间距＋1

【例 4-9】　图 4-18 为一现浇楼面板，混凝土强度等级 C30，梁和板的保护层分别为20 mm 和 15 mm，钢筋定尺长度为 9 000 mm，求板底钢筋长度及根数。

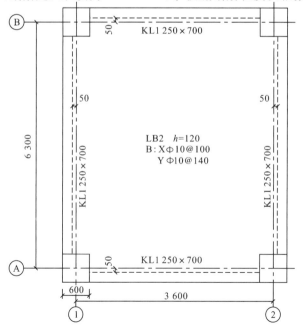

图 4-18　LB2 板平法施工图

解:计算过程见表 4-6。

表 4-6　　　　　　　　　　　　　　**LB2 板底钢筋计算过程**

X Φ 10@100	长度	总长＝板净跨长度＋端支座锚固长度＋弯钩长度
		端支座锚固长度＝$\max(h_b/2,5d)$＝$\max(125,5\times10)$＝125 mm
		180°弯钩长度＝$6.25d$＝6.25×10＝62.5 mm
		总长＝3 600＋100＋125×2＋62.5×2＝4 075 mm
	根数	总根数＝(板净跨长度－板筋间距)/板筋间距＋1
		(6 300＋100－100)/100＋1＝64 根
Y Φ 10@140	长度	总长＝板净跨长度＋端支座锚固长度＋弯钩长度
		端支座锚固长度＝$\max(h_b/2,5d)$＝$\max(125,5\times10)$＝125 mm
		180°弯钩长度＝$6.25d$＝6.25×10＝62.5 mm
		总长＝6 300＋100＋125×2＋62.5×2＝6 775 mm
	根数	总根数＝(板净跨长度－板筋间距)/板筋间距＋1
		(3 600＋100－140)/140＋1＝27 根

【例 4-10】　图 4-19 为一现浇楼屋面板,混凝土强度等级 C30,梁和板的保护层分别为 20 mm 和 15 mm,钢筋定尺长度为 9 000 mm,钢筋底筋为分跨锚固,求板底钢筋长度及根数。

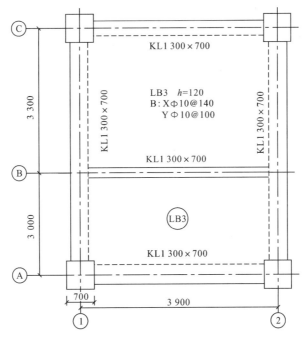

图 4-19　LB3 板平法施工图

解:计算过程见表 4-7。

表 4-7　　　　　　　　　　　　　　　　LB3 板底钢筋计算过程

B—C轴	X Φ10@140	长度	总长＝板净跨长度＋端支座锚固长度＋弯钩长度
			端支座锚固长度＝max($h_b/2,5d$)＝max(150,5×10)＝150 mm
			180°弯钩长度＝6.25d＝6.25×10＝62.5 mm
			总长＝3 900－300＋150×2＋62.5×2＝4 025 mm
		根数	总根数＝(板净跨长度－板筋间距)/板筋间距＋1
			(3 300－300－140)/140＋1＝22 根
	Y Φ10@100	长度	总长＝板净跨长度＋端支座锚固长度＋弯钩长度
			端支座锚固长度＝max($h_b/2,5d$)＝max(150,5×10)＝150 mm
			180°弯钩长度＝6.25d＝6.25×10＝62.5 mm
			总长＝3 300－300＋150×2＋62.5×2＝3425 mm
		根数	总根数＝(板净跨长度－板筋间距)/板筋间距＋1
			(3 900－300－100)/100＋1＝36 根
A—B轴	X Φ10@140	长度	总长＝板净跨长度＋端支座锚固长度＋弯钩长度
			端支座锚固长度＝max($h_b/2,5d$)＝max(150,5×10)＝150 mm
			180°弯钩长度＝6.25d＝6.25×10＝62.5 mm
			总长＝3 900－300＋150×2＋62.5×2＝4 025 mm
		根数	总根数＝(板净跨长度－板筋间距)/板筋间距＋1
			(3 000－300－140)/140＋1＝20 根
	Y Φ10@100	长度	总长＝板净跨长度＋端支座锚固长度＋弯钩长度
			端支座锚固长度＝max($h_b/2,5d$)＝max(150,5×10)＝150 mm
			180°弯钩长度＝6.25d＝6.25×10＝62.5 mm
			总长＝3 000－300＋150×2＋62.5×2＝3 125 mm
		根数	总根数＝(板净跨长度－板筋间距)/板筋间距＋1
			(3 900－300－100)/100＋1＝36 根

【例 4-11】　图 4-20 为一现浇楼面异形板，混凝土强度等级 C30，梁和板的保护层分别为 20 mm 和 15 mm，钢筋定尺长度为 9 000 mm，求板底钢筋长度及根数。

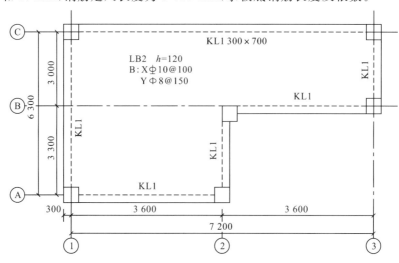

图 4-20　LB2 板平法施工图

解:计算过程见表 4-8。

表 4-8 LB2 板底钢筋计算过程

B—C轴	X ⏀ 10@100 ①~③	长度	总长＝板净跨长度＋端支座锚固长度＋弯钩长度
			端支座锚固长度＝max($h_b/2,5d$)＝max(150,5×10)＝150 mm
			180°弯钩长度＝0(非光圆钢筋)
			总长 7 200＋150×2＝7 500 mm
		根数	总根数＝(板净跨长度－板筋间距)/板筋间距＋1
			(3 000－100)/100＋1＝30 根
	Y ⏀ 8@150 ②~③	长度	总长＝板净跨长度＋端支座锚固长度＋弯钩长度
			端支座锚固长度＝max($h_b/2,5d$)＝max(150,5×8)＝150 mm
			180°弯钩长度＝6.25d＝6.25×8＝50 mm
			总长 3 000＋150×2＋50×2＝3 400 mm
		根数	总根数＝板净跨长度/板筋间距
			3 600/150＝24 根
A—C轴	Y ⏀ 8@150 ①~②	长度	总长＝板净跨长度＋端支座锚固长度＋弯钩长度
			端支座锚固长度＝max($h_b/2,5d$)＝max(150,5×8)＝150 mm
			180°弯钩长度＝6.25d＝6.25×8＝50 mm
			总长 6 300＋150×2＋50×2＝6 700 mm
		根数	总根数＝(板净跨长度－板筋间距)/板筋间距＋1
			(3 600－150)/150＋1＝24 根
A—B轴	X ⏀ 10@100 ①~②	长度	总长＝板净跨长度＋端支座锚固长度＋弯钩长度
			端支座锚固长度＝max($h_b/2,5d$)＝max(150,5×10)＝150 mm
			180°弯钩长度＝0(非光圆钢筋)
			总长 3 600＋150×2＝3 900 mm
		根数	总根数＝板净跨长度/板筋间距
			3 300/100＝33 根

5. 悬挑板底部钢筋构造

延伸悬挑板和纯悬挑板底部钢筋构造,见表 4-9。

表 4-9 延伸悬挑板和纯悬挑板底部钢筋构造

图示	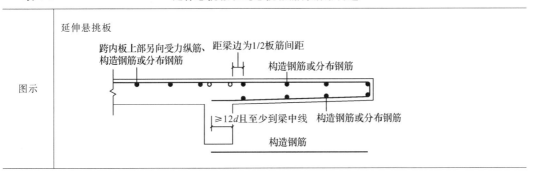

（续表）

图示	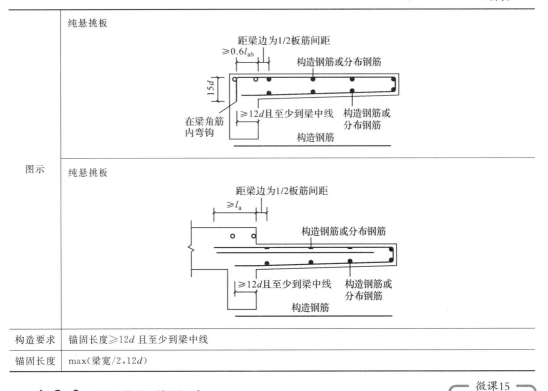
构造要求	锚固长度≥12d 且至少到梁中线
锚固长度	max(梁宽/2,12d)

4.3.2 板顶钢筋构造

1.端部支座锚固构造

板顶钢筋端部支座锚固构造见表 4-10。

表 4-10 板顶钢筋端部支座锚固构造

端部支座名称	端部支座为梁	端部支座为剪力墙中间层
图示	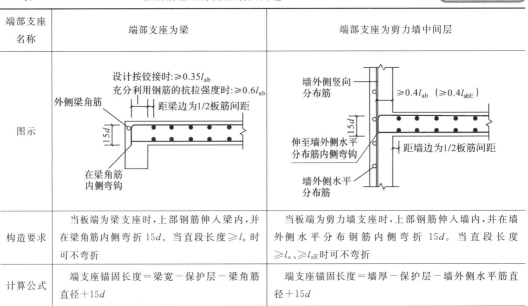	
构造要求	当板端为梁支座时,上部钢筋伸入梁内,并在梁角筋内侧弯折 15d。当直段长度≥l_a 时可不弯折	当板端为剪力墙支座时,上部钢筋伸入墙内,并在墙外侧水平分布钢筋内侧弯折 15d。当直段长度≥l_a、≥l_{aE}时可不弯折
计算公式	端支座锚固长度＝梁宽－保护层－梁角筋直径＋15d	端支座锚固长度＝墙厚－保护层－墙外侧水平筋直径＋15d

2.板顶贯通纵筋中间连接(相邻跨配筋相同)

板顶贯通纵筋中间连接构造见表 4-11。

表 4-11　　　　　　　　　　板顶贯通纵筋中间连接构造

图示	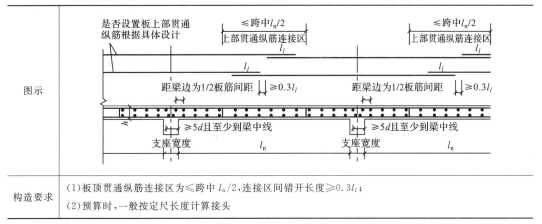
构造要求	(1)板顶贯通纵筋连接区为≤跨中 $l_n/2$,连接区间错开长度≥$0.3l_l$; (2)预算时,一般按定尺长度计算接头

3.板顶贯通纵筋中间连接(相邻跨配筋不同)

板顶贯通纵筋中间连接构造见表 4-12。

表 4-12　　　　　　　　　　板顶贯通纵筋中间连接构造

图示	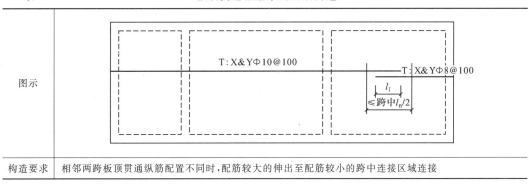
构造要求	相邻两跨板顶贯通纵筋配置不同时,配筋较大的伸出至配筋较小的跨中连接区域连接

4.悬挑板顶部钢筋构造

延伸板悬挑板和纯悬挑板顶部钢筋构造见表 4-13。

表 4-13　　　　　　　　延伸悬挑板和纯悬挑板顶部钢筋构造

类型	图示
延伸悬挑板	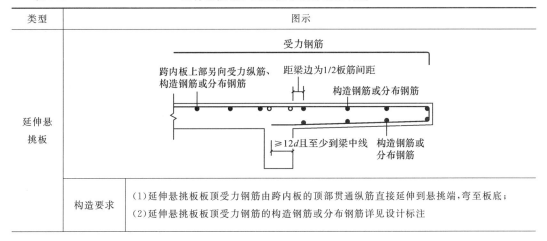
构造要求	(1)延伸悬挑板板顶受力钢筋由跨内板的顶部贯通纵筋直接延伸到悬挑端,弯至板底; (2)延伸悬挑板板顶受力钢筋的构造钢筋或分布钢筋详见设计标注

(续表)

类型	图示
纯悬挑板	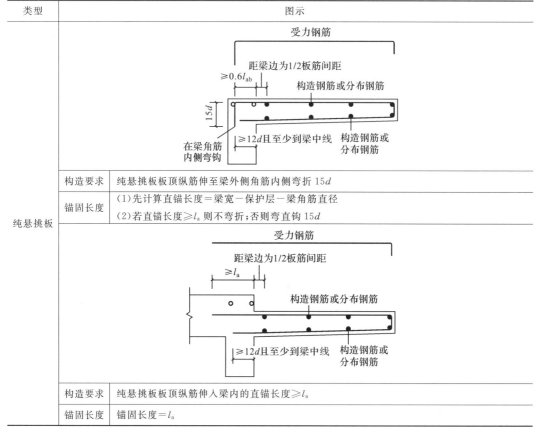
	构造要求 纯悬挑板板顶纵筋伸至梁外侧角筋内侧弯折 $15d$
	锚固长度 (1)先计算直锚长度=梁宽-保护层-梁角筋直径 (2)若直锚长度$\geqslant l_a$ 则不弯折;否则弯直钩 $15d$
	构造要求 纯悬挑板板顶纵筋伸入梁内的直锚长度$\geqslant l_a$
	锚固长度 锚固长度=l_a

5.板顶钢筋长度计算

由板顶钢筋的锚固构造可以得出：

(1)普通板

板顶钢筋长度=板净跨长度+端支座锚固长度

(2)悬挑板

板顶钢筋长度=板悬挑长度+一端支座锚固长度-保护层+悬挑远端下弯长度

6.板顶钢筋根数计算

板顶钢筋根数计算见表 4-14。

表 4-14   板顶钢筋根数计算

图示	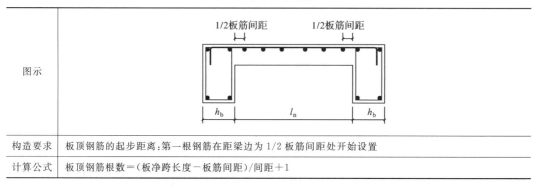
构造要求	板顶钢筋的起步距离:第一根钢筋在距梁边为 1/2 板筋间距处开始设置
计算公式	板顶钢筋根数=(板净跨长度-板筋间距)/间距+1

【例 4-12】　图 4-21 为一现浇楼板,混凝土强度等级 C30,梁和板的保护层分别为
20 mm和 15 mm,X 向的 KL2 上部纵筋直径为 22 mm,Y 向的 KL1 上部纵筋直径
为25 mm,梁箍筋直径为 10 mm,钢筋定尺长度为 9 000 mm,求板顶钢筋长度及根数。

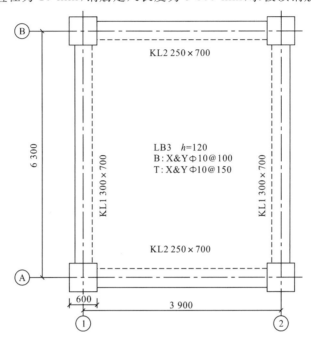

图 4-21　LB3 板平法施工图

解:计算过程见表 4-15。

表 4-15　　　　　　　　　　　　　　　　　**LB3 板顶钢筋计算过程**

X Φ 10@150	长度	总长＝板净跨长度＋端支座锚固长度
		梁纵筋保护层＝梁箍筋保护层＋10＝20＋10＝30 mm 支座直锚长度＝梁宽－纵筋保护层－梁角筋直径＝300－30－25＝245 mm<l_a＝30d ＝30×10＝300 mm 且>0.6l_{ab}＝0.6×30d＝0.6×300＝180 mm 故采用弯锚
		总长＝3 900－300＋(245＋15×10)×2＝4 390 mm
	根数	总根数＝(板净跨长度－板筋间距)/间距＋1
		(6 300－250－150)/150＋1＝41 根
Y Φ 10@150	长度	总长＝板净跨长度＋端支座锚固长度
		梁纵筋保护层＝梁箍筋保护层＋10＝20＋10＝30 mm 支座直锚长度＝梁宽－纵筋保护层－梁角筋直径＝250－30－22＝198 mm<l_a＝30d ＝30×10＝300 mm 且>0.6l_{ab}＝0.6×30d＝0.6×300＝180 mm 故采用弯锚
		总长＝6 300－250＋(198＋15×10)×2＝6 746 mm
	根数	总根数＝(板净跨长度－板筋间距)/间距＋1
		(3 900－300－150)/150＋1＝24 根

【例 4-13】 图 4-22 为一现浇楼面板,混凝土强度等级 C30,梁和板的保护层分别为 20 mm 和 15 mm,X 向的 KL1 上部纵筋直径为 25 mm,Y 向的 KL2 上部纵筋直径为 20 mm,梁箍筋直径为 10 mm,钢筋定尺长度为 9 000 mm,钢筋直径相同者采用对焊连接,钢筋直径不同者采用绑扎搭接,求板顶钢筋长度及根数。

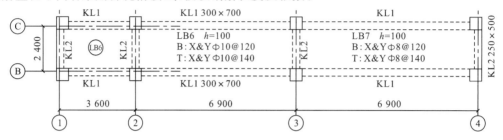

图 4-22　LB6 和 LB7 板平法施工图

解:(1)计算过程见表 4-16。

表 4-16　　　　　　　　　　　　LB6 和 LB7 板顶钢筋计算过程

LB6	X Φ 10@140 (1－2 跨贯通计算)	长度	总长＝板净跨长度＋端支座锚固长度
			梁纵筋保护层＝梁箍筋保护层＋10＝20＋10＝30 mm
			支座直锚长度＝梁宽－纵筋保护层－梁角筋直径＝250－30－20＝200 mm＜(30d＝30×10＝300 mm)
			故采用弯锚
			总长＝3 600＋6 900－125＋(200＋15×10)＋(6 900/2＋48d/2) ＝3 600＋6 900－125＋(200＋15×10)＋(6 900/2＋48×10/2) ＝14 415 mm
			接头个数＝14 415/9 000－1＝1
		根数	总根数＝(板净跨长度－板筋间距)/间距＋1
			(2 400－300－140)/140＋1＝15 根
	Y Φ 10@140	长度	总长＝板净跨长度＋端支座锚固长度
			梁纵筋保护层＝梁箍筋保护层＋10＝20＋10＝30 mm
			支座直锚长度＝梁宽－纵筋保护层－梁角筋直径＝300－30－25＝245 mm＜(30d＝30×10＝300 mm)
			故采用弯锚
			总长＝2 400－300＋(245＋15×10)×2＝2 890 mm
		根数	总根数＝(板净跨长度－板筋间距)/间距＋1
			①－②轴线＝(3 600－250－140)/140＋1＝24 根
			②－③轴线＝(6 900－250－140)/140＋1＝48 根

（续表）

LB7	X Φ 8@140	长度	总长＝1/2 净跨长度＋左端与相邻跨伸过来的钢筋搭接＋右端支座锚固长度
			梁纵筋保护层＝梁箍筋保护层＋10＝20＋10＝30 mm
			支座直锚长度＝梁宽－纵筋保护层－梁角筋直径＝250－30－20＝200 mm＜（30d＝30×8＝240 mm）
			故采用弯锚
			总长＝(6 900－250)/2＋48d/2＋(200＋15×8) ＝(6 900－250)/2＋48×8/2＋(200＋15×8) ＝3 837 mm
		根数	总根数＝(板净跨长度－板筋间距)/间距＋1
			(2 400－300－140)/140＋1＝15 根
	Y Φ 8 Φ@140	长度	总长＝板净跨长度＋端支座锚固长度
			梁纵筋保护层＝梁箍筋保护层＋10＝20＋10＝30 mm
			支座直锚长度＝梁宽－纵筋保护层－梁角筋直径＝300－30－25＝245 mm＞（30d＝30×8＝240 mm）
			故采用直锚
			总长＝2 400－300＋240×2＝2 580 mm
		根数	总根数＝(板净跨长度－板筋间距)/间距＋1
			3－4 轴线＝(6 900－250－140)/140＋1＝48 根

（2）计算结果分析如图 4-23 所示。

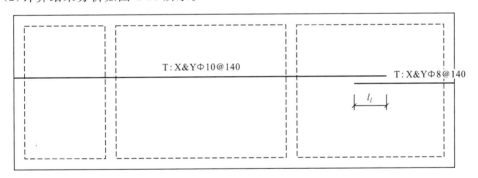

图 4-23　LB6 和 LB7 计算结果分析

当相邻等跨或不等跨的上部贯通纵筋配置不同时，应将配置较大者越过其标注的跨数终点或起点伸出至相邻跨的跨中连接区域连接。

【例 4-14】　图 4-24 为一现浇屋面板，混凝土强度等级 C30，梁和板的保护层分别为 20 mm 和 15 mm，X 向的 L1 上部纵筋直径为 22mm，Y 向的 L2 上部纵筋直径为20 mm，梁箍筋直径为 10 mm，钢筋定尺长度为 9 000 mm，求板顶钢筋长度及根数。

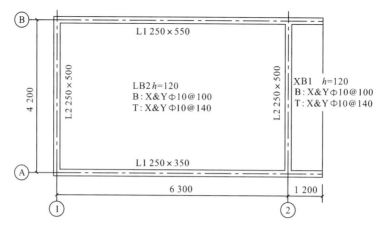

图 4-24   LB2 和 XB1 板平法施工图

解:(1)计算过程见表 4-17。

表 4-17　　　　　　　　　　　**LB2 和 XB1 板顶钢筋计算过程**

LB2 — XB1	X Φ 10@140	长度	总长=净跨长度+左端支座锚固长度+悬挑远端下弯长度
			梁纵筋保护层=梁箍筋保护层+10=20+10=30 mm
			支座直锚长度=梁宽-纵筋保护层-梁角筋直径=250-30-20=200 mm<($30d=30\times10=300$ mm)
			故采用弯锚
			悬挑远端下弯长度=120-15×2=90 mm
			总长=(6 300-125)+(200+15×10)+(1 200-15+90) 　　=7 800 mm
		根数	总根数=(板净跨长度-板筋间距)/间距+1
			(4 200-250-140)/140+1=29 根
LB2	Y Φ 10@140	长度	总长=板净跨长度+端支座锚固长度
			梁纵筋保护层=梁箍筋保护层+10=20+10=30 mm
			支座直锚长度=梁宽-纵筋保护层-梁角筋直径=250-30-22=198 mm<($30d=30\times10=300$ mm)
			故采用弯锚
			总长=4 200-250+(198+15×10)×2=4 646 mm
		根数	总根数=(板净跨长度-板筋间距)/间距+1
			(6 300-250-140)/140+1=44 根
XB1	Y Φ 10@140	长度	总长=净跨长度+端支座锚固长度
			梁纵筋保护层=梁箍筋保护层+10=20+10=30 mm
			支座直锚长度=梁宽-纵筋保护层-梁角筋直径=250-30-22=198 mm<($30d=30\times10=300$ mm)
			故采用弯锚
			总长=4 200-250+(198+15×10)×2=4 646 mm
		根数	总根数=(板净跨长度-板筋间距/2-板保护层厚度)/间距+1
			(1 200-125-70-15)/140+1=8 根

（2）计算结果分析如图 4-25 所示。

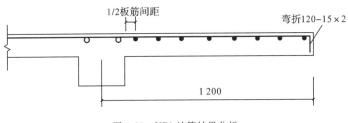

图 4-25　XB1 计算结果分析

4.3.3　板支座负筋及分布钢筋构造

1.板支座负筋

板支座负筋可分为端支座负筋和中间支座负筋两种情况。板支座负筋构造见表 4-18。

表 4-18　　　　　　　　　　　　　　板支座负筋构造

支座负筋名称	端支座负筋	中间支座负筋
图示		向跨内伸出长度按设计标注
钢筋三维图示		
计算简图		
计算公式	端支座负筋长度＝锚固长度＋伸入板内净长＋板内弯折长度 锚固长度＝梁宽－保护层－梁角筋直径＋15d 板内弯折长度＝板厚－保护层厚度	中间支座负筋长度＝板内水平长度＋板内弯折长度 板内弯折长度＝板厚－保护层厚度

2.支座负筋根数计算

支座负筋根数＝（板净跨长度－板筋间距）/板筋间距＋1

3. 支座负筋的分布钢筋构造

支座负筋的分布钢筋构造见表 4-19。

表 4-19   支座负筋的分布钢筋构造

图 示	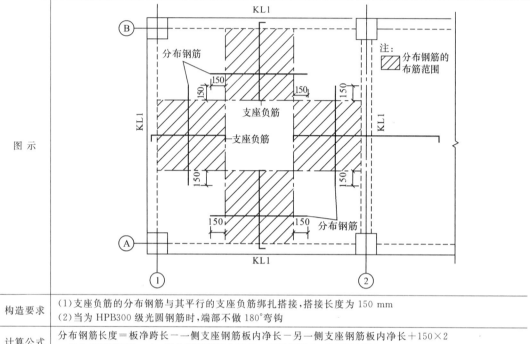
构造要求	(1)支座负筋的分布钢筋与其平行的支座负筋绑扎搭接,搭接长度为 150 mm (2)当为 HPB300 级光圆钢筋时,端部不做 180°弯钩
计算公式	分布钢筋长度＝板净跨长－一侧支座钢筋板内净长－另一侧支座钢筋板内净长＋150×2 一侧分布钢筋根数＝(一侧支座钢筋板内净距－板筋间距/2)/板筋间距＋1

【例 4-15】 图 4-26 为一现浇楼面板,混凝土强度等级 C30,梁和板的保护层分别为 20 mm 和 15 mm,X 向的 KL2 上部纵筋直径为 20 mm,Y 向的 KL1 上部纵筋直径为 25 mm,梁箍筋直径为 10 mm;板分布钢筋为φ6@250,钢筋定尺长度为 9 000 mm,求支座负筋长度及根数和分布钢筋长度及根数。

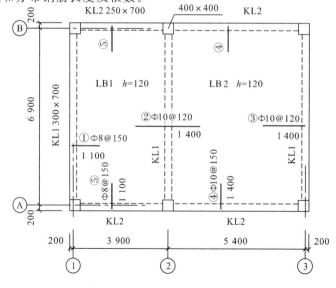

图 4-26 LB1 和 LB2 板平法施工图

解：(1)①轴

①轴支座负筋和分布钢筋计算过程见表4-20。

表 4-20　①轴支座负筋和分布钢筋计算过程

①号端支座负筋 Ф8@150	长度	长度＝支座锚固长度＋板内净长＋弯折长度
		梁纵筋保护层＝梁箍筋保护层＋10＝20＋10＝30 mm 支座锚固长度＝梁宽－纵筋保护层－梁角筋直径＋15d＝300－30－25＋15×8＝365 mm
		弯折长度＝h－15×2＝120－30－90 mm
		总长＝365＋(1 100－150)＋90＝1 405 mm
	根数	总根数＝(板净跨长度－板筋间距)/板筋间距＋1
		(6 900－50×2－150)/150＋1＝46 根
①号端支座负筋的 分布钢筋Ф6@250	长度	分布钢筋长度＝板净跨长－一侧支座钢筋板内净长－另一侧支座钢筋板内净长＋150×2
		总长＝(6 900－50×2)－(1 100－125)×2＋150×2＝5 150 mm
	根数	一侧分布钢筋根数＝(一侧支座钢筋板内净长－板筋间距/2)/板筋间距＋1
		(1 100－150－125)/250＋1＝5 根

(2)②轴

②轴支座负筋和分布钢筋计算过程见表4-21。

表 4-21　②轴支座负筋和分布钢筋计算过程

②号支座负筋 Ф10@120	长度	长度＝水平段长度＋两端弯折长度
		弯折长度＝h－15×2＝120－30－90 mm
		总长＝1 400×2＋90×2＝2 980 mm
	根数	总根数＝(板净跨长度－板筋间距)/板筋间距＋1
		(6 900－50×2－120)/120＋1＝57 根
②号支座负筋的分 布钢筋Ф6@250	长度	分布钢筋长度＝板净跨长－一侧支座钢筋板内净长－另一侧支座钢筋板内净长＋150×2
		左侧分布钢筋长度＝(6 900－50×2)－(1 100－125)×2＋150×2＝5 150 mm
		右侧分布钢筋长度＝(6 900－50×2)－(1 400－125)×2＋150×2＝4 550 mm
	根数	一侧分布钢筋根数＝(一侧支座钢筋板内净长－板筋间距/2)/板筋间距＋1
		一侧根数＝(1 400－150－125)/250＋1＝6 根,两侧根数＝6×2＝12 根

(3)③轴

③轴支座负筋和分布钢筋计算过程见表4-22。

表 4-22 ③轴支座负筋和分布钢筋计算过程

③号端支座负筋 φ10@120	长度	长度＝支座锚固长度＋板内净长＋弯折长度
		梁纵筋保护层＝梁箍筋保护层＋10＝20＋10＝30 mm
		支座直锚长度＝梁宽－纵筋保护层－梁角筋直径＝300－30－25＝245 mm＜ (30d＝30×10＝300 mm)
		故采用弯锚
		弯折长度＝h－15×2＝120－30＝90 mm
		总长＝(245＋15×10)＋(1 400－150)＋90＝1 735 mm
	根数	总根数＝(板净跨长度－板筋间距)/间距＋1
		(6 900－50×2－120)/120＋1＝57 根
③号端支座负筋的 分布钢筋φ6@250	长度	分布钢筋长度＝板净跨长－一侧支座钢筋板内净长－另一侧支座钢筋板内 净长＋150×2
		总长＝(6 900－50×2)－(1 400－125)×2＋150×2＝4 550 mm
	根数	一侧分布钢筋根数＝(一侧支座钢筋板内净长－板筋间距/2)/间距＋1
		(1 400－150－125)/250＋1＝6 根

(4)A 轴/①—②轴、B 轴/①—②轴

A 轴/①—②轴、B 轴/①—②轴支座负筋和分布钢筋计算过程见表 4-23。

表 4-23 A 轴/①—②轴、B 轴/①—②轴支座负筋和分布钢筋计算过程

⑤号端支座负筋 φ8@150	长度	长度＝支座锚固长度＋板内净长＋弯折长度
		梁纵筋保护层＝梁箍筋保护层＋10＝20＋10＝30 mm
		支座直锚长度＝梁宽－纵筋保护层－梁角筋直径＝250－30－20＝200 mm＜ (30d＝30×8＝240 mm)
		故采用弯锚
		弯折长度＝h－15×2＝120－30＝90 mm
		总长＝(200＋15×8)＋(1 100－125)＋90＝1 385 mm
	根数	总根数＝(板净跨长度－板筋间距)/间距＋1
		一侧根数＝(3 900－100－150－150)/150＋1＝25 根,两侧根数＝25×2＝50 根
⑤号端支座负筋的 分布钢筋φ6@250	长度	分布钢筋长度＝板净跨长－一侧支座钢筋板内净长－另一侧支座钢筋板内 净长＋150×2
		总长＝(3 900－100－150)－(1 100－150)－(1 400－150)＋150×2＝1 750 mm
	根数	一侧分布钢筋根数＝(一侧支座钢筋板内净长－板筋间距/2)/间距＋1
		一侧根数＝(1 100－125－125)/250＋1＝5 根,两侧根数＝5×2＝10 根

(5)A 轴/②—③轴、B 轴/②—③轴

A 轴/②—③轴、B 轴/②—③轴支座负筋和分布钢筋计算过程见表 4-24。

表 4-24　　　　　　**A 轴/②—③轴、B 轴/②—③轴支座负筋和分布钢筋计算过程**

④号端支座负筋 Φ10@150	长度	长度＝支座锚固长度＋板内净长＋弯折长度
		梁纵筋保护层＝梁箍筋保护层＋10＝20＋10＝30 mm
		支座直锚长度＝梁宽－纵筋保护层－梁角筋直径＝250－30－20＝200 mm<（30d＝30×10＝300 mm） 故采用弯锚
		弯折长度＝h－15×2＝120－30＝90 mm
		总长＝(200＋15×10)＋(1 400－125)＋90＝1 715 mm
	根数	总根数＝(板净跨长度－板筋间距)/间距＋1
		一侧根数＝(5 400－150－100－150)/150＋1＝35 根,两侧根数＝35×2＝70 根
④号端支座负筋的 分布钢筋Φ6@250	长度	分布钢筋长度＝板净跨长－一侧支座钢筋板内净长－另一侧支座钢筋板内 净长＋150×2
		总长＝(5 400－150－100)－(1 400－150)－(1 400－150)＋150×2＝2 950 mm
	根数	一侧分布钢筋根数＝(一侧支座钢筋板内净长－板筋间距/2)/间距＋1
		一侧根数＝(1 400－125－125)/250＋1＝6 根,两侧根数＝6×2＝12 根

4.3.4　板其他钢筋构造

微课16

1.板开洞

板开洞钢筋构造见表 4-25。

表 4-25　　　　　　　　　　**板开洞钢筋构造**

	洞口补强筋
图示	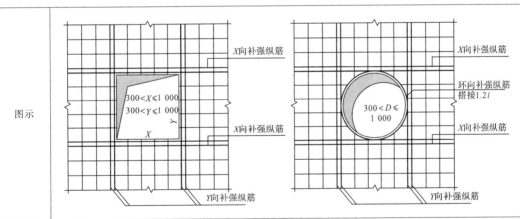
构造要求	(1)板洞小于 300 mm 时,不设补强筋。 (2)大于 300 mm 但不大于 1 000 mm 时,洞边增加补强筋,规格、数量与长度按设计标注;当设计未注写时,X 向、Y 向分别按每边配置两根直径不小于 12 mm 且不小于同向被切断纵筋总面积的 50% 补强,补强钢筋与被切断钢筋布置在同一层面,两根补强钢筋之间的净距为 30 mm;环向上下各配置一根直径不小于 10 mm 的钢筋补强。 (3)补强钢筋的强度等级与被切断钢筋相同。 (4)X 向、Y 向补强纵筋伸入支座的锚固方式同板中钢筋,当不伸入支座时,设计应标注

(续表)

	洞边被切断钢筋端部构造	
图示	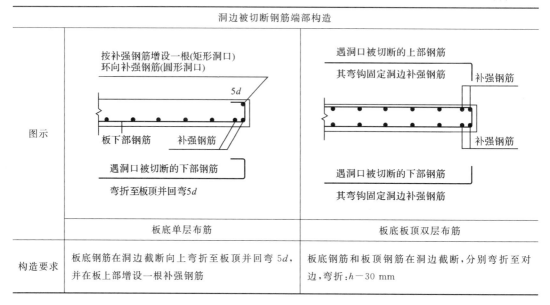	
	板底单层布筋	板底板顶双层布筋
构造要求	板底钢筋在洞边截断向上弯折至板顶并回弯 5d，并在板上部增设一根补强钢筋	板底钢筋和板顶钢筋在洞边截断，分别弯折至对边，弯折：h−30 mm

2. 温度筋

温度筋构造见表 4-26。

表 4-26　　　　　　　　　　　　　　　温度筋构造

构造要求	(1)当板跨度较大，板厚较厚，既没有配置板顶受力钢筋时，为防止板混凝土受温度变化发生开裂，在板顶部设置温度构造筋； (2)温度筋的规格按设计标注； (3)温度筋两端与支座负筋连接，其搭接长度为 l_l

由温度筋构造可以得出：

(1)温度筋的长度计算

温度筋长度＝板净跨长－一侧支座钢筋板内净长－另一侧支座钢筋板内净长＋

$l_l×2$＋弯折长度

(2)温度筋的根数计算

温度筋根数＝(板净跨长度－一侧支座钢筋板内净长－另一侧支座钢筋板内净长)/板

筋间距－1

【例 4-16】　图 4-27 为一现浇楼面板，混凝土强度等级 C30，梁和板的保护层分别为 20 mm 和 15 mm，钢筋定尺长度为 9 000 mm，求板底钢筋长度及根数。

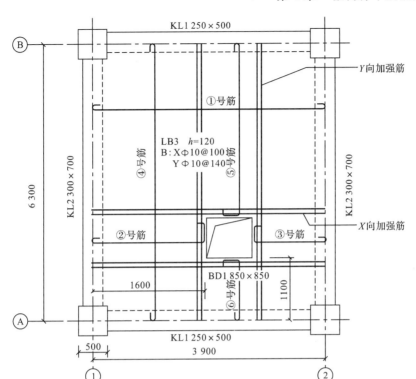

图 4-27　LB3 板平法施工图

解:(1)计算过程见表 4-27。

表 4-27　　　　　　　　　　　　　　　　**LB3 板底钢筋计算过程**

①X Φ 10@100	长度	总长＝板净跨长度＋端支座锚固长度＋弯钩长度
		端支座锚固长度＝max(h_b/2,5d)＝ max(300/2,5×10)＝150 mm
		180°弯钩长度＝6.25d＝6.25×10＝62.5 mm
		总长＝3 900－300＋150×2＋62.5×2＝4 025 mm
	根数	总根数＝(板净跨长度－板筋间距/2－c)/板筋间距＋1
		洞口下边:(1 100－125－100/2－15)/100＋1＝11 根
		洞口上边:(6 300－1 100－850－125－100/2－15)/100＋1＝43 根
②X Φ 10@100 (右端在洞边上弯回折)	长度	总长＝板净跨长度＋左端支座锚固长度＋弯钩长度＋右端上弯回折长度＋弯钩长度
		端支座锚固长度＝max(h_b/2,5d)＝ max(300/2,5×10)＝150 mm
		180°弯钩长度＝6.25d＝6.25×10＝62.5 mm
		右端上弯回折长度＝120－15×2＋5×10＝140 mm
		总长＝(1 600－150－15)＋(150＋62.5)＋(140＋62.5)＝1 850 mm
	根数	总根数＝Y向洞口尺寸/板筋间距－1
		850/100－1＝8 根

③X ϕ 10@100（左端在洞边上弯回折）	长度	总长＝板净跨长度＋右端支座锚固长度＋弯钩长度＋左端上弯回折长度＋弯钩长度
		端支座锚固长度＝max(h_b/2,5d)＝max(300/2,5×10)＝150 mm
		180°弯钩长度＝6.25d＝6.25×10＝62.5 mm
		左端上弯回折长度＝120－15×2＋5×10＝140 mm
		总长＝(3 900－1 600－850－150－15)＋(150＋62.5)＋(140＋62.5)＝1 700 mm
	根数	总根数＝Y向洞口尺寸/板筋间距－1
		850/100－1＝8 根
④Y ϕ 10@140	长度	总长＝板净跨长度＋端支座锚固长度＋弯钩长度
		端支座锚固长度＝max(h_b/2,5d)＝max(250/2,5×10)＝125 mm
		180°弯钩长度＝6.25d＝6.25×10＝62.5 mm
		总长＝6 300－250＋125×2＋62.5×2＝6 425 mm
	根数	总根数＝(板净跨长度－板筋间距/2－c)/间距＋1
		洞口左边:(1 600－150－140/2－15)/140＋1＝11 根
		洞口右边:(3 900－1 600－850－150－140/2－15)/140＋1＝10 根
⑤Y ϕ 10@140（下端在洞边上弯回折）	长度	总长＝板净跨长度＋上端支座锚固长度＋弯钩长度＋下端上弯回折长度＋弯钩长度
		端支座锚固长度＝max(h_b/2,5d)＝max(250/2,5×10)＝125 mm
		180°弯钩长度＝6.25d＝6.25×10＝62.5 mm
		下端上弯回折长度＝120－15×2＋5×10＝140 mm
		总长＝(6 300－1 100－850－125－15)＋(125＋62.5)＋(140＋62.5)＝4 600 mm
	根数	总根数＝X向洞口尺寸/板筋间距－1
		850/140－1＝6 根
⑥Y ϕ 10@140（上端在洞边上弯回折）	长度	总长＝板净跨长度＋下端支座锚固长度＋弯钩长度＋上端上弯回折长度＋弯钩长度
		端支座锚固长度＝max(h_b/2,5d)＝max(250/2,5×10)＝125 mm
		180°弯钩长度＝6.25d＝6.25×10＝62.5 mm
		上端上弯回折长度＝120－15×2＋5×10＝140 mm
		总长＝(1 100－125－15)＋(125＋62.5)＋(140＋62.5)＝1 350 mm
	根数	总根数＝X向洞口尺寸/板筋间距－1
		850/140－1＝6 根
X向洞口加强筋 ϕ 12	长度	总长＝板净跨长度＋端支座锚固长度＋弯钩长度
		端支座锚固长度＝max(h_b/2,5d)＝max(300/2,5×12)＝150 mm
		180°弯钩长度＝6.25d＝6.25×12＝75 mm
		总长＝3 900－300＋150×2＋75×2＝4 050 mm
	根数	4 根
Y向洞口加强筋 ϕ 12	长度	总长＝板净跨长度＋端支座锚固长度＋弯钩长度
		端支座锚固长度＝max(h_b/2,5d)＝max(125,5×12)＝125 mm
		180°弯钩长度＝6.25d＝6.25×12＝75 mm
		总长＝6 300－250＋125×2＋75×2＝6 450 mm
	根数	4 根

(2)计算结果分析如图 4-28 所示。

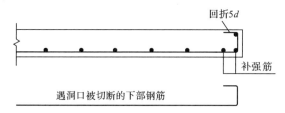

图 4-28　板筋洞边构造

【例 4-17】　试计算例 4－15 题 LB1 和 LB2 中板顶的温度筋长度及根数,温度筋为Φ8 @200。

解:计算过程见表 4-28。

表 4-28　　　　　　　　　　　　　　**LB1 和 LB2 板温度筋计算过程**

①—②轴 X Φ8@200	长度	长度＝板净跨长－一侧支座钢筋板内净长－另一侧支座钢筋板内净长＋l_l×2＋弯折长度
		l_l＝48d＝48×8＝384 mm
		弯折长度＝h－15×2＝120－30＝90 mm
		总长＝(3 900－100－150)－(1 100－150)－(1 400－150)＋384×2＋90×2＝2 398 mm
	根数	根数＝(板净跨长度－一侧支座钢筋板内净长－另一侧支座钢筋板内净长)/板筋间距－1
		[(6 900－50－50)－(1 100－125)－(1 100－125)]/200－1＝24 根
①—②轴 Y Φ8@200	长度	长度＝板净跨长－一侧支座钢筋板内净长－另一侧支座钢筋板内净长＋l_l×2＋弯折长度
		l_l＝48d＝48×8＝384 mm
		弯折长度＝h－15×2＝120－30＝90 mm
		总长＝(6 900－50－50)－(1 100－125)－(1 400－125)＋384×2＋90×2＝5 798 mm
	根数	根数＝(板净跨长度－一侧支座钢筋板内净长－另一侧支座钢筋板内净长)/板筋间距－1
		[(3 900－100－150)－(1 100－150)－(1 400－150)]/200－1＝7 根
②—③轴 X Φ8@200	长度	长度＝板净跨长－一侧支座钢筋板内净长－另一侧支座钢筋板内净长＋l_l×2＋弯折长度
		l_l＝48d＝48×8＝384 mm
		弯折长度＝h－15×2＝120－30＝90 mm
		总长＝(5 400－100－150)－(1 400－150)－(1 400－150)＋384×2＋90×2＝3 598 mm
	根数	根数＝(板净跨长度－一侧支座钢筋板内净长－另一侧支座钢筋板内净长)/板筋间距－1
		[(6 900－50－50)－(1 400－125)－(1 400－125)]/200－1＝21 根
②—③轴 Y Φ8@200	长度	长度＝板净跨长－一侧支座钢筋板内净长－另一侧支座钢筋板内净长＋l_l×2＋弯折长度
		l_l＝48d＝48×8＝384 mm
		弯折长度＝h－15×2＝120－30＝90 mm
		总长＝(6 900－50－50)－(1 400－125)－(1 400－125)＋384×2＋90×2＝5 198 mm
	根数	根数＝(板净跨长度－一侧支座钢筋板内净长－另一侧支座钢筋板内净长)/板筋间距－1
		[(5 400－100－150)－(1 400－150)－(1 400－150)]/200－1＝13 根

复习思考题

1. 简述板块集中标注的内容，B、T、B&T 表达的含义。
2. 简述板支座上部非贯通筋标注的特点。
3. 简述不同情况下板在端部支座的钢筋构造。
4. 简述板下部钢筋在中间支座的钢筋构造要求。
5. 简述板支座负筋的特点及相关钢筋的构造。
6. 简述板内分布钢筋的特点及相关构造。
7. 简述板内开洞时的钢筋构造。

习　题

1. 图 4-29 为一现浇楼面板，混凝土强度等级 C30，梁和板的保护层分别为 20 mm 和15 mm，钢筋定尺长度为 9 000 mm，求板底钢筋长度及根数。

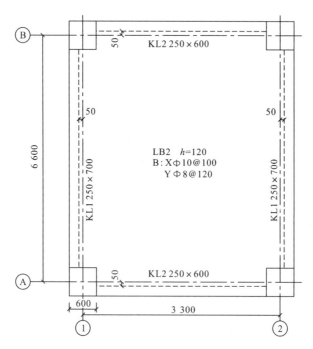

图 4-29　LB2 板平法施工图

第4章习题答案

2. 图 4-30 为一现浇楼面板,混凝土强度等级 C30,梁和板的保护层分别为 20 mm 和15 mm,钢筋定尺长度为 9 000 mm,板底筋为分跨锚固,求板底钢筋长度及根数。

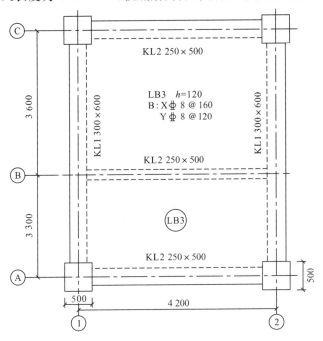

图 4-30　LB3 板平法施工图

3. 图 4-31 为一现浇楼面板,混凝土强度等级 C35,梁和板的保护层分别为 20 mm 和15 mm,钢筋定尺长度为 9 000 mm,求板底钢筋长度及根数。

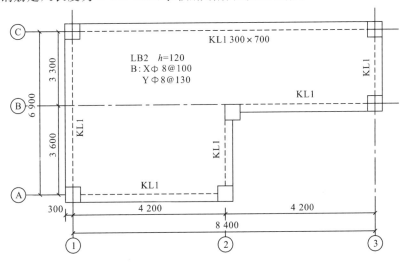

图 4-31　LB2 板平法施工图

4.图 4-32 为一现浇屋面板,混凝土强度等级 C30,梁和板的保护层分别为 20 mm 和 15 mm,X 向的 KL2 上部纵筋直径为 22mm,Y 向的 KL1 上部纵筋直径为 25 mm,梁箍筋直径为 10 mm,钢筋定尺长度为 9 000 mm,求板顶钢筋长度及根数。

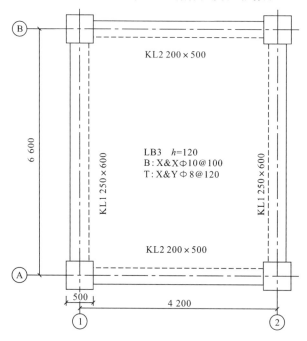

图 4-32　LB3 板平法施工图

5.图 4-33 为一现浇楼面板,混凝土强度等级 C30,梁和板的保护层分别为 20 mm 和 15 mm,X 向的 KL1 上部纵筋直径为 25 mm,Y 向的 KL2 上部纵筋直径为 20 mm,梁箍筋直径为 10 mm,钢筋定尺长度为 9 000 mm,采用绑扎搭接,分别按同一区段内搭接面积百分率为 100% 和 50% 计,求板顶钢筋长度及根数。

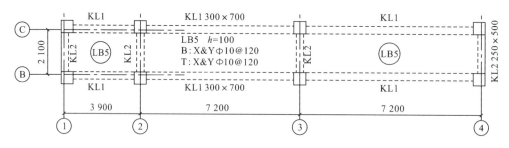

图 4-33　LB5 板平法施工图

6.图 4-34 为一现浇楼面板,混凝土强度等级 C30,梁和板的保护层分别为 20 mm 和 15 mm,X 向的 KL1 上部纵筋直径为 22 mm,Y 向的 KL2 上部纵筋直径为 20 mm,梁箍筋直径为 10 mm,钢筋定尺长度为 9 000 mm,求板顶钢筋长度及根数。

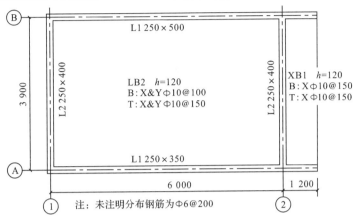

图 4-34 LB2 和 XB1 板平法施工图

7.图 4-35 为一现浇楼面板,混凝土强度等级 C30,梁和板的保护层分别为 20 mm 和 15 mm,X 向的 KL1 上部纵筋直径为 20 mm,Y 向的 KL2 上部纵筋直径为 25 mm,梁箍筋直径为 10 mm;筋定尺长度为 9 000 mm,求板钢筋长度及根数。

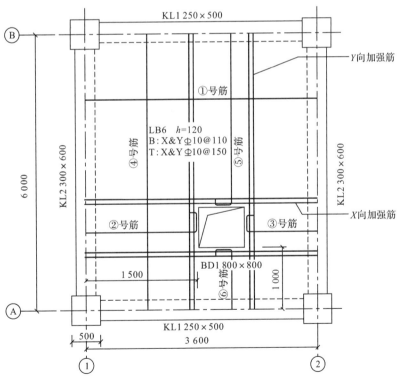

图 4-35 LB6 板平法施工图

8.某有梁板平法标注如图 4-36 所示,混凝土强度等级为 C30,梁和板的保护层厚度分别为 20 mm 和 15 mm,梁宽均为 300 mm,梁角部钢筋直径为 25 mm,梁箍筋直径为 8 mm,分布筋为Φ6@200,温度筋为Φ8@200,钢筋定尺长度为 9 000 mm,绑扎搭接,接头百分率为 50%,求:(1)支座负筋长度、根数和分布筋长度、根数;(2)板内温度筋长度和根数。

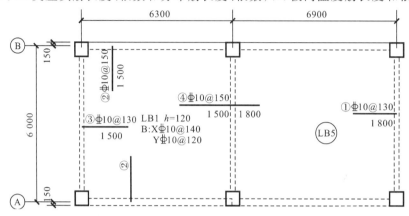

图 4-36　LB1 板平法施工图

9.图 4-37 为一现浇楼面板,各轴线居中,梁宽均为 300 mm,混凝土强度等级 C30,梁和板的保护层分别为 20 mm 和 15 mm,X 向和 Y 向的上部纵筋直径均为 20 mm;板分布钢筋为Φ6@250,钢筋定尺长度为 9 000 mm,求板钢筋长度及根数。

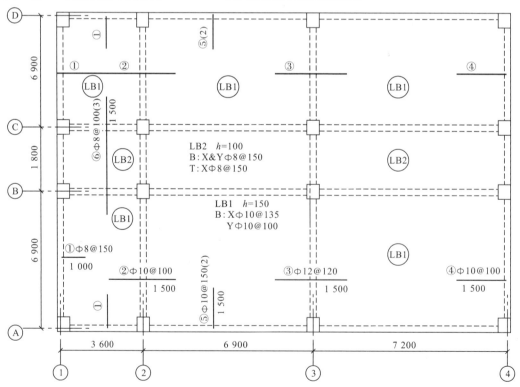

图 4-37　LB1 和 LB2 板平法施工图

第5章
剪力墙平法识图

学习目标

了解剪力墙的分类及墙内钢筋；

掌握剪力墙平法施工图制图规则，能够熟练应用剪力墙平法施工图制图规则识读剪力墙柱平法施工图；

熟悉剪力墙各部分的钢筋构造要求，能够熟练应用墙身、墙柱、墙梁标准构造详图进行剪力墙钢筋的布置和柱内钢筋的计算。

引　入

图 5-1 所示为剪力墙平法施工图截面注写方式示例，以下将结合学生以往掌握的制图知识，围绕本图所表达的图形语言及截面注写数字和符号的含义，一步一步引领学生正确识读和理解剪力墙平法施工图。

5.1　剪力墙构件基本知识

5.1.1　剪力墙的基本概念

剪力墙是近些年来开始大量应用的结构。在框架结构中有时在框架柱之间的矩形空间设置一道现浇钢筋混凝土墙，用以加强框架的空间刚度和抗剪能力，这道墙就是剪力墙，这样的结构就是框架-剪力墙结构。框架-剪力墙结构中的剪力墙一般布置在建筑中的电梯间等位置。把不设框架柱、框架梁，而把所有外墙和内墙都做成钢筋混凝土墙直接支撑楼板的结构称为纯剪力墙结构。

剪力墙主要是承受风荷载或地震作用所产生的水平剪力的墙体，所以，其受力钢筋为水平筋。梁、柱的保护层厚度是针对梁、柱的箍筋而言的，剪力墙的保护层厚度则是针对水平分布钢筋而言的。

从分析剪力墙承受水平地震力的过程来看，剪力墙受水平地震力作用来回摆动时，基本上以墙肢的垂直中线为拉压零点线，墙肢垂直中线两侧一侧受拉一侧受压，而且呈周期性变化，拉应力或压应力值越往外越大，至边缘最大。为了加强墙肢抵抗水平地震力的能力，需要在墙肢边缘处进行加强，所以要在墙肢边缘设置边缘构件。这些边缘构件并不是剪力墙的支座，而是与墙身作为一个整体共同工作，如窗户上的窗框与玻璃共同组成一扇窗。

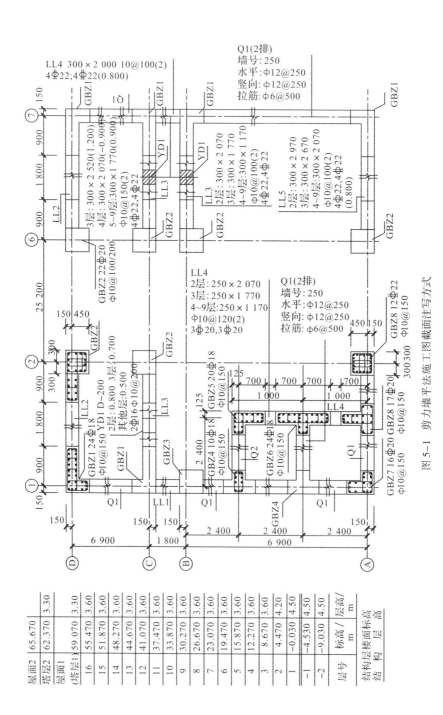

图 5-1 剪力墙平法施工图截面注写方式

剪力墙设计与框架柱及梁类构件设计有显著区别（表 5-1），柱、梁构件属于杆类构件，而剪力墙水平截面的长宽比相对于杆类构件的高宽比要大很多，如图 5-2 所示。

表 5-1　　　　　　墙柱与框架柱、墙梁与框架梁在构件设计上的显著区别

结构类型	长宽比	内力	抗震作用特点	抗震设计特点
框架结构	小	逐层规律变化	柱端先破坏	强柱弱梁
剪力墙	大	整体变化	边缘先破坏	强墙弱连梁

(a)

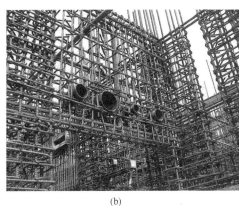

(b)

图 5-2　剪力墙配筋实例

现行混凝土规范规定：当竖向构件截面的长边（长度）、短边（厚度）比值大于 4 时，宜按墙的要求进行设计。

在平行于墙面的水平荷载和竖向荷载作用下，墙体宜根据结构分析所得的内力和现行混凝土规范的有关规定，分别按偏心受压或偏心受拉进行正截面承载力计算，并按有关规定进行斜截面受剪承载力计算。在集中荷载作用处，应按相关规定进行局部受压承载力计算。

5.1.2　剪力墙构成

为了表达清晰，平法将剪力墙视为剪力墙柱、剪力墙身和剪力墙梁三类构件分别绘图。把剪力墙的组成部分概括为一墙、二柱、三梁，即一种墙身、两种墙柱、三种墙梁，见表 5-2。

表 5-2　　　　　　　　　　　　　一墙、二柱、三梁

一级构造名称	二级构造名称	三级构造名称		
剪力墙结构	墙身	水平分布钢筋（外侧、内侧）		
		竖向分布钢筋		
		拉筋		
	墙柱	端柱	墙柱	约束边缘构件
		暗柱		构造边缘构件
	墙梁	连梁		
		暗梁		
		边框梁		

1. 一种墙身

剪力墙的墙身就是一道混凝土墙,常见厚度为 200 mm 以上,配置两排钢筋网。更厚的墙可配置三排以上钢筋网,钢筋网之间加拉筋。墙身钢筋网包括水平分布钢筋和竖直分布钢筋,水平分布钢筋在外侧,竖直分布钢筋在内侧,因此保护层是针对水平分布钢筋而言。水平分布钢筋是剪力墙身的受力主筋,放在竖向分布钢筋的外侧。水平分布钢筋同时承受拉力和剪力,所以必须伸到墙肢的尽端,即边缘构件的外侧、纵筋的内侧。剪力墙身如图 5-3 所示。剪力墙身配筋如图 5-4 所示。

图 5-3　剪力墙身

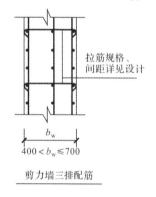

剪力墙三排配筋

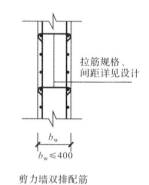

剪力墙双排配筋

当剪刀墙配置的分布钢筋多于两排时,剪力墙拉
筋两端应同时勾住外排水平纵筋和竖向纵筋,
还应与剪力墙内排水平纵筋和竖向纵筋绑扎在一起

图 5-4　剪力墙身配筋

2. 两种墙柱

《建筑抗震设计规范》(GB 50011—2010)规定:抗震墙两端和洞口两侧应设置边缘构件。边缘构件即剪力墙柱,可分为暗柱和端柱两种。暗柱宽度等同于墙厚,端柱宽度大于墙厚而突出墙面。墙柱根据位于直墙、翼墙或转角墙位置的不同,有不同的分类,见表 5-3。

表 5-3　　　　　　　　　　　　　　　　墙柱分类(一)

暗柱(隐藏)			端柱(突出)		
直墙	翼墙	转角墙	直墙	翼墙	转角墙
端部暗柱	翼墙暗柱	转角墙暗柱	端柱	端柱翼墙	端柱转角墙

剪力墙边缘构件又可划分为约束边缘构件和构造边缘构件两大类,见表 5-4。墙柱内有竖向钢筋及沿着纵筋的箍筋,作为剪力墙竖向边缘的钢筋加强带。

表 5-4　　　　　　　　　　　　　　　墙柱分类(二)

剪力墙边缘构件	抗震等级	位置	原理
约束边缘构件	高	底部楼层	按抗震内力计算
构造边缘构件	低	上部楼层	按规范的构造要求

3. 三种墙梁

三种墙梁即连梁、暗梁和边框梁,其图示及基本概念见表 5-5。

表 5-5　　　　　　　　　　　连梁、暗梁、边框梁图示及基本概念

构件名称	图示	基本概念
连梁(LL)	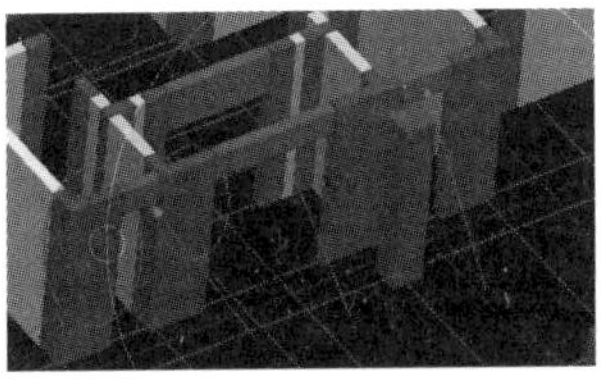	连梁(LL)是一种特殊的墙身,它是上下楼层门窗洞口之间的那部分窗间墙
暗梁(AL)	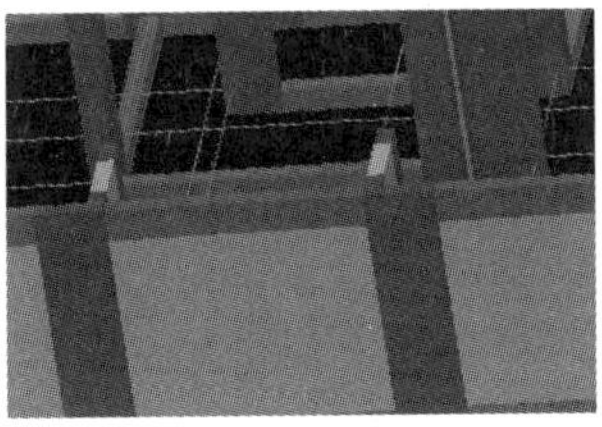	暗梁(AL)与暗柱相似,都是隐藏在墙身内部看不见的构件,都是墙身的一个组成部分;也类似砖混结构的圈梁,都是墙身的一个水平加强带;大量暗梁与楼板浇筑在一起,顶标高与板顶齐平
边框梁(BKL)	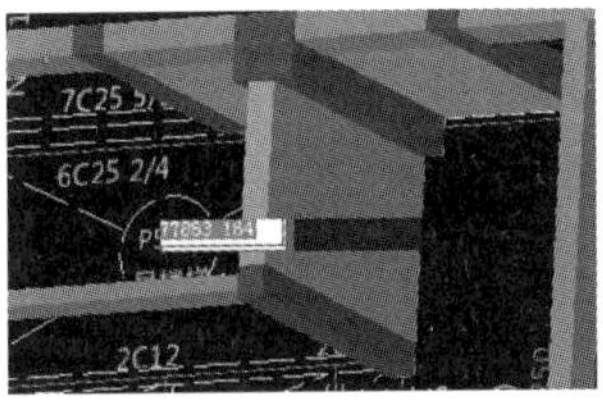	边框梁(BKL)设置在楼板以下部位,截面比暗梁宽,形成突出于墙面的边框,有边框梁就不必设暗梁

5.2　剪力墙编号和截面尺寸

5.2.1　墙柱编号和截面尺寸

1. 墙柱编号

墙柱编号由墙柱类型代号和序号组成,表达形式应符合表 5-6 的规定。编号时,若墙柱的截面尺寸与配筋均相同,仅截面与轴线的关系不同时,可将其编为同一墙柱号。

表 5-6   墙柱编号

墙柱类型	总代号	墙柱详称	特征
约束边缘构件	YBZ	约束边缘暗柱	设置在剪力墙边缘、改善受力性能的墙柱；用于抗侧力大和抗震等级高的剪力墙，其配筋要求更严，配筋范围更广
		约束边缘端柱	
		约束边缘翼墙（柱）	
		约束边缘转角墙（柱）	
构造边缘构件	GBZ	构造边缘暗柱	按构造要求设置在剪力墙边缘的墙柱
		构造边缘端柱	
		构造边缘翼墙（柱）	
		构造边缘转角墙（柱）	
非边缘暗柱	AZ		在剪力墙的非边缘处设置的与墙厚等宽的墙柱
扶壁柱	FBZ		在剪力墙的非边缘处设置的突出墙面的墙柱

类型代号的主要作用是指明所选用的标准构造详图。在标准构造详图上，已经按其所属构件类型注明代号，平法施工图中的构件标注了类型代码，以明确对应关系。

2. 墙柱截面尺寸

16G101-1 系列图集第 13、14 页给出了各类墙柱的截面形状与几何尺寸。

约束边缘构件适用于较高抗震等级剪力墙的重要部位，其平面形状有较高的要求。设置约束边缘构件和构造边缘构件的范围依据《混凝土结构设计规范》（GB 50010—2010）的规定。

构造边缘构件只有阴影部分，而约束边缘构件除了阴影部分（λ_v 区域）以外，还有一个虚线部分（$\lambda_v/2$ 区域），如图 5-5、图 5-6 所示。已知阴影部分是配置箍筋的区域，关于虚线部分的配筋特点在后面约束边缘构件的钢筋构造中进行讨论。

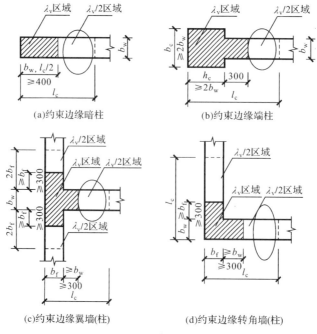

(a)约束边缘暗柱   (b)约束边缘端柱

(c)约束边缘翼墙(柱)   (d)约束边缘转角墙(柱)

图 5-5 约束边缘构件

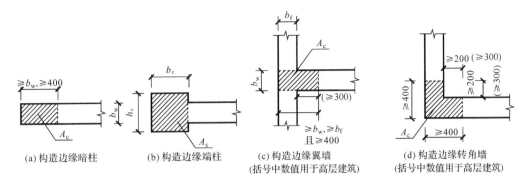

图 5-6 构造边缘构件

16G101 系列图集中对构造边缘构件截面尺寸区别了多层建筑与高层建筑,一般情况下,设计施工图中会有明确的尺寸标注,同时施工现场人员也应对构件尺寸有明确的认识。

5.2.2 墙身编号

墙身编号由墙身代号、序号及墙身所配置的水平分布钢筋与竖向分布钢筋的排数组成。墙身编号和相应规定见表 5-7。

表 5-7   墙身编号和相应规定

类型	代号	序号	特征
剪力墙身	Q(×) (钢筋排数)	××	剪力墙墙身是指除去端柱、边缘暗柱、边缘翼墙、边缘转角墙后的墙身部分

如:Q3(3 排)表示 3 号剪力墙 3 排钢筋网

在平法图集中对墙身编号有以下规定:

1. 在编号中:当若干墙柱的截面尺寸与配筋均相同,仅截面与轴线的关系不同时,可将其编为同一墙柱号;当若干墙身的厚度尺寸和配筋均相同,仅墙厚与轴线的关系不同或墙身长度不同时,也可将其编为同一墙身号,但应在图中注明与轴线的几何关系。
2. 当墙身所设置的水平与竖向分布钢筋的排数为 2 时可不注。
3. 对于分布钢筋网的排数规定:当剪力墙厚度不大于 400 时,宜配置双排;当剪力墙厚度大于 400 但不大于 700 时,宜配置三排;当剪力墙厚度大于 700 时,宜配置四排。各排水平分布钢筋和竖向分布钢筋的直径与间距宜保持一致。当剪力墙配置的分布钢筋多于两排时,剪力墙拉筋两端应同时勾住外排水平纵筋和竖向纵筋,还应与剪力墙内排水平纵筋和竖向纵筋绑扎在一起。

5.2.3 墙梁编号

墙梁编号由墙梁类型代号和序号组成,其表达形式及特征见表 5-8。

平法图纸中,在剪力墙内设置暗梁或边框梁时,宜在剪力墙平法施工图中绘制暗梁或边框梁的平面布置图并编号,以明确其具体位置。

表 5-8   剪力墙梁编号

墙梁类型	代号	序号	特征
连梁	LL	××	设置在剪力墙洞口上方,宽度与墙厚相同
连梁 (对角暗撑配筋)	LL(JC)	××	对角暗撑可在一、二级抗震墙跨高比不大于 2 且墙厚不小于 300 mm 的连梁中设置

续表

墙梁类型	代号	序号	特征
连梁 （交叉斜筋配筋）	LL(JX)	××	当洞口连梁截面宽度不小于 250 mm 时，可采用交叉斜筋
连梁 （集中对角斜筋配筋）	LL(DX)	××	集中对角斜筋对称布置，应在梁截面内沿水平方向及竖直方向设置双向拉筋
暗梁	AL	××	设置在剪力墙楼面和屋面位置，嵌入墙身内，和楼板一起浇筑
边框梁	BKL	××	设置在剪力墙楼面和屋面位置且部分突出墙身
连梁 （跨高比不小于5）	LL	××	设置在剪力墙（框架柱）之间的梁，该梁跨度与梁高之比大于5

根据现行混凝土规范规定，框架-剪力墙结构中的剪力墙应符合下列构造要求：

（1）剪力墙周边应设置端柱和梁作为边框，端柱截面尺寸宜与同层框架柱相同，且应满足框架柱的要求；当墙周边仅有柱而无梁时，应设置暗梁，其高度可取墙厚的 2 倍。

（2）剪力墙开洞时，应在洞口两侧配置边缘构件，且洞口上下边缘宜配置构造纵筋。

5.2.4 剪力墙洞口和地下室外墙编号

剪力墙洞口是指剪力墙身上开的小洞口，是为了放置仪器等而设置的。剪力墙洞口与众多的门窗洞口不同，门窗洞口在剪力墙中是由连梁和暗柱构成的。剪力墙洞口和地下室外墙编号见表 5-9。

表 5-9　　　　　　　　　剪力墙洞口和地下室外墙编号

类型	代号	序号	特征
矩形洞口	JD	××	剪力墙身或连梁上留置的设备管道空洞
圆形洞口	YD	××	
地下室外墙	DWQ	××	

5.3 剪力墙的标准配筋构造

如前所述，在剪力墙平法施工图中，剪力墙通过剪力墙柱、剪力墙身和剪力墙梁三部分进行表达。墙柱和墙梁均是剪力墙的组成部分，它们与框架柱、框架梁明显不同，不能混为一谈。两者的区别主要包括：柱和梁属于杆类构件，剪力墙长宽比要大很多；墙柱、墙梁不是普通概念的柱和梁，它们不能脱离剪力墙而独立存在，也不能独立受弯变形；柱、梁构件的内力呈逐层规律性变化，而剪力墙内力呈整体性变化；抗震时，柱（柱端梁）为跨中，剪力墙为边缘，所以其边缘部位加强配筋。两者的相同之处在于：从概念设计的角度来说，两者在抗震时都希望首先在框架梁或连梁上出现塑性铰，而不是在框架柱或剪力墙上，即所谓强柱弱梁或强墙弱连梁；从构造的角度来说，两者都必须满足抗震的构造要求。

下面对剪力墙身、剪力墙柱、剪力墙梁和洞口补强的配筋构造分别进行阐述。

5.3.1 剪力墙身配筋构造

剪力墙身内的钢筋有水平分布钢筋、竖向分布钢筋和拉筋。

当无抗震设防要求时,墙水平分布钢筋及竖向分布钢筋直径不宜小于 8 mm,间距不宜大于 300 mm。可利用焊接钢筋网片进行墙内配筋。

1. 剪力墙身水平分布钢筋构造

剪力墙水平分布钢筋放在最外面。各排水平分布钢筋和竖向分布钢筋的直径和间距应保持一致。对于房屋高度不大于 10 m 且不超过 3 层的墙,其截面厚度不应小于 120 mm,其水平分布钢筋与竖向分布钢筋的配筋率均不宜小于 0.15%。

墙身水平分布钢筋构造按照一般构造、无暗柱边缘构造、在暗柱中的边缘构造和在端柱中的边缘构造分别介绍。剪力墙水平分布钢筋的构造应符合表 5-10 中的规定。

表 5-10 水平分布钢筋的构造

构造类型	图示	钢筋构造
剪力墙多排配筋构造	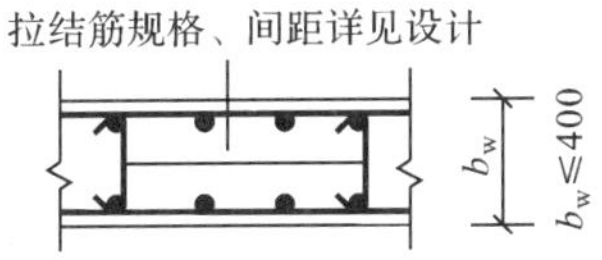 剪力墙双排配筋 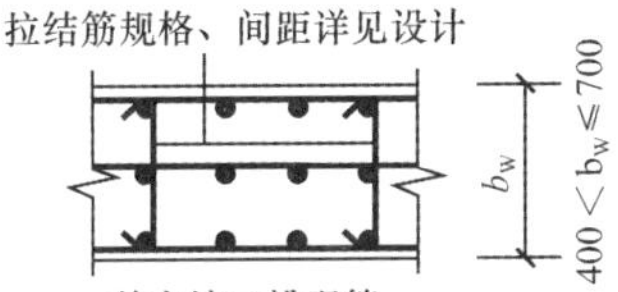 剪力墙三排配筋 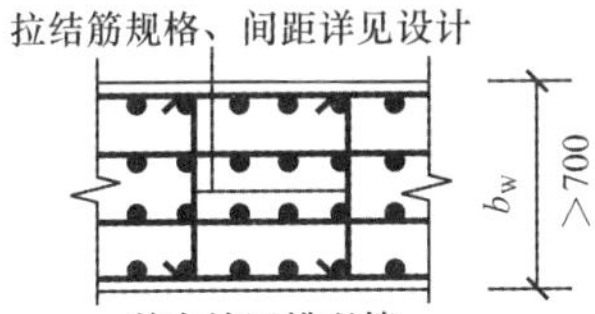 剪力墙四排配筋	当剪力墙厚度不大于 400 时,宜配置双排;当剪力墙厚度大于 400 但不大于 700 时,宜配置三排;当剪力墙厚度大于 700 时,宜配置四排
水平分布钢筋的搭接构造	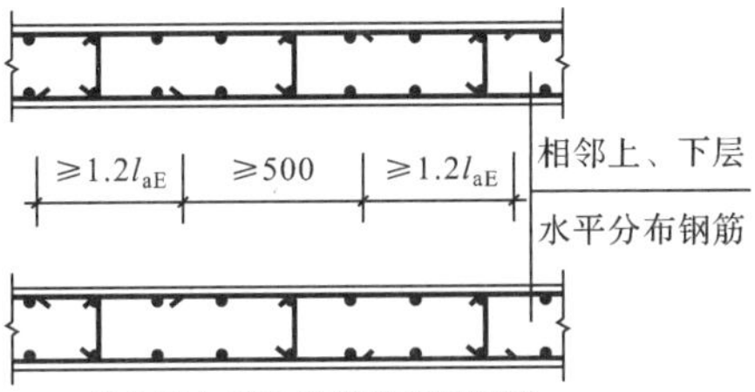 $\geqslant 1.2 l_{aE}$ $\geqslant 500$ $\geqslant 1.2 l_{aE}$ 相邻上、下层水平分布钢筋 剪力墙水平分布钢筋交错搭接	墙水平分布钢筋的搭接长度不应小于 $1.2 l_{aE}$($1.2 l_a$)。同排水平分布钢筋的搭接接头之间与上、下相邻水平分布钢筋的搭接接头之间,沿水平方向净间距不宜小于 500 mm
水平分布钢筋端部构造（无暗柱）	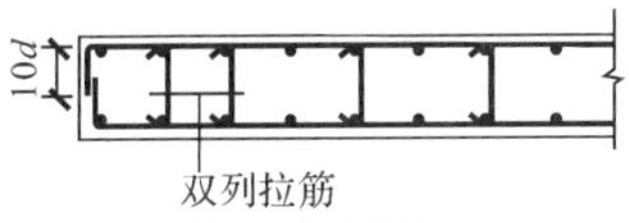 双列拉筋 无暗柱时剪力墙水平钢筋锚固	无暗柱时剪力墙水平分布钢筋锚固构造不同于框架梁和柱,因为端部没有支座,称为收边。墙身两侧水平分布钢筋伸至墙端,并向内水平弯折 $10d$,墙端部设置双列拉筋。实际工程中,剪力墙墙肢端部一般都设置边缘构件(暗柱或端柱),无暗柱情况不多见

（续表）

<table>
<tr><th>构造类型</th><th colspan="2">图示</th><th>钢筋构造</th></tr>
<tr><td rowspan="3">水平分布钢筋端部构造（有暗柱）</td><td>直墙暗柱</td><td>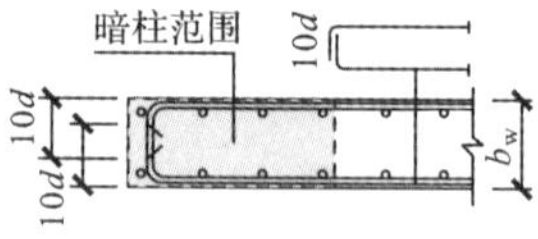
</td><td>水平分布钢筋从暗柱纵筋的外侧插入暗柱，在暗柱箍筋与纵筋之间插空穿过</td></tr>
<tr><td>翼墙暗柱</td><td>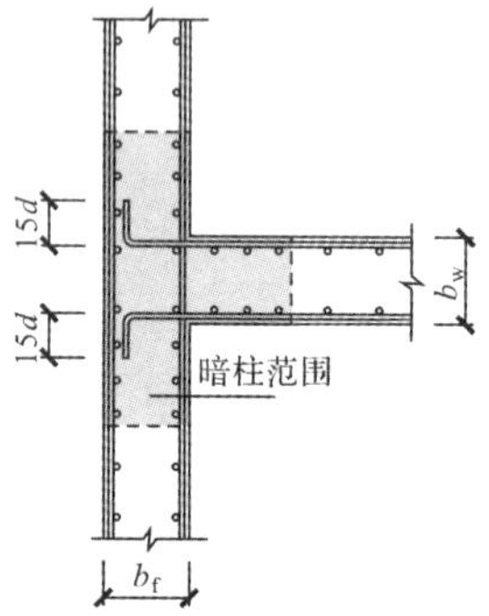
</td><td>端部有翼墙，内墙两侧和外墙内侧的水平分布钢筋应伸至翼墙或转角外边，并分别向两侧水平弯折 $15d$。如剪力墙设置了 3 排或 4 排钢筋网，则中间各排水平分布钢筋同上述构造</td></tr>
<tr><td>转角墙暗柱</td><td>（一）
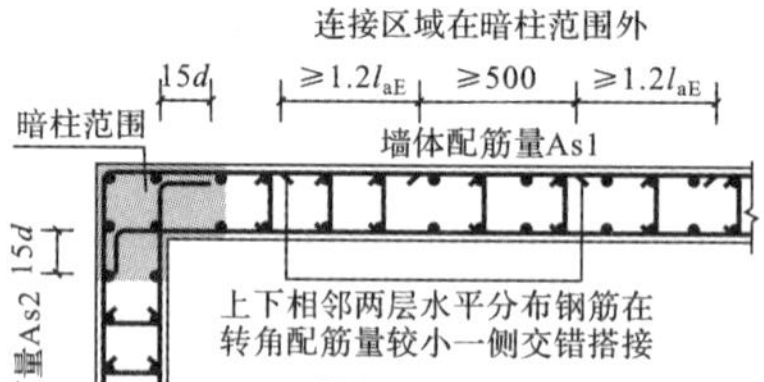

转角墙(一)
(外侧水平分布钢筋连续通过转弯其中 $A_{s1} \leq A_{s2}$)
（二）
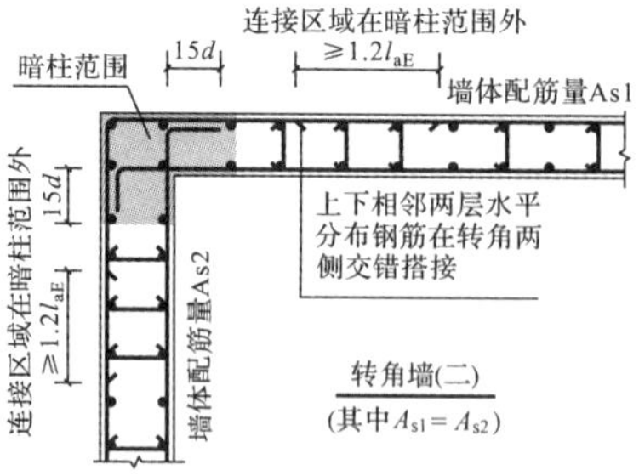

转角墙(二)
(其中 $A_{s1}=A_{s2}$)
（三）
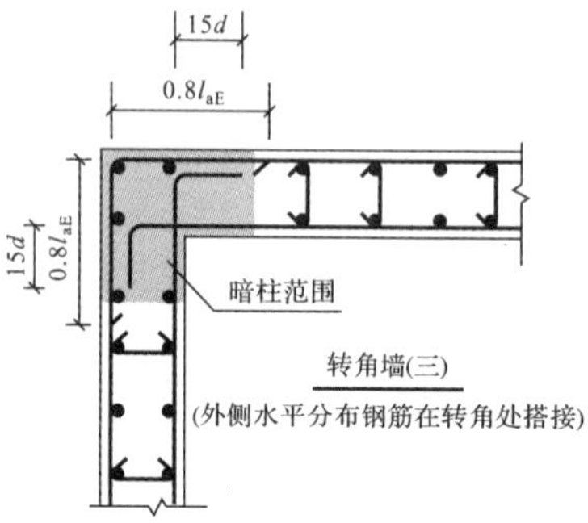

转角墙(三)
(外侧水平分布钢筋在转角处搭接)</td><td>在转角墙处，外墙外侧的水平分布钢筋应在墙端外角处弯入翼墙，并与翼墙外侧的水平分布钢筋搭接。水平分布钢筋在转角墙柱中的构造有三种：(一)剪力墙外侧水平分布钢筋从转角墙的一侧绕到另一侧，与另一侧的水平分布钢筋搭接长度 $\geq 1.2l_{aE}$，上、下相邻两排水平筋交错搭接，错开范围 ≥ 500 mm；(二)剪力墙外侧水平分布钢筋分别在转角的两侧进行搭接，搭接长度 $\geq 1.2l_{aE}$，上、下相邻两排水平筋在转角两侧交错搭接；(三)剪力墙外侧水平分布钢筋在转角处搭接，搭接长度 $2\times0.8l_{aE}$。外墙内侧水平分布钢筋伸至暗柱外侧纵筋的内侧，水平弯折 $15d$</td></tr>
</table>

（续表）

<table>
<tr><th>构造类型</th><th colspan="2">图示</th><th>钢筋构造</th></tr>
<tr><td rowspan="3">水平分布钢筋端部构造(有端柱)</td><td>直墙端柱</td><td>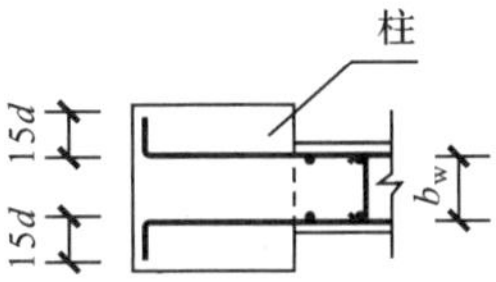
</td><td>剪力墙水平分布钢筋伸至端柱对边后弯 15d 直钩，若伸至对边直锚长度≥l_{aE}时可不设弯锚</td></tr>
<tr><td>翼墙端柱</td><td>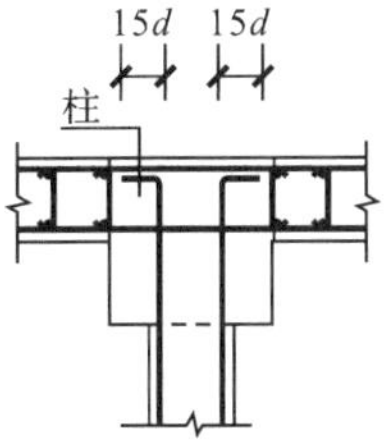
</td><td>剪力墙水平分布钢筋在翼墙端柱中的构造按端柱与墙的不同相对位置可分为三种，不论何种情况，剪力墙水平分布钢筋伸至端柱对边后弯 15d 直钩。伸至对边直锚长度≥l_{aE}时可不设弯锚</td></tr>
<tr><td>转角墙端柱</td><td>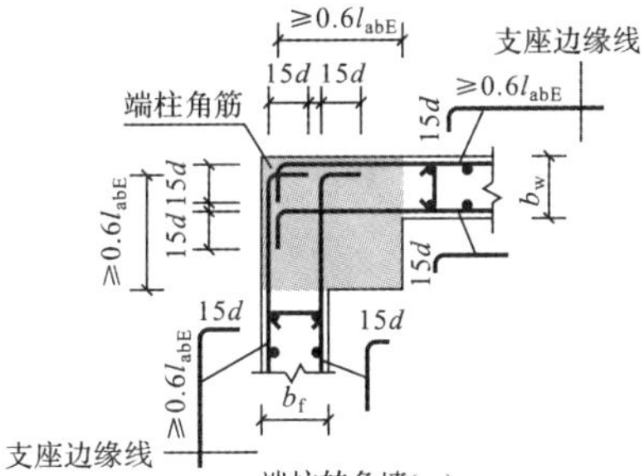

端柱转角墙(一)

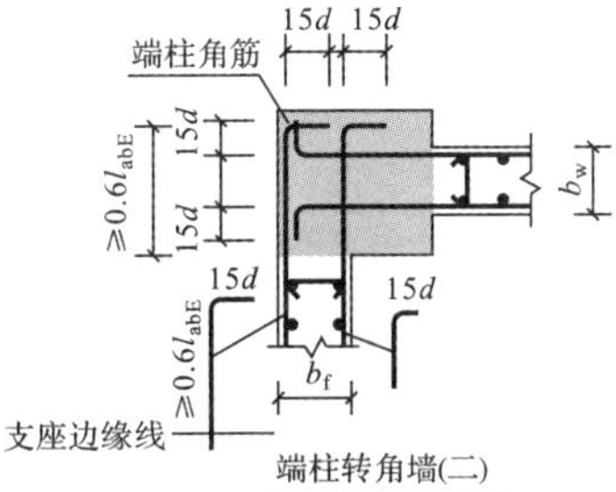

端柱转角墙(二)

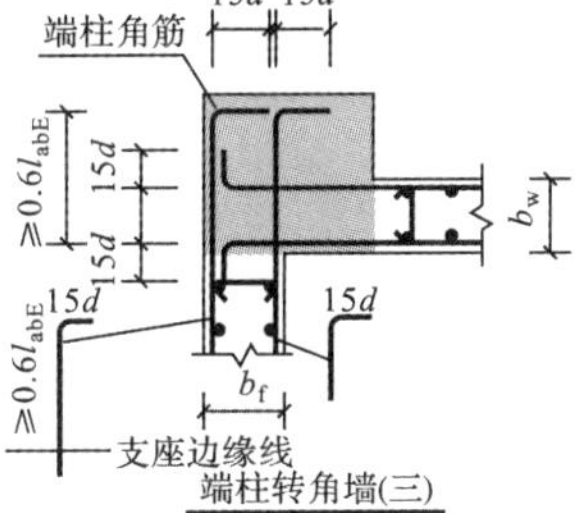

端柱转角墙(三)</td><td>（一）剪力墙内侧水平分布钢筋伸至端柱对边后弯折 15d；若伸入墙柱的长度≥l_{aE}时，可直锚，伸至对边。对于剪力墙外侧水平分布钢筋，不论伸入墙柱的长度是否≥l_{aE}，外侧水平分布钢筋应伸至端柱对边紧贴角筋弯折 15d，且锚入端柱水平长度≥0.6l_{abE}
（二）b_f 墙内侧水平分布钢筋和 b_w 墙水平分布钢筋伸至端柱对边后弯折 15d；若伸入墙柱的长度≥l_{aE}时，可直锚，伸至对边。b_f 墙外侧水平分布钢筋，不论伸入墙柱的长度是否≥l_{aE}，外侧水平分布钢筋应伸至端柱对边紧贴角筋弯折 15d，且锚入端柱水平长度≥0.6l_{abE}
（三）b_f 墙内侧水平分布钢筋和 b_w 墙外侧水平分布钢筋伸至端柱对边后弯折 15d；若伸入墙柱的长度≥l_{aE}时，可直锚，伸至对边。b_f 墙外侧水平分布钢筋和 b_w 墙内侧水平分布钢筋，不论伸入墙柱的长度是否≥l_{aE}，水平分布钢筋应伸至端柱对边紧贴角筋弯折 15d，且锚入端柱水平长度≥0.6l_{abE}</td></tr>
</table>

2. 剪力墙插筋在基础中的锚固构造

剪力墙插筋在基础中的锚固构造,并没有因基础类型不同而不同,而是按照剪力墙插筋保护层的厚度和基础高度 h_j 与受拉钢筋锚固长度 l_{aE} 比值不同给出了三种锚固构造,见16G101-3 图集第 64 页。剪力墙插筋在基础中的锚固如图 5-7 所示。

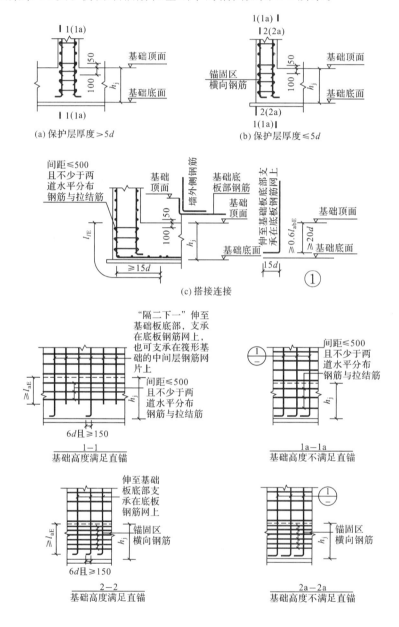

图 5-7　剪力墙插筋在基础中的锚固

剪力墙插筋在基础中的锚固分为两类,其中锚固构造图(a)(b)为第一类,称为墙纵筋在基础直接锚固,锚固构造图(c)为第二类,称为墙外侧纵筋与底板纵筋搭接。

（1）剪力墙插筋在基础中锚固构造（图 a）（剪力墙插筋保护层厚度＞5d）

例如，剪力墙插筋在板中。墙两侧插筋构造见 1—1 和 1a—1a 剖面。

直锚长度≥l_{aE}时，剪力墙插筋插至基础板底部支在底板钢筋网上，弯钩平直段为 6d 且≥150 mm；剪力墙插筋在基础内设置间距≤500 mm 且不少于两道水平分布钢筋与拉筋。

直锚长度＜l_{aE}时，剪力墙插筋插至基础板底部支在底板钢筋网上，要求插筋插入基础内的深度≥0.6l_{abE}且≥20 d 后再弯折 15d；墙插筋在基础内设置间距≤500 mm 且不少于两道水平分布钢筋与拉筋。

（2）剪力墙插筋在基础中锚固构造（图 b）（剪力墙插筋保护层厚度≤5d）

例如，剪力墙插筋在板边梁内。墙内侧插筋构造见 1—1 和 1a—1a 剖面（同上），墙外侧插筋构造见 2—2 和 2a—2a 剖面。

直锚长度≥l_{aE}时，剪力墙插筋插至基础板底部支在底板钢筋网上，弯钩平直段为 6d 且≥150 mm；剪力墙插筋在基础内设置锚固区横向钢筋。

直锚长度＜l_{aE}时，剪力墙插筋插至基础板底部支在底板钢筋网上，要求插筋插入基础内的深度≥0.6l_{abE}且≥20d 后再弯折 15d；剪力墙插筋在基础内设置锚固区横向钢筋。

其中，墙外侧锚固区横向钢筋设置应满足直径≥d/4（d 为插筋最大直径），间距≤10d（d 为插筋最小直径）且≤100 mm 的要求。

（3）剪力墙插筋在基础中锚固构造（图 c）（墙外侧纵筋与底板纵筋搭接）

基础板底部下部钢筋弯折段应伸至基础顶面标高处，墙外侧纵筋插至板底后弯锚，与底板下部纵筋搭接 l_{lE}，且弯钩水平段≥15d；剪力墙插筋在基础内设置间距≤500 mm 且不少于两道水平分布钢筋与拉筋。

墙内侧纵筋的插筋构造同上。当选用本构造（图 c）时，设计人员应在图纸中注明。

三种剪力墙插筋锚固构造可以通过对比分析来学习和记忆，见表 5-11。

表 5-11　　　　　　　　三种剪力墙插筋锚固构造比较

锚固构造	构造(a)		构造(b)[内侧同构造(a)]		构造(c)
c 与 5d 比较	c＞5d		c≤5d		墙外侧纵筋与底板纵筋搭接 l_{lE} 且插筋插至底板钢筋后弯折≥15d
直锚长度与 l_{aE} 比较	直锚长度≥l_{aE}	直锚长度＜l_{aE}	直锚长度≥l_{aE}	直锚长度＜l_{aE}	
插筋弯钩段	6d 且≥150 mm	15d	6d 且≥150 mm	15d	
插筋竖向直锚深度	$h_j-c-d_x-d_y$ 注意"隔二下一"构造	$h_j-c-d_x-d_y$ ≥0.6l_{abE}且≥20d	$h_j-c-d_x-d_y$	$h_j-c-d_x-d_y$ ≥0.6l_{abE}且≥20d	
锚固区横向钢筋	间距≤500 mm 且不少于两道水平分布钢筋与拉筋		直径≥d/4（d 为插筋最大直径），间距≤10d（d 为插筋最小直径）且≤100 mm		间距≤500 mm 且不少于两道水平分布钢筋与拉筋

图 5-7 表现的是剪力墙插筋在基础内锚固构造竖向横截面图，剪力墙插筋在基础中的锚固构造纵向示意图如图 5-8 所示。

3.剪力墙身竖向钢筋构造

剪力墙身竖向钢筋的构造，按照竖向自下而上的顺序，包括剪力墙多排配筋构造、剪力墙身竖向分布钢筋连接构造、剪力墙变截面处竖向钢筋构造、剪力墙竖向钢筋顶部构造。剪力墙身竖向钢筋的构造分类见表5-12。

剪力墙布置2排配筋、3排配筋和4排配筋的构造同表5-10,这里不再赘述。

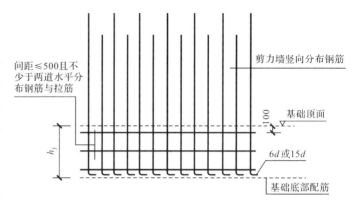

图5-8 剪力墙插筋在基础中的锚固构造纵向示意图

表 5-12 剪力墙身竖向钢筋的构造分类

类型		图示	构造要求
墙身竖向分布钢筋连接构造	绑扎搭接	一、二级抗震等级剪力墙底部加强部位竖向分布钢筋搭接构造 楼板顶面 基础顶面	一、二级抗震等级剪力墙底部加强部位竖向分布钢筋搭接长度≥1.2l_{abE},交错搭接,相邻搭接点错开净距离500 mm
	机械连接	相邻钢筋交错机械连接 各级抗震等级剪力墙竖向分布钢筋机械连接构造 楼板顶面 基础顶面	各级抗震等级剪力墙竖向分布钢筋第一个连接点距楼板顶面或基础顶面≥500 mm,相邻钢筋交错连接,错开距离≥35d
	焊接连接	相邻钢筋交错焊接 各级抗震等级或非抗震剪力墙竖向分布钢筋焊接构造 楼板顶面 基础顶面	各级抗震等级剪力墙竖向分布钢筋第一个连接点距楼板顶面或基础顶面≥500 mm,相邻钢筋交错连接,错开距离35d且≥500 mm
	绑扎搭接	一、二级抗震等级剪力墙非底部加强部位或三、四级抗震等级剪力墙竖向分布钢筋可在同一部位搭接 楼板顶面 基础顶面	一、二级抗震等级剪力墙非底部加强部位,或三、四级抗震等级剪力墙竖向分布钢筋可在同一部位搭接,伸出基础(楼板)顶面的搭接长度≥1.2l_{aE}

（续表）

类型	图示	构造要求
剪力墙变截面处竖向钢筋构造（含竖向分布钢筋和边缘构件纵筋）	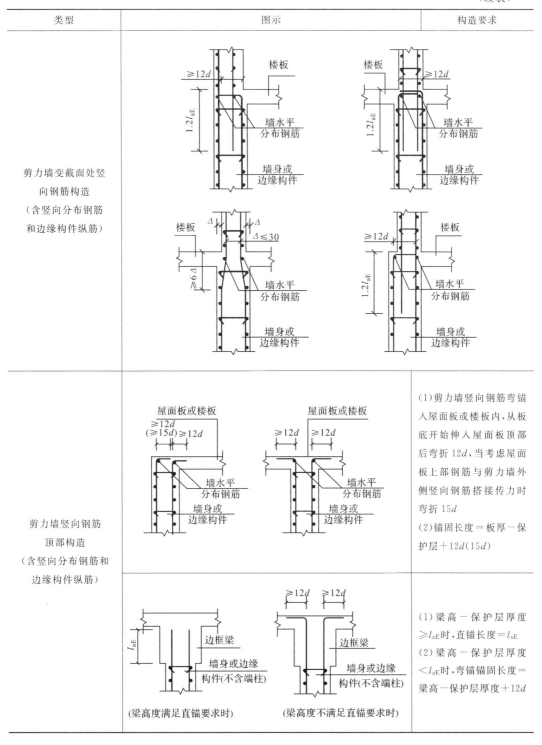	
剪力墙竖向钢筋顶部构造（含竖向分布钢筋和边缘构件纵筋）		（1）剪力墙竖向钢筋弯锚入屋面板或楼板内，从板底开始伸入屋面板顶部后弯折 $12d$，当考虑屋面板上部钢筋与剪力墙外侧竖向钢筋搭接传力时弯折 $15d$。 （2）锚固长度＝板厚－保护层＋$12d(15d)$
		（1）梁高－保护层厚度 $\geqslant l_{aE}$ 时，直锚长度＝l_{aE}。 （2）梁高－保护层厚度 $< l_{aE}$ 时，弯锚锚固长度＝梁高－保护层厚度＋$12d$

4. 剪力墙身拉筋构造

　　剪力墙身的拉筋应设置在竖向分布钢筋和水平分布钢筋的交叉点处，并同时钩住竖向分布钢筋与水平分布钢筋。当剪力墙身分布钢筋多于两排时，拉筋两端应同时勾住外排水平纵筋和竖向纵筋,还应与墙身内部的钢筋网牢固绑扎在一起。拉筋的规格和间距在平法施工图中均有标注。

剪力墙身拉筋布置方式有双向和梅花双向两种构造,如图 5-9 所示。

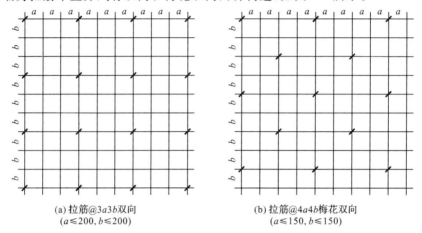

(a) 拉筋@3a3b双向
(a≤200,b≤200)

(b) 拉筋@4a4b梅花双向
(a≤150,b≤150)

图 5-9 双向拉筋与梅花双向拉筋示意图

示意图说明:

(1)图中 a 为剪力墙竖向分布钢筋间距;b 为剪力墙水平分布钢筋间距。

(2)拉筋注写为 $\phi×@3a@3b$ 双向,表示拉筋水平间距为竖向分布钢筋间距 a 的 3 倍,拉筋竖向间距为水平分布钢筋间距 b 的 3 倍。

(3)梅花双向拉筋更省钢筋。图纸采用哪种方式应当予以注明。例如,图纸中注有拉筋 $\phi6@600@600$(梅花双向),表示拉筋构造采用梅花双向布置,HPB300 级钢筋,直径为 6 mm,其中剪力墙身拉筋水平间距为 600 mm,竖间间距为 600 mm。

(4)剪力墙身拉筋与梁内拉筋的异同:梁内拉筋在施工图中不定义,由施工人员和预算人员根据图集规定自行处理其钢筋规格和间距;而剪力墙身拉筋必须由结构设计师在施工图上明确定义。

(5)拉筋计算公式为

$$拉筋每根长度=墙厚-保护层厚度×2+拉筋直径×2+26d$$

计算拉筋数量时,按单位面积布置多少根拉筋来计算。

5.3.2 剪力墙柱配筋构造

剪力墙柱分为暗柱和端柱,在框架-剪力墙结构中,剪力墙的端柱经常担当着框架-剪力墙结构中框架柱的作用,所以端柱的钢筋构造应该遵循框架柱的钢筋构造。但暗柱的钢筋构造与端柱不同,剪力墙的暗柱一部分遵循剪力墙身竖向钢筋构造,另一部分遵循框架柱的钢筋构造,这是学习剪力墙柱的难点。剪力墙柱钢筋的构造分类见表 5-13。

表 5-13　　　　　　　　　　剪力墙柱钢筋的构造分类

1.剪力墙柱插筋锚固构造

作为墙柱在基础内的锚固构造,与框架柱完全相同,遵循 16G101 系列图集第 73 页"柱插筋在基础中的锚固"要求

2.剪力墙柱纵筋连接构造

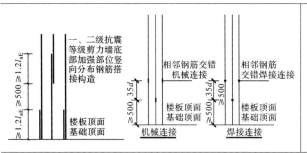

(1)墙柱纵筋连接点距离结构层顶面≥500 mm;

(2)相邻纵筋交错连接,采用搭接连接时,搭接长度≥l_{lE},相邻纵筋搭接范围错开≥$0.3l_{lE}$;采用机械连接时,相邻纵筋连接点错开 35d;当采用焊接连接时,相邻纵筋焊接点错开 35d 且≥500 mm

3.构造边缘构件 GBZ 的构造

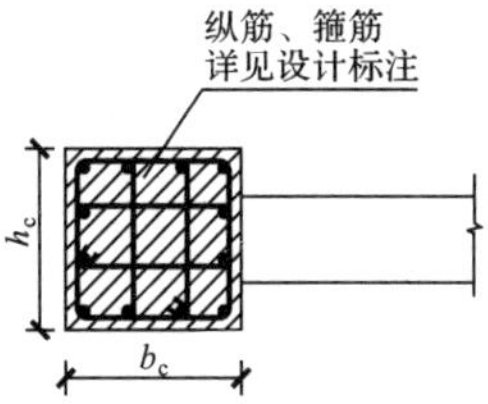

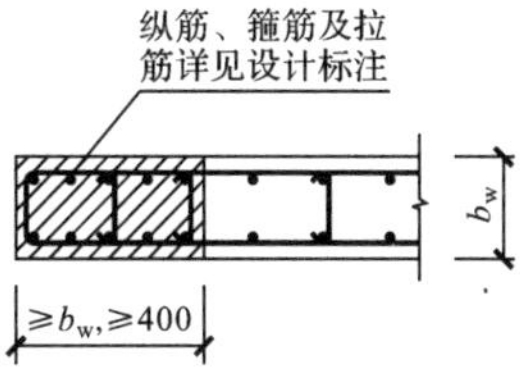

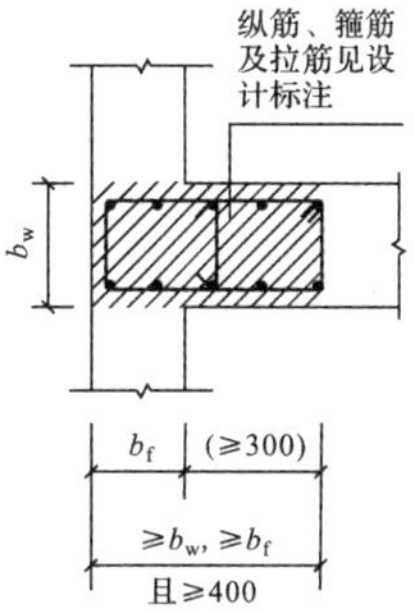

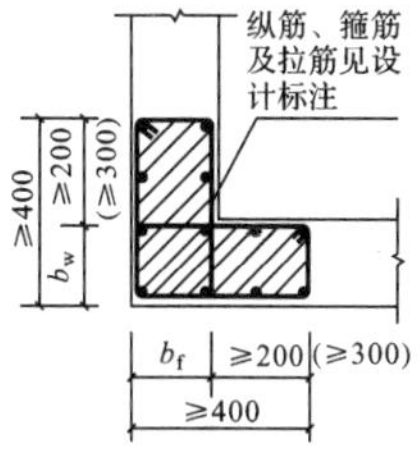

构造边缘端柱	构造边缘暗柱	构造边缘翼墙	构造边缘转角墙
构造边缘端柱仅在矩形柱的范围内布置纵筋和箍筋,其箍筋布置为复合箍筋,与框架柱类似	构造边缘暗柱的长度≥b_w且≥400 mm	构造边缘翼墙的长度≥b_w,≥b_f且≥400 mm	构造边缘转角墙每边长度等于邻边墙厚且≥200 mm,同时总长度≥400 mm

4.约束边缘构件 YBZ 的构造

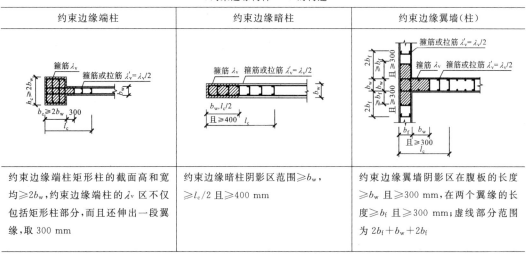

约束边缘端柱	约束边缘暗柱	约束边缘翼墙(柱)
约束边缘端柱矩形柱的截面高和宽均≥$2b_w$,约束边缘端柱的λ_v区不仅包括矩形柱部分,而且还伸出一段翼缘,取 300 mm	约束边缘暗柱阴影区范围≥b_w,≥$l_c/2$ 且≥400 mm	约束边缘翼墙阴影区在腹板的长度≥b_w 且≥300 mm,在两个翼缘的长度≥b_f 且≥300 mm;虚线部分范围为 $2b_f+b_w+2b_f$

（续表）

约束边缘转角墙(柱)

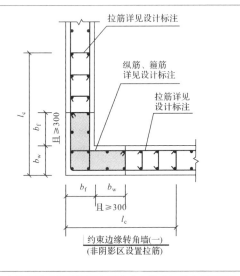

约束边缘转角墙(一)
（非阴影区设置拉筋）

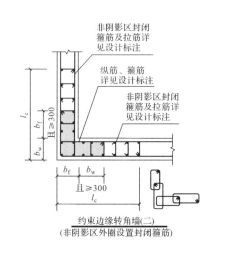

约束边缘转角墙(二)
（非阴影区外圈设置封闭箍筋）

约束边缘转角墙阴影区在两个方向均应≥各自墙厚且≥300 mm

与构造边缘构件不同的是,约束边缘构件还有一个"$\lambda_v/2$区域",即图中的阴影部分,此处配筋特点为加密拉筋,普通墙身拉筋为隔1拉1或隔2拉1,而在虚线区域内每个竖向分布钢筋都设置拉筋;l_c为约束边缘构件在墙肢方向的长度

5. 非边缘构件 FBZ、AZ 的构造

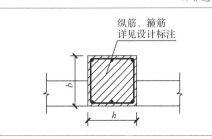

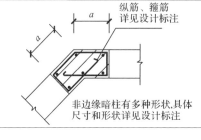

非边缘暗柱有多种形状,具体尺寸和形状详见设计标注

FBZ 与 AZ 构造按设计标注配筋

5.3.3 剪力墙梁配筋构造

1. 剪力墙暗梁 AL 钢筋构造

剪力墙暗梁的钢筋分为纵筋、箍筋、拉筋和暗梁两侧的水平分布钢筋。

16G101 系列图集中关于剪力墙的暗梁钢筋构造只有第 79 页的一个断面图,所以可认为暗梁的纵筋是沿着墙肢方向贯通布置,而暗梁的箍筋也是沿墙肢方向全长布置,而且是均匀布置,不存在加密区和非加密区。

暗梁是剪力墙的一部分,所以暗梁纵筋不存在锚固的问题,只有收边的问题,暗梁有阻止剪力墙开裂的作用,是剪力墙上一道水平线性加强带。暗梁一般设置在剪力墙靠近楼板底部的位置,如砖混结构中的圈梁。

暗梁的概念不能与剪力墙洞口补强暗梁混为一谈。剪力墙洞口补强暗梁的纵筋仅布置在洞口两侧 l_{aE} 处,而暗梁纵筋贯通整个墙肢;剪力墙洞口补强暗梁仅在洞口范围内布置箍筋(从洞口侧壁 50 mm 处开始布置第一个箍筋),而暗梁的箍筋在整个墙肢范围内都要布置。

剪力墙暗梁钢筋的构造分类见表 5-14。

表 5-14　　　　　　　　　　　　　　　　　**剪力墙暗梁钢筋的构造分类**

类型	要点	图示
墙身水平分布钢筋在暗梁里的布置	墙身水平分布钢筋按其间距在暗梁箍筋外侧布置	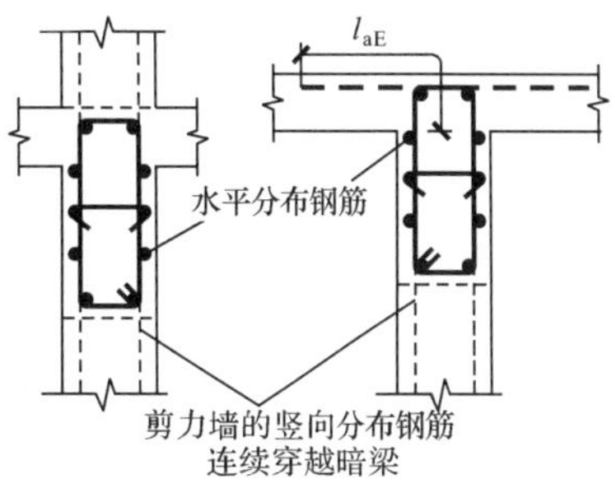
墙身竖向分布钢筋在暗梁里的布置	暗梁不是剪力墙的支座,所以当每个楼层的剪力墙顶部设置有暗梁时,剪力墙竖向分布钢筋不能锚入暗梁,对中间楼层应穿越暗梁直伸入上一层;顶层时剪力墙竖向分布钢筋应穿越暗梁弯入现浇板内,实现墙与板的连接	
暗梁拉筋	拉筋和水平分布钢筋同墙身。施工图中的剪力墙梁表主要定义暗梁的上部纵筋、下部纵筋和箍筋,拉筋规格和间距不定义,而是从图集中获得。拉筋直径:当梁宽≤350 mm 时为 6 mm;当梁宽>350 mm 时为 8 mm。拉筋间距为 2 倍的箍筋间距,竖向沿侧面水平筋"隔一拉一"布置	
暗梁箍筋	暗梁的箍筋沿墙肢方向全长均匀布置,无加密非加密之分;箍筋宽度=墙厚−2×保护层厚度−2×水平筋直径;暗梁箍筋高度由于不需要保护层,所以即标注高度;数量:距暗柱或端柱边缘 50 mm 处布置第一根箍筋	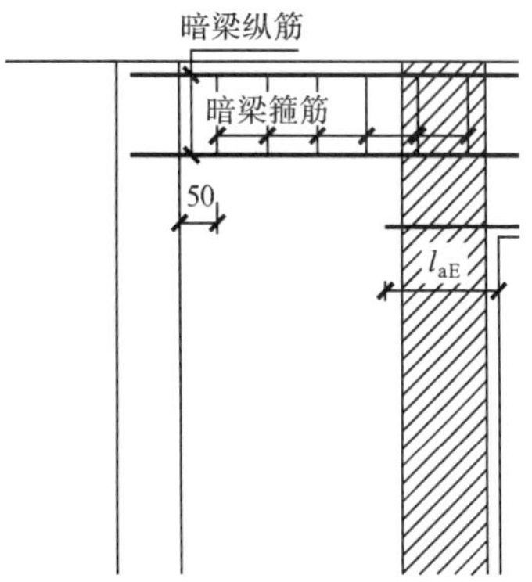
暗梁纵筋	暗梁的纵筋执行剪力墙身水平钢筋构造,应贯穿整个墙肢,在墙肢端部的"收边"构造是弯 15d 直钩;暗梁纵筋在端部暗柱中的构造:暗梁纵筋从暗柱纵筋的内侧(也在墙身水平筋内侧)深入暗柱顶端,弯 15d 直钩(翼墙暗柱则弯向翼墙两侧);暗梁纵筋在端柱中的构造:由于端柱突出墙外,故暗梁纵筋应在内侧,伸到端柱对边后弯 15d,如果≥l_{aE} 可不弯	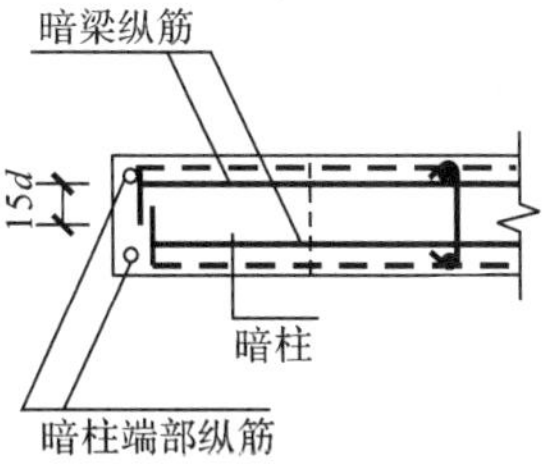

2. 剪力墙边框梁 BKL 钢筋构造

剪力墙边框梁的钢筋种类包括纵筋、箍筋、拉筋和边框梁侧面的水平分布钢筋。

边框梁与暗梁有很多共同之处,它也是剪力墙的一部分,不存在"锚固"的问题,只有"收边"的问题。边框梁截面突出墙身,比暗梁截面宽,布置了边框梁的剪力墙可不必布置暗梁。

剪力墙边框梁钢筋的构造分类见表5-15。

表 5-15 　　　　　　　　　　　　剪力墙边框梁钢筋的构造分类

类型	要点	图示
边框梁的纵筋	虽然框架梁延伸入剪力墙内,就成为剪力墙中的边框梁,但边框梁钢筋设置与框架梁大不相同;框架梁的上部纵筋有非通长筋,而边框梁全是贯通筋。边框梁与端柱纵筋之间的关系可参考框架梁与框架柱纵筋的关系,也就是说边框梁纵筋在端柱纵筋之内伸入端柱	
边框梁的箍筋	边框梁的箍筋沿墙肢方向全长均匀布置,无加密与非加密之分;边框梁一般都与端柱发生联系,由于端柱的钢筋构造和框架柱相同,因此可以认为边框梁的第一个箍筋从端柱外侧 50 mm 处开始布置	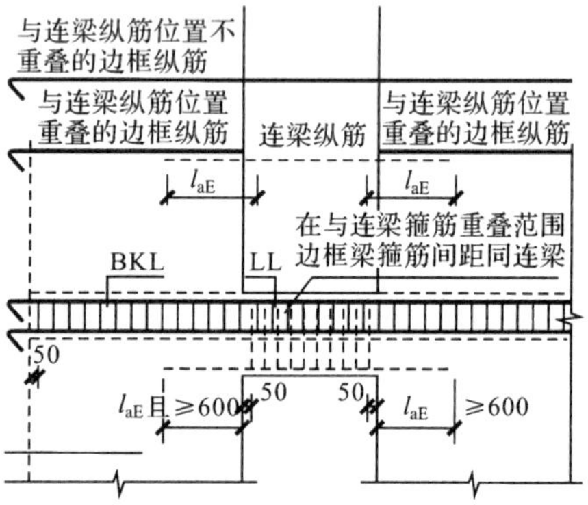
边框梁侧面水平分布筋	边框梁侧面一般设计有腰筋。当设计未注写时,侧面构造钢筋同剪力墙水平分布钢筋;边框梁侧面纵筋的拉筋要同时勾住边框梁的箍筋和水平分布钢筋;在边框梁的上部纵筋和下部纵筋的位置上不需要布置水平分布钢筋	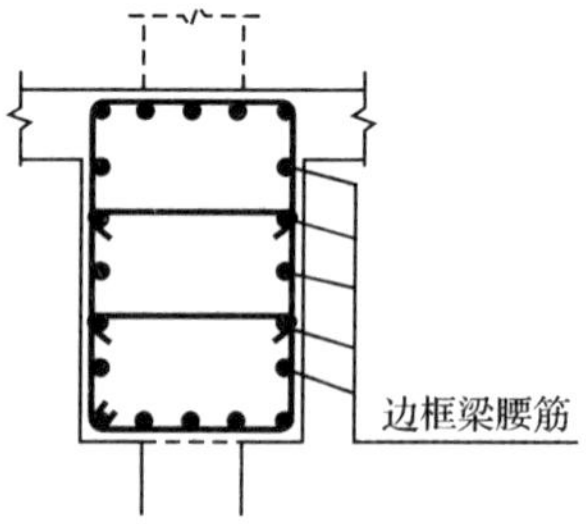
墙身竖向分布筋	边框梁不是剪力墙身的支座,所以每个楼层的剪力墙顶部设置有边框梁时,剪力墙竖向钢筋不能锚入边框梁,应当穿越边框梁直伸入上一层;顶层时剪力墙身竖向钢筋应穿越边框梁弯折入现浇板内,实现墙与板的连接	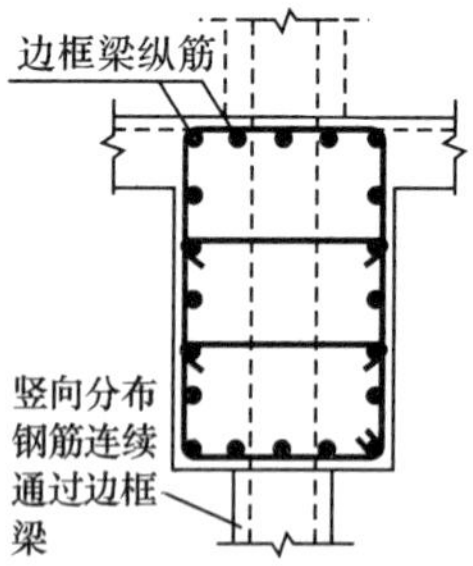
边框梁的拉筋	施工图中的剪力墙梁表主要定义边框梁的上部纵筋、下部纵筋和箍筋,拉筋规格和间距不定义,而从图集中获得。拉筋直径:当梁宽≤350 mm 时为 6 mm;当梁宽>350 mm 时为 8 mm。拉筋间距为 2 倍的箍筋间距,竖向沿侧面水平筋"隔一拉一"布置	

3. 剪力墙连梁 LL 钢筋构造

剪力墙连梁的钢筋种类包括纵筋、箍筋、拉筋和墙身水平钢筋。

(1)剪力墙连梁钢筋的构造分类见表 5-16。

表 5-16　　　　　　　　　　　　　**剪力墙连梁钢筋的构造分类**

类型	要点	图示
连梁的纵筋	相对于整个剪力墙(含墙柱、墙身、墙梁)而言,基础是其支座;但是相对于连梁而言,其支座就是墙柱和墙身。所以,连梁的钢筋设置(包括连梁的纵筋和箍筋的设置),具备"有支座"构件的某些特点,与"梁构件"有些类似。连梁以暗柱或端柱为支座,连梁主筋锚固起点应当从暗柱或端柱的边缘算起。连梁主筋锚入暗柱或端柱的锚固方式和锚固长度: (1)直锚的条件和直锚长度 当端部洞口连梁的纵筋在端支座的直锚长度≥l_{aE}且≥600 mm 时,可不必往上(下)弯折;当端部支座为小墙肢时,连梁纵筋伸至墙外侧纵筋内侧后弯折 15d;连梁纵筋在中间支座的直锚长度为 l_{aE}且≥600 mm (2)弯锚 当暗柱或端柱支座的长度小于钢筋的锚固长度时,连梁纵筋伸至墙外侧纵筋内侧后弯折 15d	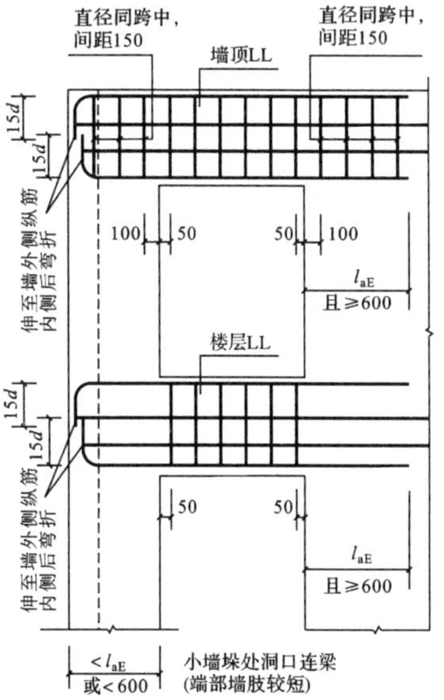
连梁的箍筋	连梁的箍筋构造: (1)楼层连梁的箍筋仅在洞口范围内设置,第一个箍筋在距支座边缘 50 mm 处开始设置 (2)顶层连梁的箍筋在全梁范围内设置,洞口范围内的第一个箍筋在距支座边缘 50 mm 处开始设置;支座范围内的第一个箍筋在距支座边缘 100 mm 处开始设置,在"连梁表"中定义的箍筋直径和间距指的是跨中的间距,而支座范围内箍筋间距就是 150 mm(设计时不必进行标注)	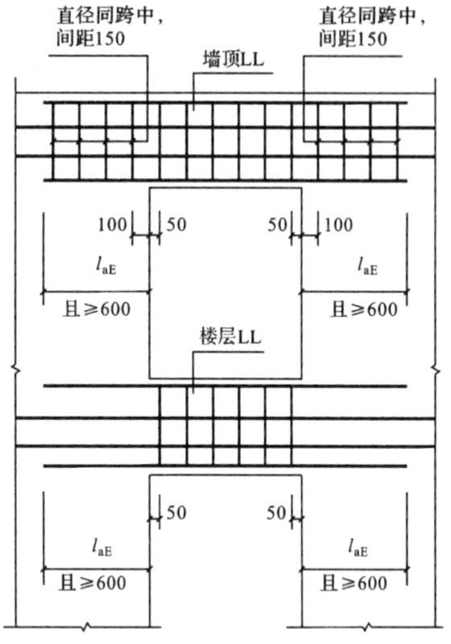
墙身水平分布筋与连梁	连梁是一种特殊位置的墙身,它是上、下楼层窗洞口之间的那部分水平窗间墙,所以,剪力墙身水平分布钢筋从连梁的外侧通过连梁;当设计未注写时,连梁的侧面构造纵筋即为剪力墙的水平分布钢筋	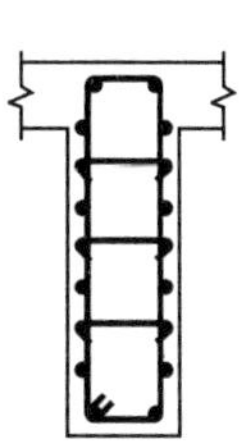
连梁的拉筋	施工图中的剪力墙梁表主要定义连梁的上部纵筋、下部纵筋和箍筋,拉筋规格和间距不定义,而从图集中获得。拉筋直径:当梁宽≤350 mm 时为 6 mm;当梁宽>350 mm 时为 8 mm。拉筋间距为 2 倍的箍筋间距,竖向沿侧面水平筋"隔 1 拉 1"布置	

（2）剪力墙连梁交叉斜筋、集中对角斜筋及对角暗撑的构造见表 5-17。

表 5-17 剪力墙连梁交叉斜筋、集中对角斜筋及对角暗撑的构造

类型	要点	图示
剪力墙连梁交叉斜筋 LL(JX)构造	连梁交叉斜筋由折线筋和对角斜筋组成；锚固长度均 $\geq l_{aE}(l_a)$ 且 ≥ 600 mm；对角斜筋就是一根贯穿连梁对角的斜筋；交叉斜筋配筋连梁的对角斜筋在梁端部位应设置拉筋，具体值见设计标注；交叉斜筋配筋连梁的水平钢筋及箍筋形成的钢筋网之间应采用拉筋拉结，拉筋直径不宜小于 6 mm，间距不宜大于 400 mm	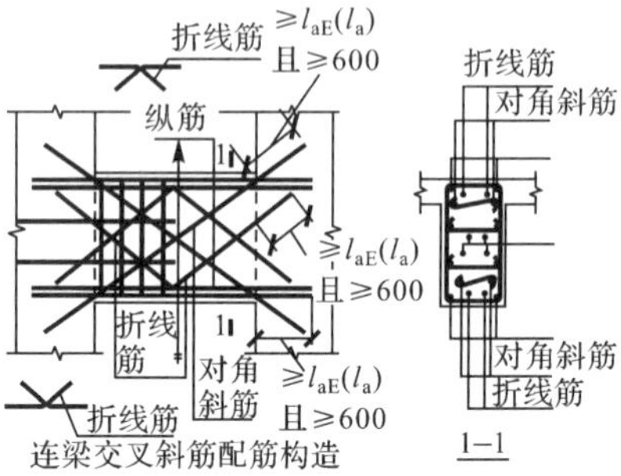 连梁交叉斜筋配筋构造
剪力墙连梁集中对角斜筋 LL(DX)构造	集中对角斜筋配筋连梁应在梁截面内沿水平方向及竖向方向设置双向拉筋，拉筋应勾住外侧纵筋，直径不应小于 8 mm，间距不应大于 200 mm	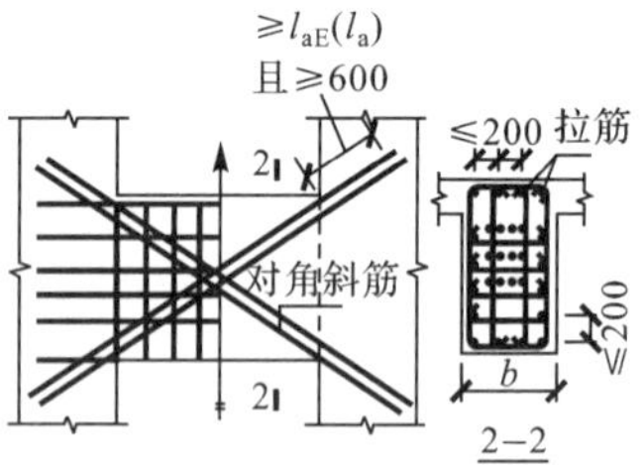 连梁集中对角斜筋配筋构造
剪力墙连梁对角暗撑 LL(JC)构造	每根暗撑由纵筋、箍筋和拉筋组成；纵筋锚固长度 $\geq l_{aE}(l_a)$ 且 ≥ 600 mm；对角暗撑的纵筋长度可参照对角斜筋的算法计算；对角暗撑配筋连梁中暗撑箍筋的外缘沿梁截面宽度方向不宜小于梁宽的一半，另一方向不宜小于梁宽的 1/5；对角暗撑连梁的水平钢筋及箍筋形成的钢筋网之间应采用拉筋拉结，拉筋直径不宜小于 6 mm，间距不宜大于 400 mm	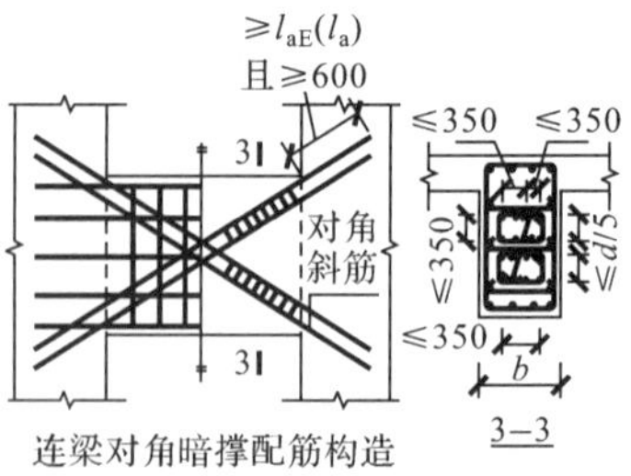 连梁对角暗撑配筋构造

剪力墙边框梁或暗梁与连梁重叠时配筋构造如图 5-10 所示。

4. 剪力墙洞口补强钢筋构造

剪力墙洞口指的是剪力墙身或连梁上的小洞口，不是指众多的门窗洞口。剪力墙结构中门窗洞口左右有墙柱、上下有连梁，已经得到了加强。剪力墙洞口是指剪力墙上通常需要为采暖、通风、消防等设备的管道预留的孔洞或为嵌入设备而开的洞口。

剪力墙柱、连梁、墙身配筋排布如图 5-11 所示。

剪力墙洞口钢筋包括补强钢筋或补强暗梁纵筋、箍筋和拉筋。剪力墙洞口补强标准构造如图 5-12 所示。

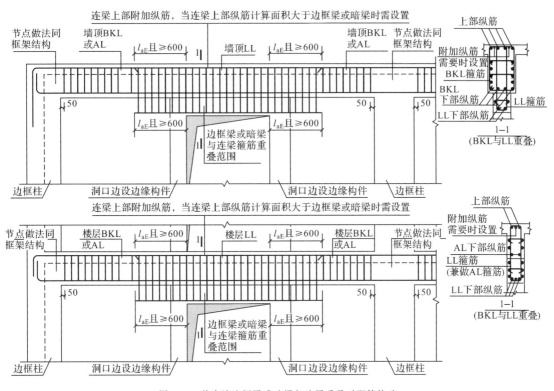

图 5-10 剪力墙边框梁或暗梁与连梁重叠时配筋构造

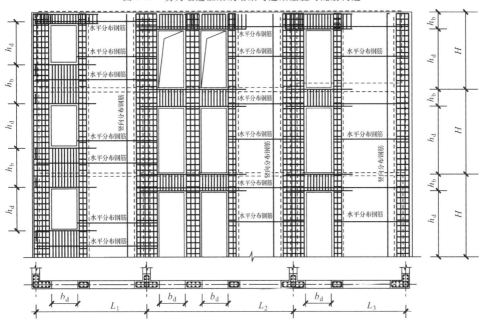

图 5-11 剪力墙柱、连梁、墙身配筋排布示意图

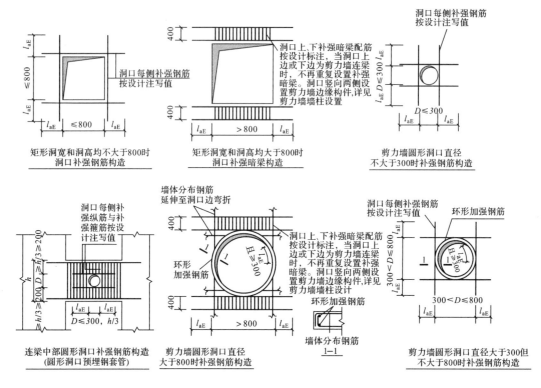

图 5-12　剪力墙洞口补强标准构造

5.4　剪力墙平法制图规则

5.4.1　剪力墙平法施工图组成和注写方式

1.剪力墙平法施工图组成

按照平法设计制图规则完成的剪力墙结构施工图包括两部分内容。

第一部分为专门绘制的剪力墙平面布置图。即在平面布置图上绘制墙身、墙柱、墙梁配筋或列表分别表达其配筋构成剪力墙平法施工图。

第二部分为剪力墙平法施工图中未包括的构件构造和节点构造设计详图,该部分内容以标准构造详图的方式统一提供(参见 16G101-1),不需设计工程师设计绘制。

2.剪力墙平法施工图的注写方式

剪力墙平法施工图的注写有截面注写和列表注写两种方式。

这两种方式均适用于各种结构类型。列表注写方式可在一张图纸上将全部剪力墙一次性表达清楚,也可以按剪力墙标准层逐层表达。截面注写方式通常需要划分剪力墙标准层后,再按标准层分别绘制。

无论截面注写方式还是列表注写方式,均应绘制剪力墙端柱、翼墙柱、转角墙柱、暗柱、短肢墙等的截面配筋图。当采用截面注写方式时,截面配筋图在原位绘制;当采用列表注写方式时,截面配筋图在表格上绘制。

在剪力墙平法施工图中,必须按规定注明各结构层的楼面标高、结构层高及相应的结构层号,除此之外,尚应注明上部结构嵌固部位的具体位置。剪力墙平法施工图截面注写方式示例如图 5-13 所示。

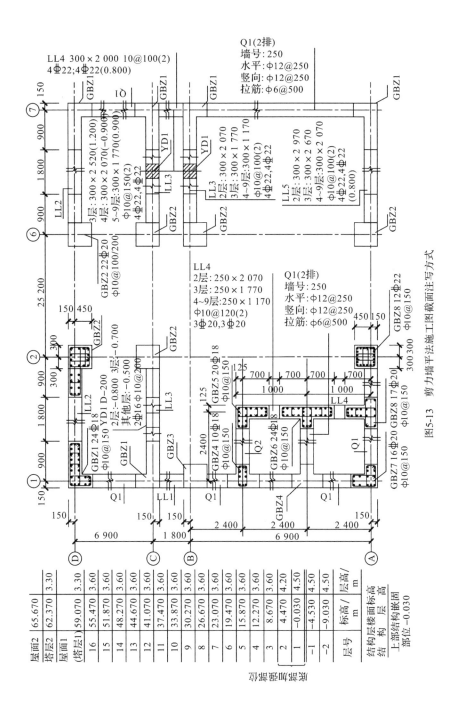

图5-13 剪力墙平法施工图截面注写方式

采用两种方式设计的图纸,单张图纸所载的信息量是有差别的,但所表达的内容实际上完全相同。因此,剪力墙标准构造详图可以分别与任何一种注写方式配合使用,且均能与平法施工图自然合并,共同构成完整的剪力墙结构施工图设计文件。

下面分别讲述剪力墙平法施工图的两种注写方式。

5.4.2 剪力墙平法施工图的截面注写方式

剪力墙平法施工图截面注写方式与柱平法施工图截面注写方式相类似,暗柱表示方法与柱平法施工图截面注写方式一致,连梁的表示方法常采用梁平法施工图平面注写方式(后述)。

1. 截面注写方式的一般要求

截面注写方式是在分标准层绘制的剪力墙平面布置图上,直接在墙柱、墙身、墙梁上注写截面尺寸和配筋具体数值,整体表达该标准层的剪力墙平法施工图。

截面注写方式的一般要求是:选用适当比例原位放大绘制剪力墙平面布置图,其中对墙柱应绘制配筋截面图,其竖向受力纵筋、箍筋和拉筋均应在截面配筋图上绘制清楚;对所有墙柱、墙身、墙梁、洞口分别按规定进行编号,并分别在相同编号的墙柱、墙身、墙梁中选择一根墙柱、一道墙身、一根墙梁、一处洞口进行注写,其他相同者仅需标注编号及所在层数即可。

截面注写方式实际上是一种综合方式,采用该方式时剪力墙的墙柱需要在原位绘制配筋截面,属于完全截面注写;而墙身则不需要绘制配筋,属于不完全截面注写;墙梁实际上是平面注写(参见本书第 4 章节有关梁的内容)。为了表述简单,将其统称为截面注写方式。

2. 剪力墙柱的截面注写

在进行标注的截面配筋图上集中注写以下内容:

(1)墙柱编号:见表 5-6;

(2)几何尺寸;

(3)墙柱全部竖向纵筋的具体数值;

(4)箍筋的具体数值。

关于截面配筋图集中的注写说明:

①墙柱编号的注写。应注意约束边缘与构造边缘构件两种墙柱的代号不同,其几何尺寸和配筋率应满足现行规范的相应规定。

②墙柱竖向纵筋的注写。对于约束边缘构件,所注纵筋不包括设置在墙柱扩展部位的竖向纵筋,该部位的纵筋规格与剪力墙身的竖向分布钢筋相同,但分布间距必须与设置在该部位的拉筋保持一致,且应小于或等于墙身竖向分布钢筋的间距。对于构造边缘构件则无墙柱扩展部分。墙柱纵筋的分布情况应在截面配筋图上直观绘制清楚。

③墙柱核心部位箍筋与墙柱扩展部位拉筋的注写。墙柱核心部位的箍筋注写竖向分布间距,且应注意采用同一间距(全高加密),箍筋的复合方式应在截面配筋图上直观绘制清楚;墙柱扩展部位的拉筋不注写竖向分布间距,其竖向分布间距与剪力墙水平分布钢筋的竖向分布间距图相同,拉筋应同时拉住该部位的墙身竖向分布钢筋和水平钢筋,拉筋应在截面配筋图上直观绘制清楚。

④各种墙柱截面配筋图上应原位加注几何尺寸和定位尺寸。

⑤在相同编号的其他墙柱上可只注写编号及必要附注。

图 5-14 为剪力墙约束边缘端柱和构造边缘端柱的截面注写示意,其余不再赘述。

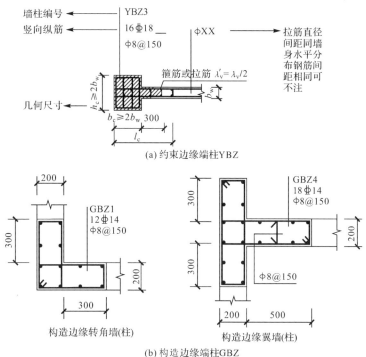

图 5-14　剪力墙约束边缘端柱和构造边缘端柱的截面注写示意

特别提示:约束边缘构件除需要注明阴影部分具体尺寸外,尚需注明约束边缘构件沿墙肢长度 l_c,约束边缘翼墙中沿墙肢长度尺寸为 $2b_f$ 时可不注。除了注写阴影部位的箍筋外,尚需注写非阴影区内布置的拉筋(或箍筋)。当仅仅 l_c 不同时,可编为同一构件,但应单独注明 l_c 的具体尺寸并标注非阴影区内布置的拉筋(或箍筋)。

3. 剪力墙身的截面注写

从相同编号的墙身中选择一道墙身,按顺序引注的内容为:

(1) 墙身编号:Q××(×排),按照表 5-7 规定编号;

(2)墙厚尺寸:×××;

(3) 水平分布钢筋/竖向分布钢筋/拉筋:Φ××@××××/Φ××@××××/ϕ××@×a@×b 双向(或梅花双向)。

剪力墙身注写示意如图 5-15。

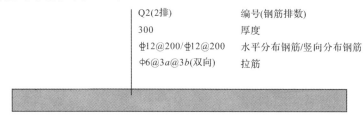

图 5-15　剪力墙身注写示意

特别提示:在剪力墙平面布置图上应注写墙身的定位尺寸,以确定剪力墙柱的位置。在相同编号的其他墙身上可仅注写编号及必要附注。

4.剪力墙梁的截面注写

在选定进行标注的剪力墙梁上集中注写：

(1)墙梁编号:见表5-8。

当连梁设有对角暗撑时,代号为LL(JG)××,注写形式为LL(JC)××,×φ××/φ××@×××　×2;注写暗撑的截面尺寸(箍筋外皮尺寸);注写一根暗撑的全部纵筋,并标注"×2",表明有两根暗撑互相交叉;注写暗撑箍筋的具体数值。如LL(JC)3,4φ20/φ10@200　×2。

当连梁设有交叉斜筋时,代号为LL(JX)××,注写方式为LL(JX)××,×φ×××2;注写连梁一侧对角斜筋的配筋值,并标注"×2",表明对称设置;注写对角斜筋在连梁端部设置的拉筋根数、规格及直径,并标注"×4",表示4个角都设置;注写连梁一侧折线筋配筋值,并标注"×2",表明对称设置。

(2)所在楼层号/(墙梁顶面相对标高高差):相对于结构层楼面变高的高差,有高差需注在括号内,无高差则不注。

(3)截面尺寸/箍筋(肢数):按本书第4章节有关梁的内容。

(4)下部纵筋、上部纵筋、侧面纵筋:按本书第4章节有关梁的内容。

剪力墙梁注写示意如图5-16所示。

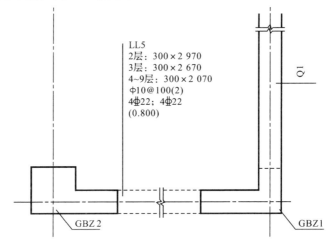

LL5
2层: 300×2 970
3层: 300×2 670
4~9层: 300×2 070
φ10@100(2)
4φ22; 4φ22
(0.800)

GBZ 2　　　GBZ1

图5-16　剪力墙梁注写示意

关于剪力墙梁的注写说明:

(1)暗梁和边框梁在施工图中直接用单线画出布置简图。

(2)当墙梁的侧面纵筋与剪力墙身的水平分布钢筋相同时,设计不注,施工按标准构造详图;当墙身水平分布钢筋不能满足连梁、暗梁及边框梁的梁侧面纵向构造钢筋的要求时,应补充注明梁侧面纵筋的具体数值,注写时,以大写字母N打头,接续注写直径与间距。在其支座内锚固要求同连梁中受力钢筋。

例如,Nφ10@150表示墙梁两个侧面纵筋对称配置为:HRB400级钢筋,直径10 mm,间距150 mm。

(3)与墙梁侧面纵筋配合的拉筋按构造详图。当构造详图不能满足要求时,设计应补充注明。

(4)在相同编号的其他墙梁上,可仅注写编号及必要附注。

5. 剪力墙洞口的表示方法

无论采用列表注写方式还是截面注写方式,剪力墙上的洞口均可在剪力墙平面布置图上原位表达。

剪力墙洞口的具体表示方法包括以下内容。

(1)在剪力墙平面布置图上绘制洞口示意,并标注洞口中心的平面定位尺寸。

例如,图 5-13 中,每层有 3 个圆洞,编号均为 YD1。洞口中心的平面定位尺寸为:①～②轴线之间的 YD1 在 c 轴线上,距②轴线尺寸为 1 800 mm。

(2)在洞口中心位置引注,有四项内容:洞口编号、洞口几何尺寸、洞口中心相对标高和洞口每边补强钢筋。

具体规定如下:

①洞口编号。矩形洞口为 JD××,圆形洞口为 YD××。例如,JD2、JD3、YD1、YD2。

②洞口几何尺寸。矩形洞口为洞宽×洞高($b×h$),圆形洞口为洞口直径 D。例如,图 5-13 中的 YD1 的原位标注的第二项内容:$D=200$ mm。

③洞口中心相对标高,即相对于结构层楼(地)面标高的洞口中心高度。当其高于结构层楼面时为正值,低于结构层楼面时为负值。例如,图 5-13 中的 YD1 的原位标注的第三项内容:2 层:-0.800;3 层:-0.700;其他层:-0.500。

④洞口每边补强钢筋。

分以下几种不同情况:

当矩形洞口的洞宽、洞高均不大于 800 mm 时,此项注写为洞口每边补强钢筋的具体数值。当洞宽、洞高方向补强钢筋不一致时,分别注写洞宽方向、洞高方向补强筋,以"/"分隔。

【例 5-1】 矩形洞口原位注写为:JD3 400×300 ＋3.100　3 ϕ 14

表示 3 号矩形洞口,洞宽 400 mm,洞高 300 mm,洞口中心高于本结构层楼面 3 100 mm,洞口每边补强钢筋为 3 ϕ 14。

【例 5-2】 矩形洞口原位注写为:JD2 500×400 －1.500

表示 2 号矩形洞口,洞宽 500 mm,洞高 400 mm,洞口中心低于本结构层楼面 1 500 mm,洞口每边补强钢筋按标准构造(图 5-12)进行配置。

【例 5-3】 矩形洞口原位注写为:JD5 800×400 ＋3.200　3 ϕ 20/3 ϕ 14

表示 5 号矩形洞口,洞宽 800 mm,洞高 400 mm,洞口中心高于本结构层楼面 3 200 mm,洞宽方向补强钢筋为 3 ϕ 20,洞高方向补强钢筋为 3 ϕ 14。

当矩形或圆形洞口的洞宽或直径大于 800 mm 时,在洞口的上、下两边需设置补强暗梁。此项注写为洞口上、下每边暗梁的纵筋与箍筋的具体数值(在标准构造详图中,补强暗梁梁高一律定为 400 mm,施工时按标准构造详图(图 5-12)取值,设计不注。当设计者采用与该标准构造详图不同的做法时,应另行注明),圆形洞口时尚需注明环向加强钢筋的具体数值;当洞口上、下两边为剪力墙连梁时,此项免注;洞口竖向两侧设置边缘构件时,也不表达此项(当洞口两侧不设置边缘构件时,设计者应给出具体做法)。

【例5-4】 矩形洞口原位注写为:JD3 1 800×2 200 +1.800 6φ20 φ8@150(2)

表示3号矩形洞口,洞宽1 800 mm,洞高2 200 mm,洞口中心高于本结构层楼面1 800 mm,洞口上、下两边设置补强暗梁,每边暗梁纵筋为6φ20,箍筋为φ8@150,双肢箍。

当圆形洞口设置在连梁中部1/3范围(且圆洞直径不应大于1/3梁高)时,需注写在圆洞上、下两边水平设置的每边补强纵筋或箍筋;当圆形洞口设置在墙身或暗梁、边框梁位置,且洞口直径不大于300 mm时,此项注写为洞口上、下、左、右每边布置的补强纵筋具体数值;当圆形洞口直径大于300 mm,但不大于800 mm时,此项注写为洞口上、下、左、右每边布置的补强纵筋的具体数值,以及环向加强钢筋的具体数值(图5-12)。

【例5-5】 圆形洞口原位注写为:YD5 1 200 +1.600 6φ22 φ8@150(2) 2φ18

表示5号圆形洞口,直径1 200 mm,洞口中心高于本结构层楼面1 600 mm,洞口上、下两边设置补强暗梁,每边暗梁纵筋为6φ22,双肢箍筋为φ8@150,环向加强钢筋为2φ18。

5.4.3 剪力墙平法施工图的列表注写方式

剪力墙的构造比较复杂,除了剪力墙自身的配筋外,还有暗梁、连梁、暗柱和边框梁等。在剪力墙平法施工图列表注写方式中,表示的内容包括剪力墙平面布置图和剪力墙表(剪力墙梁表、剪力墙身表和剪力墙柱表及剪力墙洞口表等)、结构层楼面标高及结构层高表等。

剪力墙列表注写方式是分别在剪力墙柱表、剪力墙身表和剪力墙梁表中,对应于剪力墙平面布置图上的编号,用绘制截面配筋图并注写几何尺寸与配筋具体数值的方式,来表达剪力墙平法施工图。

图5-17和图5-18所示为某建筑剪力墙平法施工图列表注写方式示例。

1. 剪力墙平面布置图

剪力墙施工图与常规表示方法相同。平面布置图表明定位轴线、剪力墙的编号、形状及与轴线的关系,图中的定位轴线与建筑施工图保持一致,剪力墙按照约束边缘构件和构造边缘构件分别进行编号,比如YBZ1、YBZ2、YBZ3、GBZ1、GBZ2、GBZ3等。

2. 剪力墙柱表

剪力墙柱表如图5-18所示。在剪力墙柱表中表达的内容有以下规定。

(1)注写墙柱编号,绘制该墙柱的截面配筋图,标注墙柱几何尺寸。

约束边缘构件需注明阴影部分尺寸。剪力墙平面布置图中应注明约束边缘构件沿墙肢长度 l_c。约束边缘翼墙中沿墙肢长度尺寸为 $2b_f$ 时不注。构造边缘构件需注明阴影部分尺寸。扶壁柱和非边缘暗柱需标注几何尺寸。

剪力墙梁表

编号	所在楼层号	梁顶相对标高高差	梁截面 b×h	上部纵筋	下部纵筋	箍筋
LL1	2~9	0.800	300×2 000	4Φ22	4Φ22	Φ10@100(2)
	10~16	0.800	250×2 000	4Φ20	4Φ20	Φ10@100(2)
	屋面1		250×1 200	4Φ20	4Φ20	Φ10@100(2)
LL2	3	-1.200	300×2 520	4Φ22	4Φ22	Φ10@150(2)
	4	-0.900	300×2 070	4Φ22	4Φ22	Φ10@150(2)
	5~9	-0.900	300×1 770	4Φ22	4Φ22	Φ10@150(2)
	10~屋面1	-0.900	250×1 770	3Φ22	3Φ22	Φ10@150(2)
LL3	2		300×2 070	4Φ22	4Φ22	Φ10@100(2)
	3		300×1 770	4Φ22	4Φ22	Φ10@100(2)
	4~9		300×1 170	4Φ22	4Φ22	Φ10@100(2)
	10~屋面1		250×1 170	3Φ22	3Φ22	Φ10@100(2)
LL4	2		250×2 070	3Φ20	3Φ20	Φ10@120(2)
	3		250×1 770	3Φ20	3Φ20	Φ10@120(2)
	4~屋面1		250×1 170	3Φ20	3Φ20	Φ10@120(2)
AL1			300×600	3Φ20	3Φ20	Φ8@150(2)
			250×500	3Φ18	3Φ18	Φ8@150(2)
BKL1	屋面1		500×750	4Φ22	4Φ22	Φ10@150(2)

剪力墙身表

编号	标高	墙厚	水平分布钢筋	垂直分布钢筋	拉筋(双向)
Q1	-0.030~30.270	300	Φ12@200	Φ12@200	Φ6@600@600
	30.270~59.070	250	Φ10@200	Φ10@200	Φ6@600@600
Q2	-0.030~30.270	250	Φ10@200	Φ10@200	Φ6@600@600
	30.270~59.070	200	Φ10@200	Φ10@200	Φ6@600@600

图5-17　某建筑剪力墙平法施工图列表注写方式示例（一）

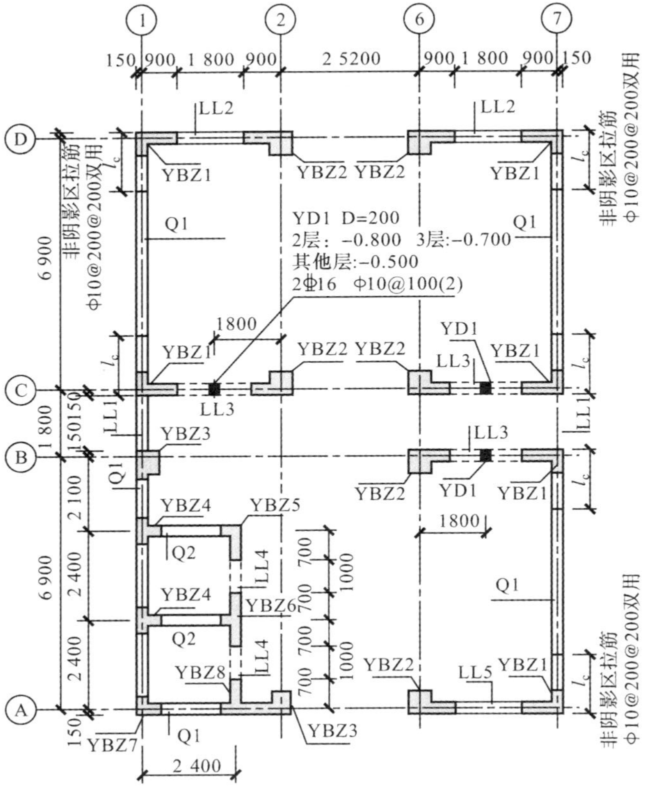

-0.030~-12.270剪力墙平法施工图
（剪力墙柱表见下页）

1. 可在结构层高表中加设混凝土强度等级等栏目。
2. 本示例中 l_c 为约束边缘构件沿墙肢的伸出长度实际应注明具体值，约束边
缘构件伴阴影区拉筋（除阴影区外：竖向与水平分布钢筋支点处均设置直径Φ8。

剪力墙柱表

截面				
编号	YBZ1	YBZ2	YBZ3	YBZ4
标高	−0.030~12.270	−0.030~12.270	−0.030~12.270	−0.030~12.270
纵筋	24Φ20	22Φ20	18Φ20	20Φ20
箍筋	Φ10@100	Φ10@100	Φ10@100	Φ10@100
截面				
编号	YBZ5	YBZ6		YBZ7
标高	−0.030~12.270	−0.030~12.270		−0.030~12.270
纵筋	20Φ20	23Φ20		16Φ20
箍筋	Φ10@100	Φ10@100		Φ10@100

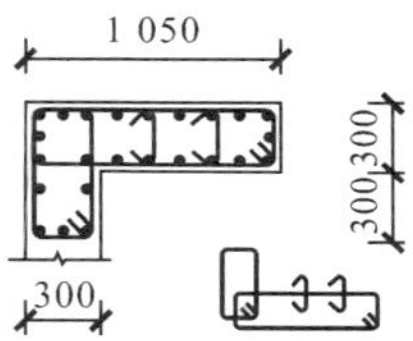

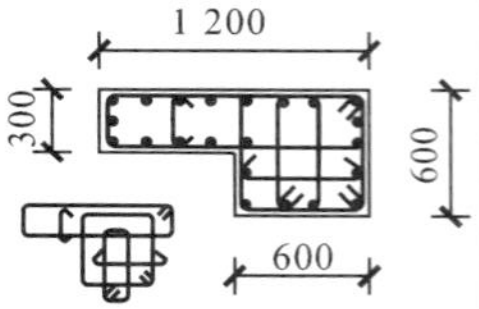

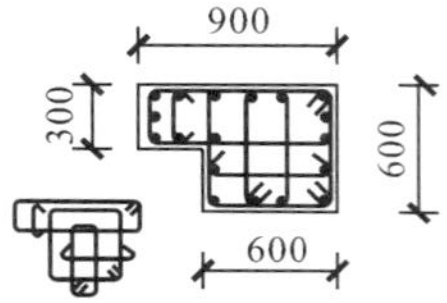

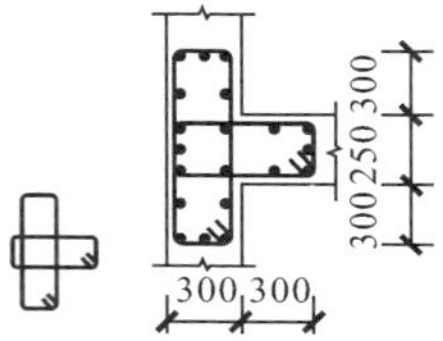

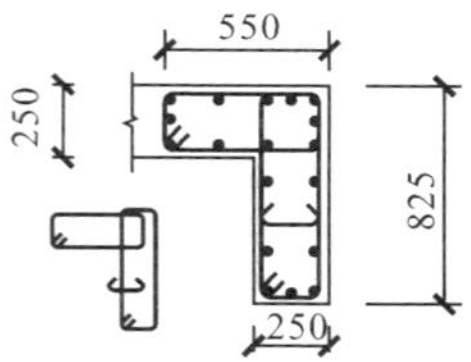

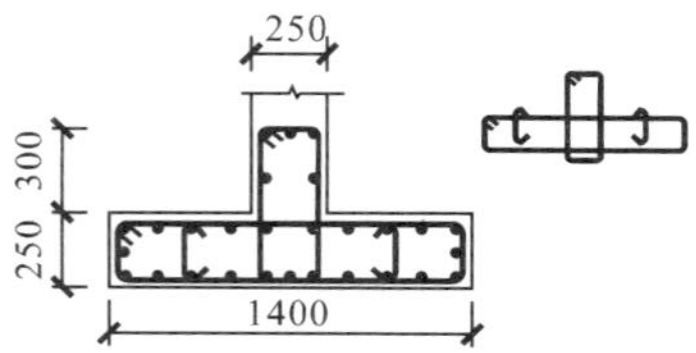

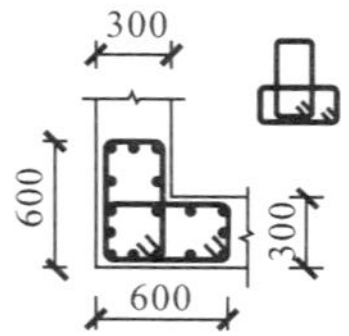

−0.030~12.270剪力墙平法施工图(部分剪力墙柱表)

	结构层楼面标高 结构层高	
	屋面2	65.670	3.30
	塔层2	62.370	3.30
屋面1 (塔层1)	59.070	3.60
16	55.470	3.60
15	51.870	3.60
14	48.270	3.60
13	44.670	3.60
12	41.070	3.60
11	37.470	3.60
10	33.870	3.60
9	30.270	3.60
8	26.670	3.60
7	23.070	3.60
6	19.470	3.60
5	15.870	3.60
4	12.270	3.60
3	8.670	3.60
2	4.470	4.20
1	−0.030	4.50
−1	−4.530	4.50
−2	−9.030	4.50
层号	标高/m	层高/m

上部结构嵌固部位:
−0.030

图5−18 某建筑剪力墙平法施工图列表注写方式示例(二)

(2)注写各段墙柱的起止标高。

各段墙体的起止标高自墙柱根部往上以变截面位置或截面未变但配筋改变处为界分段注写。墙柱根部标高一般指基础顶面标高(部分框支剪力墙结构则为框支梁顶面标高)。

(3)注写各段墙柱的纵筋和箍筋。

各段墙柱的纵筋与箍筋注写值应与在表中绘制的截面配筋图对应一致。纵筋注写总配筋值;墙柱箍筋与柱箍筋的注写方式相同。值得注意的是,对于约束边缘构件,除注写阴影部位的箍筋外,尚需在剪力墙平面布置图中注写非阴影区内布置的拉筋(或箍筋)。所有墙柱纵筋搭接长度范围内的箍筋间距应按要求加密。

3. 剪力墙身表

剪力墙身表如图 5-17 所示。在剪力墙身表中表达的内容有以下规定。

(1)注写墙身编号必须含有水平与竖向分布钢筋的排数。

(2)注写各段墙身起止标高时,自墙身根部往上以变截面位置或截面未变但配筋改变处为界分段注写。墙身根部标高一般指基础顶面标高(部分框支剪力墙结构则为框支梁顶面标高)。

(3)注写水平分布钢筋、竖向分布钢筋和拉筋的具体数值。注写数值为一排水平分布钢筋和竖向分布钢筋的规格与间距,具体设置几排已经在墙身编号后面表达。

4. 剪力墙梁表

剪力墙梁表如图 5-17 所示。在剪力墙梁表中表达的内容有以下规定。

(1)注写墙梁编号,例如 LL1、LL2、LL(JX)1、LL(JC)1 等。

(2)注写墙梁所在楼层号。

(3)注写墙梁顶面标高高差,即相对于墙梁所在结构层楼面标高的高差值。高于者为正值,低于者为负值,当无高差时不注。

(4)注写墙梁截面 $b \times h$。

(5)注写墙梁上部纵筋、下部纵筋和箍筋的具体数值。

(6)当墙梁的侧面纵筋与剪力墙身的水平分布钢筋相同时,表中不注;否则应补充注明梁侧面纵筋的具体数值。注写时,以大写字母 G 打头,接续注写直径与间距。

5. 结构层楼面标高及结构层高

结构层楼面标高及结构层高与柱列表注写方式相同。

6. 剪力墙列表注写方式的综合表达

图 5-17 和图 5-18 是采用列表注写方式表达的剪力墙平法施工图示例。限于图幅,无法将一个剪力墙的墙梁、墙身、墙柱在教材的一页同时表达,而是分在两页上。特别注意:可在结构层楼面标高、结构层高表中加设混凝土强度等级等;本示例中 l_c 为约束边缘构件沿墙肢的伸出长度(实际工程中应注具体值),约束边缘构件非阴影区竖向与水平钢筋交点处均设置拉筋(除图中有标注外),直径为 8 mm。

实际进行设计时,仅需一张图纸即可完整表达包括所有墙梁、墙身、墙柱的剪力墙平法施工图。

图 5-17 和图 5-18 在表中表达剪力墙梁、墙身、墙柱的几何尺寸和配筋,而且直接在剪

力墙平面布置图上表达墙洞的内容,这表明在实际设计时,可以根据具体情况,灵活地混合采用不同的表达方式。

5.5 剪力墙钢筋计算与工程实例

在框架结构的钢筋计算中,剪力墙是较难计算的构件,计算剪力墙钢筋时要注意以下几点:

(1)剪力墙身、墙柱、墙梁及洞口之间的关系;

(2)剪力墙在平面上有直角、翼墙、转角墙、斜交墙等各种转角形式;

(3)剪力墙在立面上有各种洞口;

(4)剪力墙身钢筋可能有双排或多排布置,且可能每排钢筋不同;

(5)剪力墙柱有多种箍筋组合;

(6)剪力墙连梁要区分顶层与中间层,依据洞口的位置不同计算方法也不同。

5.5.1 剪力墙钢筋计算

1.剪力墙身钢筋计算

剪力墙身钢筋包括水平分布钢筋、竖向分布钢筋和拉筋,其钢筋计算如表 5-18 所示。

表 5-18 剪力墙身钢筋计算

钢筋	计算内容		计算公式	图示
水平分布钢筋(参考 16G101 图集第 71 页)	长度	墙端为暗柱,外侧钢筋连续通过时	外侧钢筋=墙长－2×保护层厚度; 内侧钢筋=墙长－2×保护层厚度+15d×2	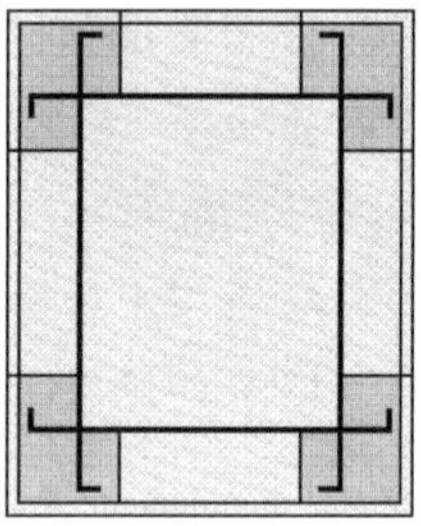
		墙端为暗柱,外侧钢筋不连续通过时	外侧钢筋=墙长－2×保护层厚度+0.8l_a×2; 内侧钢筋=墙长－2×保护层厚度+15d×2	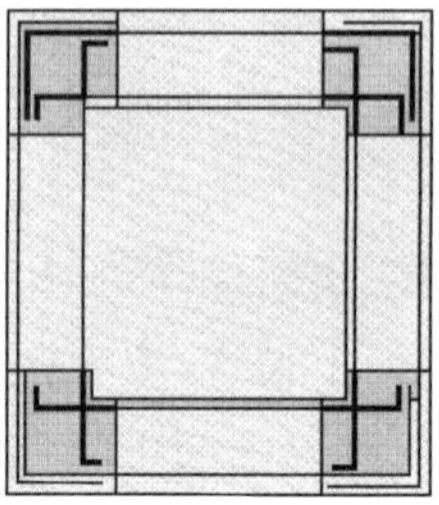

钢筋	计算内容		计算公式	图示
水平分布钢筋（参考16G101图集第71页）	长度	墙端为端柱时	外侧钢筋＝墙长－2×保护层厚度＋15d×2； 内侧钢筋＝墙长－2×保护层厚度＋15d×2	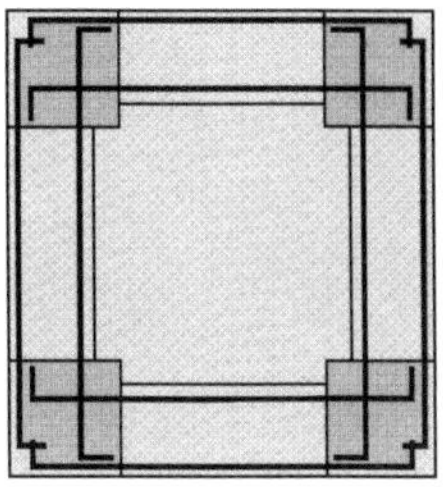
		墙端无暗柱也无端柱时	钢筋＝墙长－2×保护层厚度＋10d×2	
	数量	基础层水平钢筋根数	根数＝（基础高度－基础保护层厚度－100)/500＋1	
		中间层及顶层水平钢筋根数	根数＝（层高－100)/间距＋1	
竖向分布钢筋（参考16G101图集第73页）	长度	墙基础插筋	当 $h_j>l_{aE}(l_a)$ 时， 基础插筋长度＝弯折长度6d＋h_j－保护层厚度－底层钢筋直径＋搭接长度1.2 l_{aE}； 当 $h_j \leqslant l_{aE}(l_a)$ 时， 基础插筋长度＝弯折长度15d＋h_j－保护层厚度－底层钢筋直径＋搭接长度1.2 l_{aE}	
		墙中间层竖向钢筋	中间层纵筋＝层高＋搭接长度1.2 l_{aE}（如焊接或机械连接则不计搭接长度）	
		墙顶层竖向钢筋	顶层纵筋＝层高－保护层厚度＋12d	
	数量	墙身竖向分布钢筋	墙身竖向分布钢筋根数＝（墙身净长－2×竖向间距)/竖向布置间距＋1	
拉筋	长度		单个拉筋长度＝墙宽－2×保护层厚度＋2×1.9d＋max(10d,75）×2	
	数量		拉筋根数＝墙净面积/横向间距×纵向间距	

2.剪力墙梁钢筋计算

在框剪结构中暗梁和边框梁的纵向钢筋和箍筋构造可参考框架梁。这里讨论连梁的钢筋计算。计算连梁钢筋要区分顶层与中间层，依据洞口的位置不同采用不同的计算方法。剪力墙连梁钢筋计算见表5-19。

表 5-19   剪力墙连梁钢筋计算

钢筋	计算内容		计算公式	图示
中间层连梁钢筋计算	长度	墙端部洞口连梁	连梁纵筋长度＝洞口宽＋墙端支座锚固长度＋中间支座锚固 $\max(l_{aE},600)$； 当端部墙肢较短时，端部锚入长度＝墙厚－墙保护层厚度－墙水平筋直径－竖向筋直径＋15d； 当端部直锚长度≥$l_{aE}(l_a)$且≥600 mm 时，可不必弯折	 小墙垛处洞口连梁（端部墙肢较短）
		墙中部洞口连梁	连梁纵筋长度＝洞口宽＋中间支座锚固 $\max(l_{aE},600)\times2$	
	数量	箍筋	箍筋根数＝（洞口宽－50×2)/间距＋1	
顶层连梁钢筋计算	长度		纵筋的长度计算同中间层，箍筋长度计算同梁	
	数量	箍筋	箍筋根数＝[（洞口宽－50×2)/箍筋间距＋1]＋[（伸入一端墙内平直段长度－100)/150＋1]×2	
连梁拉筋计算	拉筋总根数		拉筋总根数＝布置拉筋排数×每排根数	
	布置拉筋排数		布置拉筋排数＝[（连梁高－2×保护层高度)/水平间距＋1]/2	
	每排根数		每排根数＝（连梁净跨－50×2)/连梁拉筋间距＋1	单洞口连梁（单跨）

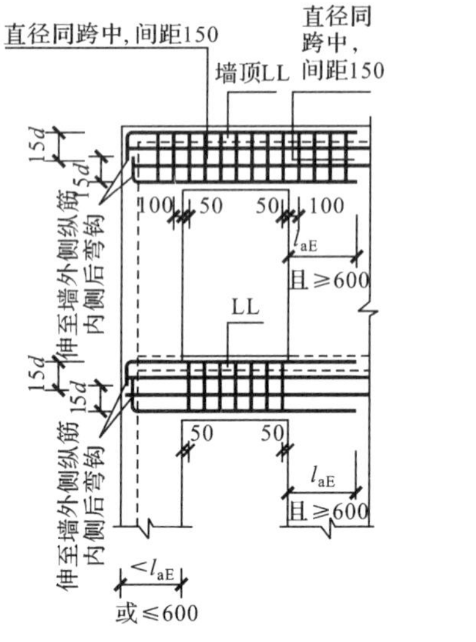

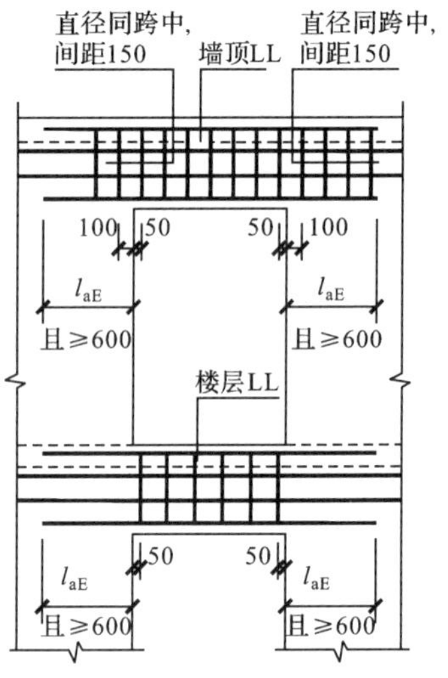

3.剪力墙柱钢筋计算

剪力墙柱分端柱和暗柱，其中端柱钢筋的计算同第 3 章框架柱的计算，暗柱纵筋的计算同墙身竖向筋，本章不再详解。

5.5.2 剪力墙钢筋计算工程实例

【例 5-6】 剪力墙平法施工图见图 5-19，工程信息见表 5-20，要求计算 Q2、LL3 的钢筋。

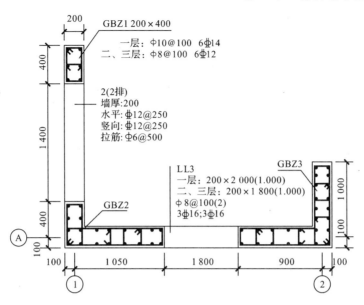

图 5-19　剪力墙平法施工图

表 5-20　　　　　　　　　　　　　　　　　　　　**工程信息表**

层号	墙顶标高	层高	说明
3	11.050	3.3	剪力墙、基础混凝土强度等级为 C30，抗震等级为三级，基础保护层厚度为 40 mm，现浇板厚度为 150 mm。钢筋直径 $d \leqslant 14$ mm 时为绑扎搭接，$d > 14$ mm 时为焊接
2	7.750	3.3	
1	4.450	4.5	
基础	−1.000	基础到一层地面 1.0	

1. Q2 钢筋计算

Q2 钢筋计算见表 5-21。

表 5-21　　　　　　　　　　　　　　　　　　　　**Q2 钢筋计算**

钢筋名称	计算内容	计算式	合计	备注
水平分布钢筋Φ12@250	长度	$l=$墙净长+锚固长度+墙长−2×墙厚 $c+10d+15d=400+1\,400+500-2\times15+25\times12=2\,570$ mm	2 570 mm	内侧水平分布钢筋长度同上
	根数	基础内 $n=\max\{2,[(800-100-40-2\times20)/500+1]\}=3$ 根；1 层 $n=($层高$-50)/$间距$+1=(5\,500-50)/250=23$ 根；2、3 层 $n=(3\,300-50)/250=13$ 根；单根数=单侧根数×排数=$(3+23+13\times2)\times2=104$ 根	104 根	
竖向分布钢筋Φ12@250	长度	因为 $h_j=800>l_{aE}=37\times12=444$，所以采用墙插筋在基础中锚固构造（一），即弯折 $6d=6\times12=72$ mm；本工程抗震等级为三级，故竖向分布钢筋可在统一部位搭接，基础插筋 $l=$弯折长度+（h_j−基础 c−基础 d_x−基础 d_y）+$1.2l_{aE}=72+(800-40-20-20)+1.2\times444=1\,325$ mm	14 620 mm	
		1、2 层 $l=($1 层高+上层搭接长度$)+($2 层高+上层搭接长度$)=(5\,500+1.2\times444)+(3\,300+1.2\times444)=9\,866$ mm；3 层 $l=$层高$-c+12d=3\,300-15+12\times12=3\,429$ mm		

钢筋名称	计算内容	计算式	合计	备注
竖向分布钢筋 Φ 12@250	根数	单侧 $n=$（墙净长－2×半个间距）/间距＋1＝（1 400－250）/250＋1＝6 根； 总根数＝单侧根数×排数＝6×2＝12 根	12 根	
拉筋 ϕ 6@500	长度	$l=b-2c+150+4.8d=349$ mm	349 mm	
	数量	双向拉筋 $n=$ 净墙面积/横向间距×竖向间距； 基础层：横向 $n=$（1 400－250）/500＋1＝4 根；竖向：共 3 道水平筋，故拉筋设 2 道，基础层共 4×2＝8 根； 1 层 $n=$1 400×5 500/500×500＝31 根； 2、3 层 $n=$2×（1 400×3 300/500×500）＝37 根； 总根数 $=$8＋31＋37＝76 根	76 根	

合计长度：Φ 12：42.724 m　ϕ 6：26.524 m

2. LL3 钢筋计算

LL3 钢筋计算见表 5-22。

表 5-22　　　　　　　　　　　　　　　　　LL3 钢筋计算

钢筋	计算内容	计算式	长度/m	备注
纵向钢筋	上下纵筋各 3 Φ 16	锚固长度 $=$ max（l_{aE},600）$=$ max（37×16＝592,600）$=$600 mm； $l=$ 洞口宽＋左锚固值＋右锚固值＝1 800＋600＋600＝3 000 mm； 总长度 $=$3×6×3 000＝54 000 mm	54.000	
箍筋	1 层 200×2 000 ϕ 8@100	长度 $l=2(b+h)-8c+19.8d-4d=2×（200＋2 000）-8×15＋19.8×8-4×12＝4 390$ mm； 根数 $n=$（洞口宽－2×50）/间距＋1＝（1 800－100）/100＋1＝18 根； 总长度 $l=$18×4 390＝79 020 mm	79.020	每个区段内箍筋根数取整数后再继续汇总
	2、3 层 200×1 800 ϕ 8@100	长度 $l=2×（200＋1 800）-8×15＋19.8×8-4×12＝3 990$ mm； 2 层根数 $n=$18 根； 3 层根数 $n=$洞口范围根数＋2×锚固区根数＝[（1 800－100）/100＋1]＋[（600－100）/150＋1]×2＝28 根； 总长度 $l=$（18＋28）×3 990＝183 540 mm	171.570	
侧面筋	按水平分布钢筋确定：Φ 12@250	锚固长度 $=$max（l_{aE},600）$=$max（37×12＝444 600）$=$600 mm； $l=$ 洞口宽＋左锚固值＋右锚固值＝1 800＋600＋600＝3 000 mm； 单侧根数 $n=$（连梁高－2c）/水平间距－1； 1 层 $n=$（2 000－2×15）/250－1＝7 根； 2、3 层 $n=$（1 800－2×15）/250－1＝6 根； 总根数 $n=$2×（7＋2×6）＝38 根； 总长度 $l=$38×3 000＝11 4000 mm	114.000	

（续表）

钢筋	计算内容	计算式	长度/m	备注
拉筋	$\phi 6$	长度 $l=b-2c+150+4.8d=200-2×15+150+4.8×6=349$ mm； 横向根数 $n=$（洞口宽－2×50）/2×箍筋间距＋1＝$(1\,800-2×50)/2×100+1=10$ 根； 竖向根数 $n=$（连梁高－2c）/2×水平间距－1， 1 层 $n=(2\,000-2×15)/2×250-1=3$ 根； 2、3 层 $n=(1\,800-2×15)/2×250-1=3$ 根； 总根数 $n=(3+3+3)×10=90$ 根； 总长度 $l=90×349=31\,410$ mm	31.410	竖向拉筋沿侧面水平筋隔 1 拉 1

合计长度：ϕ 16:54.000 m，ϕ 12:114.000 m，Φ 8:262.560 m，Φ 6:31.410 m

复习思考题

1. 剪力墙设计与框架柱或梁类构件设计有何区别？

2. 如何给墙柱编号？

3. 约束边缘构件和构造边缘构件各包含哪四种构件？

4. Q2(3 排)含义是什么？剪力墙钢筋网排数是如何规定的？

5. 如何给剪力墙梁和剪力墙洞口编号？

6. 如何识读剪力墙身水平钢筋构造图？

7. 如何识读剪力墙身竖向钢筋构造？

8. 如何识读双向拉筋与梅花双向拉筋？

9. 如何识读墙身插筋在基础内的锚固构造？

10. 如何识读约束边缘构件 YBZ、构造边缘构件 GBZ 的水平横截面配筋构造？

11. 如何识读剪力墙连梁 LL 配筋构造？

12. 如何识读剪力墙连梁 LL、暗梁 AL、边框梁 BKL 侧面纵筋和拉筋构造？

13. 如何识读剪力墙连梁交叉斜筋 LL(JX)、集中对角斜筋 LL(DX)、对角暗撑 LL(JC)配筋构造？

14. 如何识读剪力墙洞口补强钢筋标准构造？

15. 剪力墙平法施工图有哪两种注写方式？

16. 剪力墙截面注写方式是什么。

17. 请识读图 5-13 某建筑剪力墙平法施工图截面注写方式示例图中的 GBZ、LL、Q2、YD 等构件。

18. 矩形洞口原位注写为 JD2　600×400　＋3.000　318/316,其表示的含义是什么？

19. 圆形洞口原位注写为 YD1　D＝200　2 层：－0.800　3 层：－0.700　其他层：－0.500 2ϕ16　ϕ10 @100 (2),其表示的含义是什么？

20. 识读图 5-17 和 5-18 某建筑剪力墙平法施工图列表注写方式示例。

习　题

计算图 5-19 所示墙柱 GBZ1 的所有钢筋长度。

第5章习题答案

第5章补充例题答案

第6章 板式楼梯平法识图

微课18

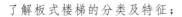

学习目标

了解板式楼梯的分类及特征；

掌握板式楼梯平法施工图制图规则，能够熟练识读梯板平法施工图；

熟悉各种梯板的钢筋构造要求，能够熟练应用梯板标准构造详图进行梯板钢筋的布置和梯板钢筋的计算。

6.1 板式楼梯基本知识

6.1.1 概 述

1.楼梯的分类

钢筋混凝土楼梯按施工方法的不同可分为整体式和装配式两种楼梯。按结构形式的不同又可分为板式楼梯、梁式楼梯、悬挑楼梯和螺旋楼梯等。本章介绍钢筋混凝土现浇板式楼梯。

2.板式楼梯的组成

板式楼梯主要由踏步段、梯梁（层间梯梁和楼层梯梁）、平板（层间平板和楼层平板）等组成，如图 6-1 所示。

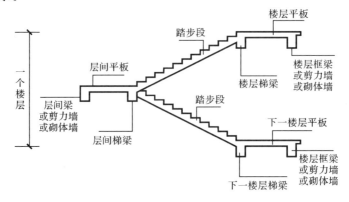

图 6-1 板式楼梯的组成

6.1.2　板式楼梯的类型

根据梯板截面形状和支座位置的不同,现浇混凝土板式楼梯包含 12 种类型,见表 6-1。

表 6-1　　　　　　　　　　　　　　　　楼梯类型

楼板代号	适用范围		是否参与结构整体抗震计算	示意图
	抗震构造措施	适用结构		
AT	无	剪力墙、砌体结构	不参与	图 6-2
BT				
CT	无	剪力墙、砌体结构	不参与	图 6-3
DT				
ET	无	剪力墙、砌体结构	不参与	图 6-4
FT				图 6-5
GT	无	剪力墙、砌体结构	不参与	图 6-6
ATa	有	框架结构、框剪结构中框架部分	不参与	图 6-7
ATb			不参与	
ATc			参与	
CTa	有	框架结构、框剪结构中框架部分	不参与	图 6-8
CTb			不参与	

注:ATa、CTa 低端设滑动支座支承在梯梁上;ATb、CTb 低端设滑动支座支承在挑板上。

板式楼梯按梯段形式不同可分为单跑楼梯和双跑楼梯,其中双跑楼梯又分为两类。不同类别的板式楼梯所包含的构件内容各不相同。

1. 单跑楼梯

单跑楼梯包括 AT～ET 共 5 种板式楼梯,楼梯截面形状与支座位置示意如图 6-2～图 6-4 所示。

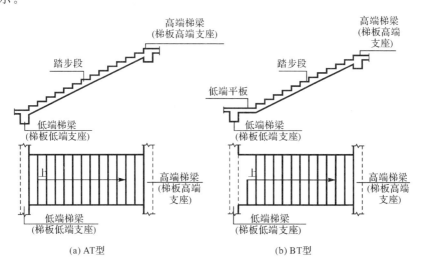

(a) AT 型　　　　　　　　　　　　　　(b) BT 型

图 6-2　AT、BT 型楼梯截面形状与支座位置示意

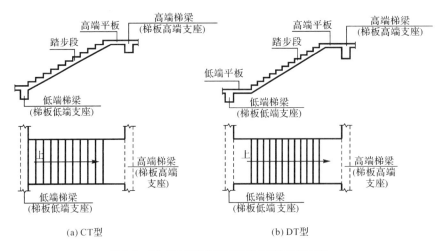

图 6-3　CT、DT 型楼梯截面形状与支座位置示意

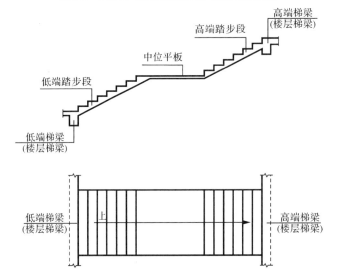

图 6-4　ET 型楼梯截面形状与支座位置示意

(1)单跑楼梯的共同点

①只包含踏步段——低端梯梁和高端梯梁之间为单跑矩形梯板；

②踏步段的每一个踏步的水平宽度、高度相等；

③设置低端梯梁和高端梯梁，但不计入"楼梯"范围；

④不包含层间平板和楼层平板；

⑤踏步段的钢筋只锚入低端梯梁和高端梯梁，与平板不发生联系。

(2)单跑楼梯的不同点

①AT 型矩形楼梯全部由踏步段构成；

②BT 型矩形楼梯由低端平板和踏步段构成；

③CT 型矩形楼梯由踏步段和高端平板构成；

④DT 型矩形楼梯由低端平板、踏步段和高端平板构成；

⑤ET 型矩形楼梯由低端踏步段、中位平板和高端踏步段构成。

2. 双跑楼梯

按梯板的构成不同,双跑楼梯可分为两类,一类是包含整个楼梯间的双跑楼梯(FT型),另一类是不包含楼层梯梁的双跑楼梯(GT型)。

FT 和 GT 型板式楼梯截面形状与支座位置示意如图 6-5 和图 6-6 所示。

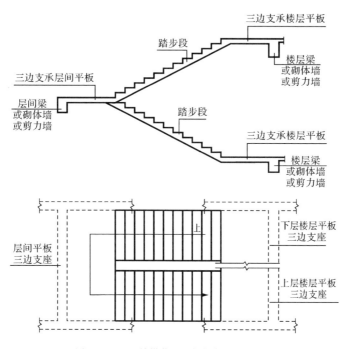

图 6-5　FT 型楼梯截面形状与支座位置示意

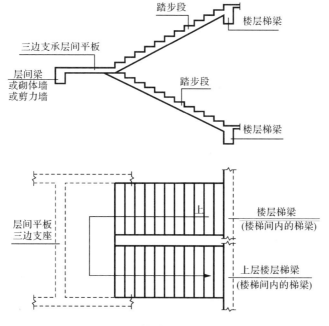

图 6-6　GT 型楼梯截面形状与支座位置示意

(1)FT 型双跑楼梯的特点

①矩形楼梯由楼层平板、双跑踏步段与层间平板构成;

②同一楼层内各踏步段的水平净长相等,总高度相等;

③包含层间平板,层间平板与高端踏步段、低端踏步段连续配筋;

④不设置层间梯梁,高端踏步段、低端踏步段直接支承在层间平板上;

⑤包含楼层平板,楼层平板与低端踏步段、高端踏步段连续配筋;

⑥不设置楼层梯梁,低端踏步段、高端踏步段直接支承在楼层平板上;

⑦FT 型双跑楼梯楼层平板及层间平板均采用三边支承。

(2)GT 型双跑楼梯的特点

①矩形梯板由双跑踏步段与层间平板构成;

②同一楼层内各踏步段的水平净长相等,总高度相等;

③包含层间平板,层间平板与高端踏步段、低端踏步段连续配筋;

④不设置层间梯梁,高端踏步段、低端踏步段直接支承在层间平板上;

⑤需设置楼层梯梁,但不计入"楼梯"范围;

⑥不包含楼层平板;

⑦踏步段的钢筋只锚入楼层梯梁,与楼层平板不发生联系;

⑧层间平板均采用三边支承。

3. ATa、ATb、ATc 型板式楼梯

ATa、ATb、ATc 型板式楼梯截面形状与支座位置示意如图 6-7 所示。

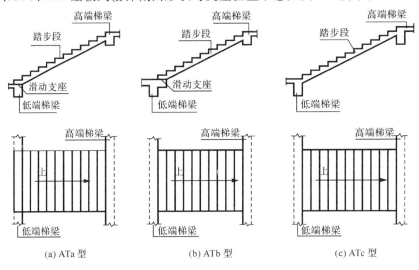

(a) ATa 型　　　　　(b) ATb 型　　　　　(c) ATc 型

图 6-7　ATa、ATb、ATc 型板式楼梯截面形状与支座位置示意

ATa、ATb、ATc 型板式楼梯的主要特点:

①ATa、ATb、ATc 型板式楼梯全部由踏步段构成;

②ATa、ATb、ATc 型板式楼梯加强了梯板的构造措施,除了采用双层双向配筋(即上部纵筋贯通设置)以外,ATa、ATb 型梯板两侧设置附加钢筋;

③ATc 型梯板两侧设置边缘构件(暗梁);

④当选用 ATa、ATb、ATc 型楼梯时,设计者应根据具体工程情况给出楼梯的抗震

等级；

⑤当选用 ATa 或 ATb 型楼梯时,应指定滑动支座的做法,当采用与图集不同的构造做法时,由设计者另行处理。

4. CTa、CTb 型板式楼梯

CTa、CTb 型板式楼梯截面形状与支座位置示意如图 6-8 所示。

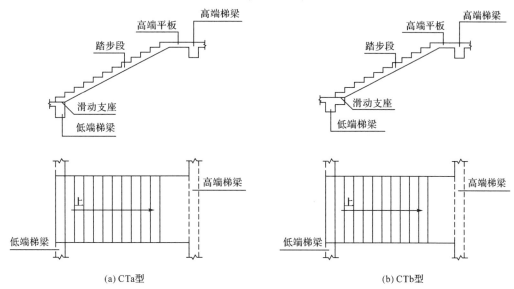

(a) CTa型　　　　　　　　　　　　　(b) CTb型

图 6-8　CTa、CTb 型板式楼梯截面形状与支座位置示意

CTa、CTb 型板式楼梯的主要特点：

①CTa、CTb 型为带滑动支座的板式楼梯,梯板由踏步段和高端平板构成,其支承方式为梯板高端支承在梯梁上。CTa 型梯板低端带滑动支座支承在梯梁上,CTb 型梯板低端带滑动支座支承在挑板上。

②CTa、CTb 型梯板采用双层双向配筋。

当梯梁支承在梯柱上时,其构造应符合第 2 章中框架梁 KL 的构造做法,箍筋宜全长加密。

6.2　板式楼梯平法施工图的表示方法

现浇混凝土板式楼梯平法施工图有平面注写、剖面注写和列表注写三种表达方式,设计者可根据工程具体情况任选一种。

本节主要表述梯板的表达方式,与楼梯相关的平台板、梯梁、梯柱的注写方式分别按前面章节的内容执行,本节不再赘述。

6.2.1　板式楼梯平面布置图

楼梯平面布置图应按照楼梯标准层,采用适当比例集中绘制,需要时绘制其剖面图。

为方便施工,在集中绘制的板式楼梯平法施工图中,宜注明各结构层的楼面标高、结构层高及相应的结构层号。

6.2.2 板式楼梯的平面注写方式

楼梯的平面注写方式是在楼梯平面布置图上注写截面尺寸和配筋具体数值来表达楼梯施工图,包括集中标注和外围标注。

1. 集中标注

板式楼梯集中标注的内容有以下规定:

(1)楼板类型代号与序号,如 AT××、CT×× 等。

(2)梯板厚度,注写为 $h=×××$。当为带平板的梯板且梯板厚度和平板厚度不同时,可在梯板厚度后面括号内以字母 P 打头注写平板厚度。

(3)踏步段总高度和踏步级数之间以"/"分隔。

(4)梯板支座上部纵筋、下部纵筋之间以";"分隔。

(5)梯板分布钢筋以 F 打头注写分布钢筋具体值,该项也可在图中统一说明。

【例 6-1】 $h=120(P150)$ 表示梯段板厚度,150 表示梯板平板段厚度。

【例 6-2】 平面图中梯板类型及配筋的完整标注示例如下(AT 型):

AT2,$h=130$	梯板类型及编号,梯板厚度
1800/12	踏步段总高度/踏步级数
$\Phi 10@200$;$\Phi 12@150$	上部纵筋;下部纵筋
F $\phi 8@250$	梯板分布钢筋(可统一说明)

2. 外围标注

板式楼梯外围标注的内容包括楼梯间的平面尺寸、楼层结构标高、层间结构标高、楼梯的上下方向、梯板的平面几何尺寸、平板配筋、梯梁及梯柱配筋等。

6.2.3 板式楼梯的剖面注写方式

板式楼梯的剖面注写方式需在楼梯平法施工图中绘制楼梯平面布置图和楼梯剖面图,包括楼梯平面布置图注写和剖面图注写。

1. 楼梯平面布置图注写

楼梯平面布置图注写内容包括楼梯间的平面尺寸、楼层结构标高、层间结构标高、楼梯的上下方向、梯板的平面几何尺寸、梯板类型及编号、平板配筋、梯梁及梯柱配筋等。

2. 楼梯剖面图注写

楼梯剖面图注写内容包括梯板集中标注、梯梁及梯柱编号、梯板水平及竖向尺寸、楼层结构标高等。

其中,梯板集中标注的内容有以下规定:

(1)楼板类型及编号,如 BT××、CT×× 等。

(2)梯板厚度,注写为 $h=×××$。当梯板由踏步段和平板构成且踏步段梯板厚度和平板厚度不同时,可在梯板厚度后面括号内以字母 P 打头注写平板厚度。

(3)梯板配筋,注明梯板上部纵筋和下部纵筋,用分号";"将上部纵筋与下部纵筋的配筋值分隔开来。

(4)梯板分布钢筋,以 F 打头注写分布钢筋具体值,该项也可在图中统一说明。

【例 6-3】　剖面图中梯板配筋完整的标注如下:

AT1,h＝120　　　　　　　　梯板类型及编号,梯板厚度

ϕ 10@200;ϕ 12@150　　　上部纵筋;下部纵筋

F ϕ 8@250　　　　　　　　梯板分布钢筋(可统一说明)

6.2.4　板式楼梯的列表注写方式

板式楼梯的列表注写方式是指用列表方式注写梯板截面尺寸和配筋具体数值来表达楼梯施工图。

列表注写方式的具体要求同剖面注写方式,仅将剖面注写方式中梯板配筋注写项改为列表注写即可。

梯板几何尺寸和配筋见表 6-2。

表 6-2　　　　　　　　　　　　梯板几何尺寸和配筋

梯板编号	踏步段总高度/踏步级数	板厚 h	上部纵筋	下部纵筋	分布钢筋

注:对于 ATc 型楼梯尚应注明梯板两侧边缘构件纵筋及箍筋。

楼层平台梁板配筋可绘制在楼梯平面图中,也可在各层梁板配筋图中绘制;层间平台梁板配筋在楼梯平面图中绘制。

楼层平板可与该层的现浇楼板整体设计。

6.3　AT 型楼梯的平法识图和钢筋构造

6.3.1　AT 型楼梯的适用条件与平面注写方式

1. AT 型楼梯的适用条件

AT 型楼梯两梯梁之间的矩形梯板全部由踏步段构成,即踏步段两端均以梯梁为支座。凡是满足该条件的楼梯均可为 AT 型楼梯,如双跑楼梯、双分平行楼梯、交叉楼梯和剪刀楼梯。

2. AT 型楼梯平面注写方式

AT 型楼梯平面注写方式如图 6-9 所示。

其中集中注写的内容有 5 项,第 1 项为梯板类型代号与序号 AT××;第 2 项为梯板厚度 h;第 3 项为踏步段总高度 H_s/踏步级数(m＋1);第 4 项为上部纵筋及下部纵筋;第 5 项为梯板分布钢筋,梯的分布钢筋可直接标注,也可统一说明。

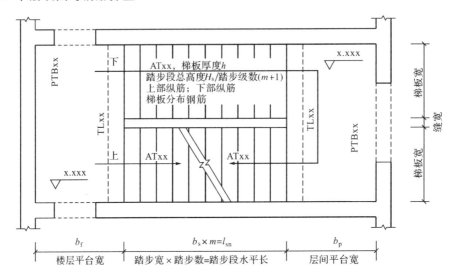

图 6-9　AT 型楼梯平面注写方式

【例 6-4】　识读图 6-10 所示 AT 型楼梯平法施工图。

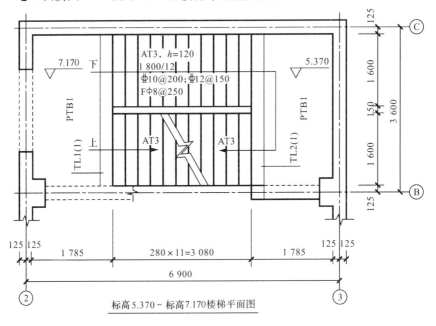

图 6-10　AT 型楼梯平法施工图设计示例

其中集中标注的内容有 5 项,第 1 项为梯板编号 AT3;第 2 项为梯板厚度 $h=120$ mm;第 3 项为踏步段总高度 $H_s=1\,800$ mm,12 级踏步;第 4 项为梯板上部纵筋Φ10@200,下部纵筋 Φ12@150;第 5 项为梯板分布钢筋Φ8@250。

外围标注的内容包括:楼梯间的开间为 3 600 mm,进深为 6 900 mm;楼层结构标高为 7.170 m;层间结构标高为 5.370 m;梯板的宽度为 1 600 mm,梯板的水平投影长度为 3 080 mm;梯井宽为 150 mm;楼层和层间平台宽均为 1 785 mm,墙厚为 250 mm,楼梯的上下方向。另外还标注出楼层和层间平台板、梯梁和梯柱的编号。

6.3.2　AT 型楼梯板钢筋构造

AT 型楼梯板钢筋构造见表 6-3。

表 6-3　　　　　　　　　　　　　　　　　AT 型楼梯板钢筋构造

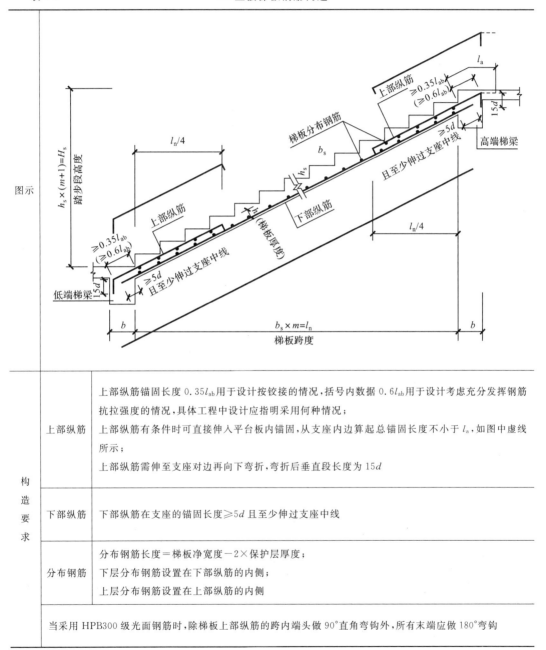

图示		
构造要求	上部纵筋	上部纵筋锚固长度 $0.35l_{ab}$ 用于设计按铰接的情况,括号内数据 $0.6l_{ab}$ 用于设计考虑充分发挥钢筋抗拉强度的情况,具体工程中设计应指明采用何种情况; 上部纵筋有条件时可直接伸入平台板内锚固,从支座内边算起总锚固长度不小于 l_a,如图中虚线所示; 上部纵筋需伸至支座对边再向下弯折,弯折后垂直段长度为 $15d$
	下部纵筋	下部纵筋在支座的锚固长度 $\geqslant 5d$ 且至少伸过支座中线
	分布钢筋	分布钢筋长度＝梯板净宽度－2×保护层厚度; 下层分布钢筋设置在下部纵筋的内侧; 上层分布钢筋设置在上部纵筋的内侧
		当采用 HPB300 级光面钢筋时,除梯板上部纵筋的跨内端头做 90°直角弯钩外,所有末端应做 180°弯钩

6.4 ATa、ATb 和 ATc 型楼梯的平法识图和钢筋构造

6.4.1 ATa 型楼梯的适用条件、平面注写方式和钢筋构造

1. ATa 型楼梯的适用条件

ATa 型楼梯设滑动支座,不参与结构整体抗震计算。其适用条件为:两梯梁之间的矩形梯板全部由踏步段构成,即踏步段两端均以梯梁为支座且梯板低端支承处做成滑动支座,滑动支座直接落在梯梁上。框架结构中,楼梯中间平台通常设梯柱、梯梁,中间平台可与框架柱连接。

2. ATa 型楼梯平面注写方式

ATa 型楼梯平面注写方式如图 6-11 所示。

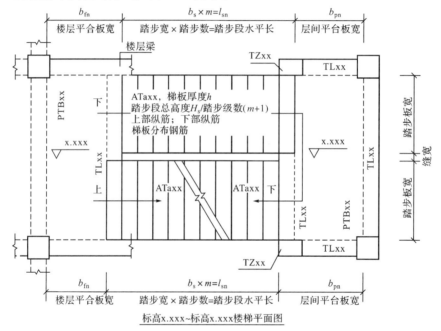

图 6-11　ATa 型楼梯平面注写方式

其中集中注写的内容有 5 项,第 1 项为梯板类型代号与序号 ATa××;第 2 项为梯板厚度 h;第 3 项为踏步段总高度 H_s/踏步级数($m+1$);第 4 项为上部纵筋及下部纵筋;第 5 项为梯板分布钢筋,梯板的分布钢筋可直接标注,也可统一说明。

ATa 型楼梯滑动支座构造:

(1)聚四氟乙烯板 聚四氟乙烯垫板用胶粘于混凝土面上。聚乙烯四氟板尺寸为 5 mm 厚×踏步宽×梯板宽,如图 6-12(a)所示。

(2)塑料片 设置两层塑料片。两层塑料片尺寸为(≥5 mm)×踏步宽×梯板宽,如图6-12(b)所示。

(3)预埋钢板 同样尺寸的两块钢板分别预埋在梯梁顶和踏步段下端。施工时,钢板之间满铺石墨粉厚约 0.1 mm。预埋钢板 M-1 尺寸为 6 mm 厚×踏步宽×梯板宽;锚固钢筋 ϕ6@200,长度为 120 mm,如图 6-12(c)所示。

踏步段下端踢面与建筑面层间预留 50 mm 宽缝隙,缝隙填充聚苯板,厚度同建筑面层。

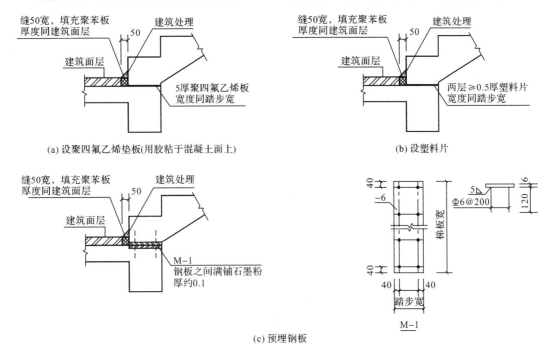

(a) 设聚四氟乙烯垫板(用胶粘于混凝土面上)　　　　　(b) 设塑料片

(c) 预埋钢板

图 6-12　ATa、CTa 型楼梯滑动支座构造

3. ATa 型楼梯板钢筋构造

ATa 型楼梯板钢筋构造见表 6-4。

表 6-4　　　　　　　　　　ATa 型楼梯板钢筋构造

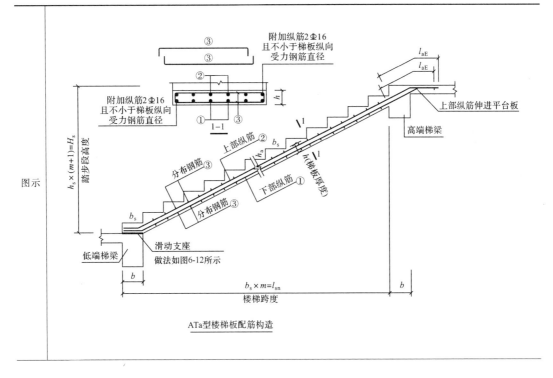

ATa 型楼梯板配筋构造

（续表）

构造要求	双层配筋	踏步段下端：下部纵筋及上部纵筋均平伸至踏步段下端尽头； 踏步段上端：下部纵筋及上部纵筋均伸入平台板，锚入梁（板）l_{aE}
	分布钢筋	分布钢筋两端均弯直钩，长度＝$h-2×$保护层厚度； 下层分布钢筋设置在下部纵筋的外侧； 上层分布钢筋设置在上部纵筋的外侧
	附加钢筋	附加钢筋分别设置在上、下层分布钢筋的拐角处； 下部附加钢筋：2$\oplus$16且不小于梯板纵向受力钢筋直径； 上部附加钢筋：2$\oplus$16且不小于梯板纵向受力钢筋直径
当采用 HPB300 级光面钢筋时，除梯板上部纵筋的跨内端头做 90°直角弯钩外，所有末端应做 180°弯钩； 踏步两头高度调整如图 6-19 所示		

6.4.2　ATb 型楼梯的适用条件、平面注写方式和钢筋构造

1. ATb 型楼梯的适用条件

ATb 型楼梯设滑动支座，不参与结构整体抗震计算。其适用条件为：两梯梁之间的矩形梯板全部由踏步段构成，即踏步段两端均以梯梁为支座且梯板低端支承处做成滑动支座，滑动支座直接落在梯梁挑板上。框架结构中，楼梯中间平台通常设梯柱、梯梁，中间平台可与框架柱连接。

比较 ATa 型和 ATb 型楼梯可知，ATa 型楼梯的滑动支座直接搁置在梯梁上，而 ATb 型楼梯的滑动支座直接搁置在梯梁挑板上。ATb 型楼梯滑动支座构造如图 6-13 所示。

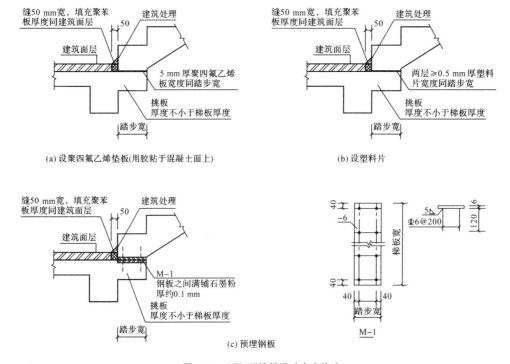

图 6-13　ATb 型楼梯滑动支座构造

地震作用下,ATb 型楼梯悬挑板尚承受梯板传来的附加竖向作用力,设计时应对挑板及与其相连的平台梁采取加强措施。

2. ATb 型楼梯平面注写方式

ATb 型楼梯平面注写方式如图 6-14 所示。集中注写的内容同 ATa 型楼梯。

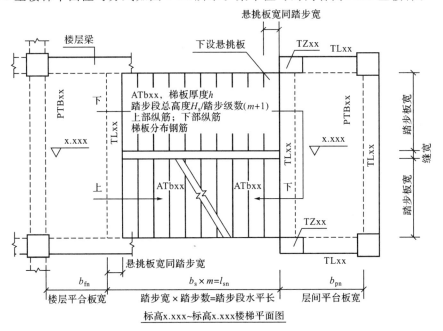

图 6-14　ATb 型楼梯平面注写方式

3. ATb 型楼梯板钢筋构造

ATb 型楼梯板钢筋构造见表 6-5。

表 6-5　　　　　　　　　　　　ATb 型楼梯板钢筋构造

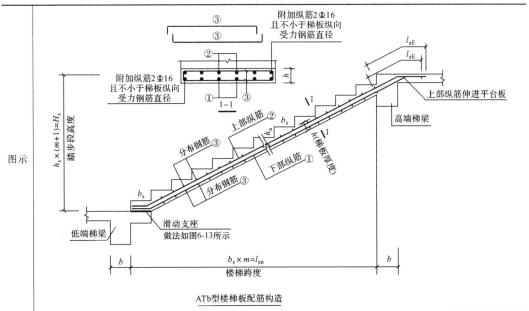

（续表）

构造要求	双层配筋	同 ATa 型楼梯板配筋构造
	分布钢筋	同 ATa 型楼梯板配筋构造
	附加钢筋	同 ATa 型楼梯板配筋构造

6.4.3 ATc 型楼梯的适用条件、平面注写方式和钢筋构造

1. ATc 型楼梯的适用条件

ATc 型楼梯用于抗震设计。其适用条件为：两梯梁之间的矩形梯板全部由踏步段构成，即踏步段两端均以梯梁为支座。框架结构中，楼梯中间平台通常设梯柱、梯梁，中间平台可与框架柱连接（2 个梯柱形式）或脱开（4 个梯柱形式）。

2. ATc 型楼梯平面注写方式

ATc 型楼梯平面注写方式如图 6-15 和图 6-16 所示。其中集中注写的内容有 6 项，第 1 项为梯板类型代号与序号 ATc××；第 2 项为梯板厚度 h；第 3 项为踏步段总高度 H_s/踏步级数$(m+1)$；第 4 项为上部纵筋及下部纵筋；第 5 项为梯板分布钢筋，第 6 项为边缘构件纵筋及箍筋，梯板的分布钢筋可直接标注，也可统一说明。

图 6-15 所示为楼梯中间平台与主体结构整体连接，中间平台下设置 2 个梯柱，3 个梯梁和平台板与框架柱连接。

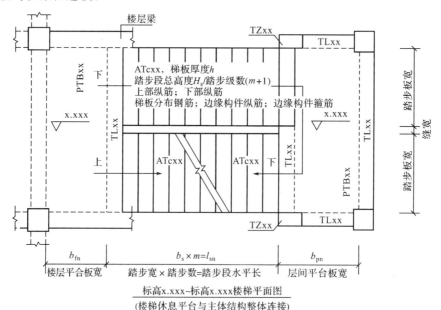

图 6-15　ATc 型楼梯平面注写方式（中间平台与主体结构整体连接）

图 6-16 所示为楼梯中间平台与主体结构脱开连接，中间平台下设置 4 个梯柱，所有梯梁和平台板与框架柱脱开。楼梯中间平台与与主体结构脱开连接可避免框架柱形成短柱。

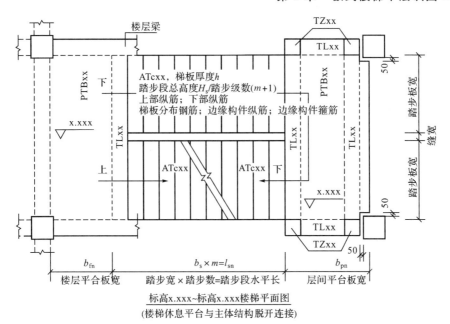

图 6-16　ATc 型楼梯平面注写方式（中间平台与主体结构脱开连接）

楼梯休息平台与主体结构整体连接时,应对短柱、短梁采用有效的加强措施,防止产生脆性破坏。

3. ATc 型楼梯板钢筋构造

ATc 型楼梯板钢筋构造见表 6-6。

表 6-6　　　　　　　　　　　　　ATc 型楼梯板钢筋构造

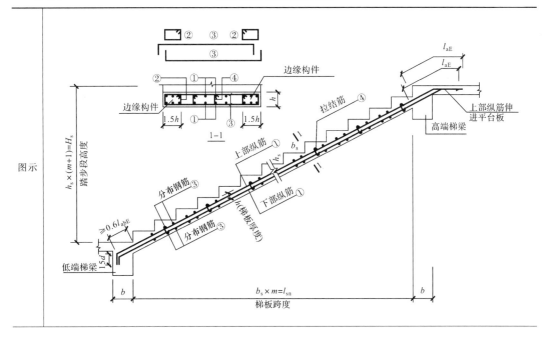

（续表）

构造要求	双层配筋	踏步段下端：下部纵筋及上部纵筋均弯锚入低端梯梁，弯锚平直段长度均应≥$0.6l_{abE}$且上部纵筋需伸至支座对边再向下弯折，弯折后垂直段长度为$15d$； 踏步段上端：下部纵筋及上部纵筋均伸入平台板，锚入梁（板）l_{aE}
	分布钢筋	分布钢筋两端均弯直钩，长度＝$h-2×$保护层厚度； 下层分布钢筋设置在下部纵筋的外侧； 上层分布钢筋设置在上部纵筋的外侧
	拉结筋	在上部纵筋和下部纵筋之间设置拉结筋Φ6，拉结筋间距为600 mm
	边缘构件钢筋	边缘构件（暗梁）设置在踏步段的两侧，宽度为$1.5h$，h为梯板厚度； 边缘构件纵筋：当抗震等级为一、二级时不少于6根，当抗震等级为三、四级时不少于4根，纵筋直径为Φ12且不小于梯板纵向受力钢筋的直径； 边缘构件箍筋：箍筋直径不小于Φ6，间距不大于200 mm
		当采用HPB300级光面钢筋时，除梯板上部纵筋的跨内端头做90°直角弯钩外，所有末端应做180°的弯钩； 梯板厚度应按计算确定且不宜小于140 mm； 踏步两头高度调整如图6-19所示

6.4.4　CTa型楼梯的平面注写方式和钢筋构造

1.CTa型楼梯的适用条件

CTa型楼梯设滑动支座，不参与结构整体抗震设计；其适用条件为：两梯梁之间的矩形梯板由踏步段和高端平板构成，高端平板宽应≤3个踏步宽，两部分的一端各自以梯梁为支座，且梯板低端支承处做成滑动支座，滑动支座直接落在梯梁上。框架结构中，楼梯中间平台通常设梯柱、梁，中间平台可与框架柱连接。

2.CTa型楼梯平面注写方式

CTa型楼梯平面注写方式如图6-17所示。其中集中注写的内容有6项，第1项为梯板类型代号与序号CTa××；第2项为梯板厚度h；第3项为梯板水平段厚度h_1；第4项为踏步段总高度H_s/踏步级数（$m+1$）；第5项为上部纵筋及下部纵筋；第6项为梯板分布钢筋，梯板的分布钢筋可直接标注，也可统一说明。

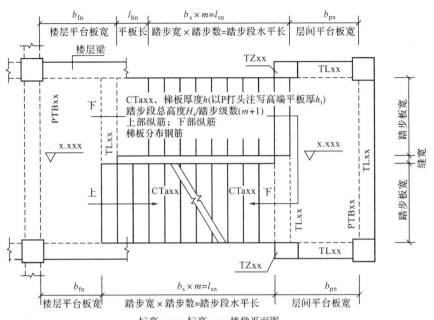

图 6-17　CTa 型楼梯平面注写方式

3.CTa 型楼梯板钢筋构造

CTa 型楼梯板钢筋构造见表 6-7。

表 6-7　　　　　　　　　　　　　　　CTa 型楼梯板钢筋构造

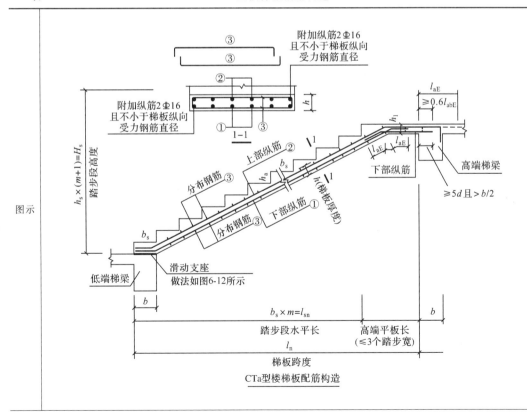

CTa型楼梯板配筋构造

（续表）

构造要求	双层配筋	踏步段下端:下部纵筋及上部纵筋均平伸至踏步段下端尽头。 踏步段上端:踏步段下部纵筋弯锚入梯板水平段的上部,锚固长度为 l_{aE};梯板水平段下部纵筋一端锚入踏步段的上部,锚固长度为 l_{aE},另一端锚入高端梯梁,锚固长度 $\geqslant 5d$ 且 $>b/2$。上部纵筋弯折通过梯板水平段,锚入高端梯梁,弯锚平直段长度 $\geqslant 0.6 l_{abE}$,且上部纵筋需伸至支座对边再向下弯折,弯折后垂直段长度为 $15d$;上部纵筋有条件时可直接伸入平台板内锚固,从支座内边算起总锚固长度不小于 l_{aE},如图中虚线所示
	分布钢筋	分布钢筋两端均弯直钩,长度 $=h-2\times$ 保护层 下层分布钢筋设置在下部纵筋的外侧; 上层分布钢筋设置在上部纵筋的外侧
	附加钢筋	附加钢筋分别设置在上、下层分布钢筋的拐角处。 下部附加钢筋:2 ⊕ 16 且不小于梯板纵向受力钢筋直径; 上部附加钢筋:2 ⊕ 16 且不小于梯板纵向受力钢筋直径
	\multicolumn{2}{|l|}{踏步两头高度调整见图 6-19}

6.4.5 各型楼梯踏步第一跑与基础连接构造

各型楼梯踏步第一跑与基础连接构造如图 6-18 所示。

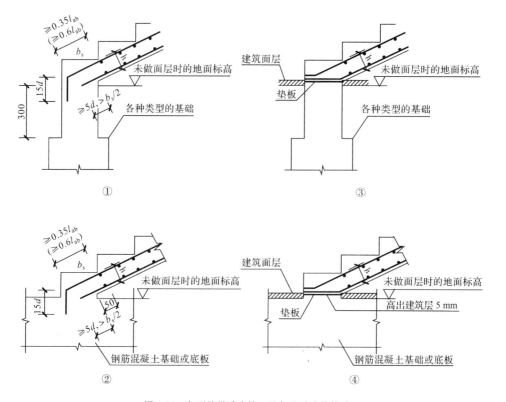

图 6-18 各型楼梯踏步第一跑与基础连接构造

构造说明：

(1)滑动支座做法详见图 6-12。

(2)图中上部纵筋锚固长度 $0.35l_{ab}$ 用于设计按铰接的情况，括号内数据 $0.6l_{ab}$ 用于设计考虑充分发挥钢筋抗拉强度的情况，具体工程中设计应指明采用何种情况。

(3)当梯板型号为 ATc 时，①、②图中应改为分布钢筋在纵筋外侧，l_{ab} 应改为 l_{abE}，下部纵筋锚固要求同上部纵筋，且平直段长度应不小于 $0.6l_{abE}$。

6.4.6 各型楼梯踏步两头高度的调整

建筑专业地面、楼层平台板和层间平台板的建筑面层厚度经常与楼梯踏步面层厚度不同，为使做好建筑面层后的楼梯踏步等高，各型号楼梯踏步板的第一级踏步高度和最后一级踏步高度需要相应增加或减少，如楼梯剖面图所示，若没有楼梯剖面图，其取值方法如图 6-19所示。

由于踏步段上下两端板的建筑面层厚度不同，为使面层完工后各级踏步等高等宽，必须减小最上一级踏步的高度并将其余踏步整体斜向推高，整体推高的(垂直)高度值 $\delta_1 = \Delta_1 - \Delta_2$，高度减小后的最上一级踏步高度 $h_{s2} = h_s - (\Delta_3 - \Delta_2)$。各型楼梯不同踏步位置推高与高度减小构造如图 6-19 所示。

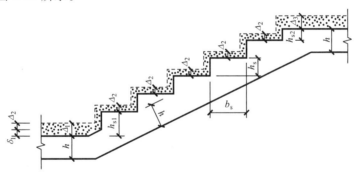

图 6-19　各型号楼梯不同踏步位置推高与高度减小构造

图中 δ_1 为第一级与中间各级踏步整体竖向推高值；h_{s1} 为第一级(推高后)踏步的结构高度；h_{s2} 为最上一级(减小后)踏步的结构高度；Δ_1 为第一级踏步根部面层厚度，$\Delta_1 = \Delta_2 + \delta_1$；$\Delta_2$ 为中间各级踏步的面层厚度；Δ_3 为最上一级踏步(板)面层厚度。

6.5　工程实例

【例 6-5】　某 AT 型楼梯平面图如图 6-20 所示。楼梯间的开间为 3 600 mm，进深为 6 900 mm；梯板的宽度 $b_n = 1$ 600 mm，梯板的水平投影长度 $l_n = 3$ 000 mm，梯板厚度 $h = 120$ mm，踏步宽度 $b_s = 300$ mm，踏步高度 $h_s = 150$ mm；混凝土强度等级为 C30，梯梁宽度 $b = 200$ mm。

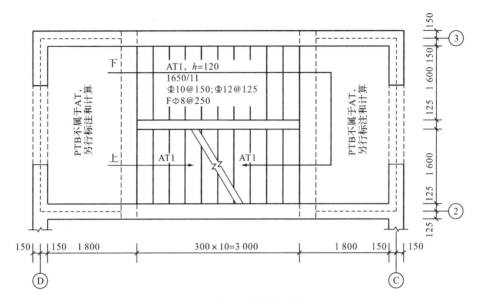

图 6-20　某 AT 型楼梯平面图

解：解题过程见表 6-8。

表 6-8　AT 型楼梯钢筋计算过程

楼梯斜坡系数		$k=\dfrac{\sqrt{b_s^2+h_s^2}}{b_s}=\dfrac{\sqrt{300^2+150^2}}{300}=1.118$
梯板下部纵筋	锚固长度	$l_a=\max(5d,b/2\times k)=\max(5\times12,200/2\times1.118)=112$ mm
	纵筋长度	$l=l_n\times k+2\times l_a=3\,000\times1.118+2\times112=3\,578$ mm
	纵筋根数	(b_n−2×保护层厚度)/板筋间距+1=(1\,600−2×15)/125+1=14 根
梯板下部分布钢筋	分布钢筋长度	b_n−2×保护层厚度=1\,600−2×15=1\,570mm
	分布钢筋根数	(l_n×k−板筋间距)/板筋间距+1=(3\,000×1.118−250)/250+1=14 根
梯板低端上部纵筋	纵筋长度	$l_1=[l_n/4+(b-保护层厚度)]\times k=[3\,000/4+(200-15)]\times1.118=$ 1\,045 mm $l_2=15\,d=15\times10=150$ mm $h_1=h-保护层厚度=120-15=105$ mm 低端上部纵筋的每根长度＝1\,045+150+105＝1\,300 mm
	纵筋根数	(b_n−2×保护层厚度)/板筋间距+1=(1\,600−2×15)/150+1=12 根
梯板低端分布钢筋	分布钢筋长度	b_n−2×保护层厚度=1\,600−2×15=1\,570 mm
	分布钢筋根数	(l_n/4×k)/板筋间距+1=(3\,000/4×1.118)/250+1=5 根
梯板高端上部纵筋	纵筋长度	$h_1=h-保护层厚度=120-15=105$ mm $l_1=[l_n/4+(b-保护层厚度)]\times k=[3\,000/4+(200-15)]\times1.118=$ 1\,045 mm $l_2=15d=15\times10=150$ mm 低端上部纵筋的每根长度＝105+1045+150＝1\,300 mm
	纵筋根数	(b_n−2×保护层厚度)/板筋间距+1=(1\,600−2×15)/150+1=12 根
梯板高端分布钢筋	分布钢筋长度	b_n−2×保护层厚度=1\,600−2×15=1\,570 mm
	分布钢筋根数	(l_n/4×k)/板筋间距+1=(3\,000/4×1.118)/250+1=5 根
上面只计算了一跑 AT1 的钢筋，一个楼梯间有两跑 AT1，钢筋总量为上述钢筋数量乘以 2		

复习思考题

1.板式楼梯由哪几部分组成？

2.板式楼梯分为哪几类？其主要特征是什么？

3.单跑楼梯的共同点和不同点是什么？

4.FT 型和 GT 型双跑楼梯的特点是什么？

5.现浇混凝土板式楼梯平法施工图有哪几种表达方式？

6.板式楼梯的平面注写方式包括哪两种标注？各标注哪些内容？

7.楼梯的剖面注写包括哪些内容？

8.楼梯的列表注写包括哪些内容？

9.AT 型楼梯的适用条件是什么？

10.AT 型楼梯的平面注写包括哪些内容？

11.简述 AT 型楼梯板钢筋构造。

12.简述楼梯滑动支座构造做法。

13.ATa 和 ATb 型楼梯的适用条件是什么？二者有何不同之处？

14.ATa 和 ATb 型楼梯的平面注写包括哪些内容？

15.简述 ATa 和 ATb 型楼梯板钢筋构造。

16.ATc 型楼梯的适用条件是什么？

17.简述 ATc 型楼梯板钢筋构造。

18.简述各型楼梯踏步第一跑与基础连接构造做法。

习　题

第6章习题答案

某 AT 型楼梯平面图如图 6-21 所示。楼梯间的开间为 3 900 mm,进深为 6 700 mm;梯板的宽度 $b_n = 1\ 750$ mm,梯板的水平投影长度 $l_n = 2\ 800$ mm,梯板厚度 $h = 120$ mm,踏步宽度 $b_s = 280$ mm,踏步高度 $h_s = 150$ mm;混凝土强度等级为 C30,梯梁宽度 $b = 200$ mm。

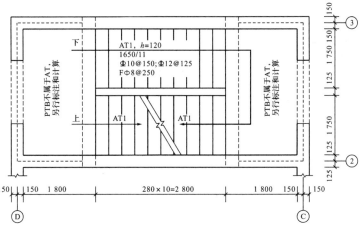

图 6-21　某 AT 型楼梯平面图

第7章
基础平法识图

微课19

学习目标

了解基础的种类及各种基础的特点;

掌握独立基础平法施工图制图规则,能够熟练应用独立基础平法施工图制图规则识读独立基础平法施工图;

掌握条形基础平法施工图制图规则,能够熟练应用条形基础平法施工图制图规则识读条形基础平法施工图;

掌握筏形基础平法施工图制图规则,能够熟练应用筏形基础平法施工图制图规则识读筏形基础平法施工图;

了解各种基础的钢筋构造要求,能够应用各种基础标准构造详图进行钢筋的布置和计算。

7.1 独立基础平法识图

当建筑物上部结构采用框架结构或单层排架结构承重时,基础常采用方形、圆柱形和多边形等形式的钢筋混凝土独立式基础,这类基础称为钢筋混凝土独立基础。独立基础一般设在柱下,常用的断面形式有阶形、坡形、杯形,如图7-1所示。

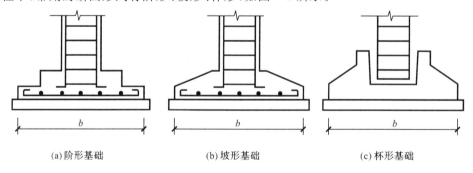

(a)阶形基础   (b)坡形基础   (c)杯形基础

图7-1 独立基础常用的断面形式

当柱为现浇时,独立基础与柱是整浇在一起的,此时常用的断面形式为阶形和坡形,阶形基础施工质量容易保证,可优先采用。当柱为预制时,通常将基础做成杯口形,然后将柱子插入,并用细石混凝土嵌固,称为杯形基础。

独立基础一般只坐落在一个十字轴线交点上,如果坐落在几个轴线交点上共同承载几个独立柱,则称为联合独立基础,即多柱独立基础。

独立基础常在板底配置纵横两方向钢筋,纵横两方向钢筋均为受力钢筋,且长方向的一般布置在下面。独立基础配筋示意图如图 7-2 所示。

独立基础平法施工图有平面注写与截面注写两种表达方式,设计者可以根据具体工程情况选择一种方式或两种方式相结合进行独立基础的施工图设计。

独立基础平面布置图是将独立基础平面与其所支承的柱一起绘制。当设置基础连梁时,可根据图纸的疏密情况,将基础连梁与基础平面布置图一起绘制,也可以将基础连梁布置图单独绘制。在独立基础平面布置图上应标注基础定位尺寸,编号相同且定位尺寸相同的基础可选择一个进行标注。

图 7-2　独立基础配筋示意

7.1.1　独立基础的平面注写方式

独立基础的平面注写包括集中标注和原位标注两部分内容,如图 7-3 所示。

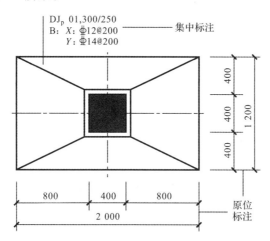

图 7-3　独立基础的平面注写

1.独立基础的集中标注

独立基础的集中标注的内容包括独立基础编号、独立基础截面竖向尺寸、独立基础配筋三项必注内容以及基础底面标高(与基础底面基准标高不同时)和必要的文字注解两项选注内容。

(1)独立基础编号

独立基础编号见表 7-1。

表 7-1　　　　　　　　　　　　　独立基础编号

类型	基础底板截面形状	代号
普通独立基础	阶形	DJ_J
	坡形	DJ_P
杯口独立基础	阶形	BJ_J
	坡形	BJ_P

独立基础底板的截面形状通常有如下两种：

①阶形截面编号加下标"J"，如 $DJ_{J\times\times}$、$BJ_{J\times\times}$。

②坡形截面编号加下标"P"，如 $DJ_{P\times\times}$、$BJ_{P\times\times}$。

（2）独立基础截面竖向尺寸

普通独立基础截面竖向尺寸自下而上进行标注，注写为 $h_1/h_2/h_3$，具体标注见表 7-2。

表 7-2　　　　　　　　　　　普通独立基础截面竖向尺寸

类型	阶形普通独立基础	坡形普通独立基础
图示	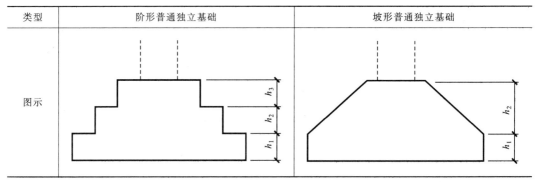	

当阶形截面普通独立基础 DJ_Jxx 的竖向尺寸注写为 400/300/300 时，表示 $h_1=400$ mm、$h_2=300$ mm、$h_3=300$ mm，基础底板总厚度为 1 000 mm。当阶形截面普通独立基础为单阶时，其竖向尺寸仅为一个，且为基础总厚度。

当坡形截面普通独立基础 DJ_Pxx 的竖向尺寸注写为 400/300 时，表示 $h_1=400$ mm、$h_2=300$ mm，基础底板总厚度为 700 mm。

杯口独立基础截面竖向尺寸分两组标注，一组表达杯口内尺寸，另一组表达杯口外尺寸，两组尺寸以"，"分隔，注写为 a_0/a_1、$h_1/h_2/h_3$，具体标注见表 7-3，其中杯口深度 a_0 为柱插入杯口的尺寸加 50 mm。

表 7-3　　　　　　　　　　　杯口独立基础截面竖向尺寸

类型	图示	
	阶形杯口独立基础	坡形杯口独立基础
低杯口	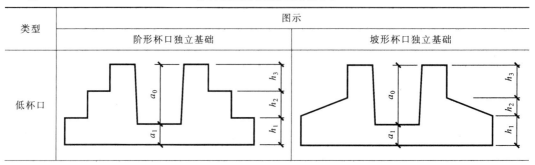	

类型	图示	
	阶形杯口独立基础	坡形杯口独立基础
高杯口	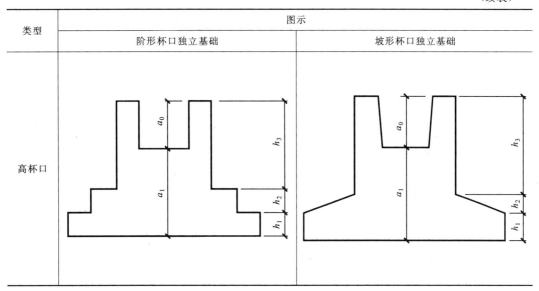	

（3）独立基础配筋

①独立基础底部钢筋

普通独立基础和杯口独立基础的底部采用双向配筋。以 B 代表各种独立基础底板的底部配筋，X 向配筋以 X 打头，Y 向配筋以 Y 打头，当两向配筋相同时，以 X&Y 打头标注。独立基础底部钢筋见表 7-4。

表 7-4　　　　　　　　　　　　　独立基础底部钢筋

图示	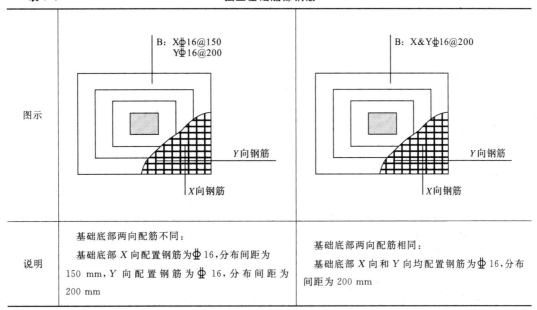	
说明	基础底部两向配筋不同： 基础底部 X 向配置钢筋为 Φ16，分布间距为 150 mm，Y 向配置钢筋为 Φ 16，分布间距为 200 mm	基础底部两向配筋相同： 基础底部 X 向和 Y 向均配置钢筋为 Φ16，分布间距为 200 mm

②杯口独立基础顶部钢筋

杯口独立基础顶部焊接钢筋网，以 Sn 打头引注杯口独立基础顶部焊接钢筋网的各边钢筋。杯口独立基础顶部钢筋网见表 7-5。

表 7-5　　　　　　　　　　　　　　　杯口独立基础顶部钢筋网

类别	单杯口独立基础顶部钢筋网	双杯口独立基础顶部钢筋网
图示	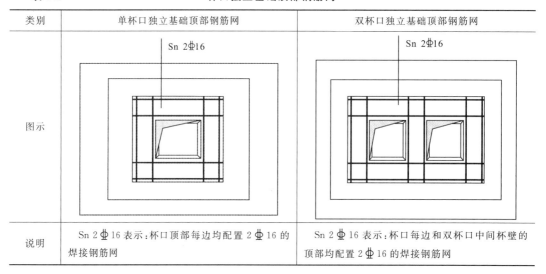	
说明	Sn 2 ϕ 16 表示：杯口顶部每边均配置 2 ϕ 16 的焊接钢筋网	Sn 2 ϕ 16 表示：杯口每边和双杯口中间杯壁的顶部均配置 2 ϕ 16 的焊接钢筋网

③多柱独立基础钢筋

独立基础通常为单柱独立基础,也可以为多柱独立基础。当为双柱独立基础且柱距较小时,通常仅配置基础底部钢筋;当柱距较大时,除基础底部钢筋外,尚需在两柱间配置基础顶部钢筋或设置基础梁。当为四柱独立基础时,通常可设置两道平行的基础梁,需要时可在两道基础梁之间配置基础顶部钢筋。

注写双柱独立基础底板顶部配筋时,双柱独立基础底板顶部配筋通常对称分布在双柱中心线两侧,注写:双柱间纵向受力钢筋/分布钢筋。当纵向受力钢筋在基础底板顶面非满布时,应注明其总根数。注写双柱独立基础的基础梁配筋时,当双柱独立基础为基础底板与基础梁相结合时,注写基础梁的编号、几何尺寸和配筋。

多柱独立基础顶部配筋和基础梁的注写方式见表 7-6。

表 7-6　　　　　　　　　　　多柱独立基础顶部配筋和基础梁注写方式

类别	多柱独立基础顶部配筋	多柱独立基础设置基础梁
图示	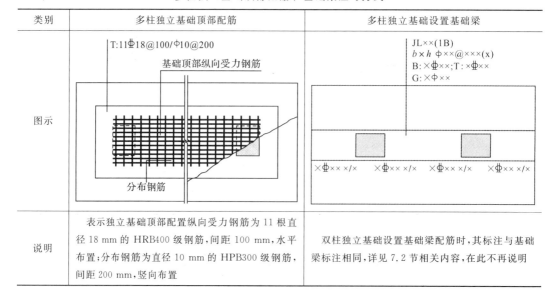	
说明	表示独立基础顶部配置纵向受力钢筋为 11 根直径 18 mm 的 HRB400 级钢筋,间距 100 mm,水平布置;分布钢筋为直径 10 mm 的 HPB300 级钢筋,间距 200 mm,竖向布置	双柱独立基础设置基础梁配筋时,其标注与基础梁标注相同,详见 7.2 节相关内容,在此不再说明

（4）基础底面标高

当独立基础的底面标高与基础底面基准标高不同时，应将独立基础底面标高直接注写在"（）"内。

（5）必要的文字注解

当独立基础的设计有特殊要求时，宜增加必要的文字注解。例如，基础底板配筋长度是否采用减短方式等等，可在该项内注明。

2. 独立基础的原位标注

独立基础的原位标注是指在基础平面布置图上标注独立基础的平面尺寸。对于普通独立基础，原位标注中 x、y 为普通独立基础两向边长，x_i、y_i，$i=1,2,3\cdots\cdots$ 为阶宽或坡形平面尺寸，x_c、y_c 为柱截面尺寸。对于杯口独立基础，原位标注中 x、y 为杯口独立基础两向边长，x_i、y_i，$i=1,2,3\cdots\cdots$ 为阶宽或坡形平面尺寸，x_u、y_u 为杯口上口尺寸，t_i，$i=1,2,3\cdots\cdots$ 为杯壁厚度。独立基础的原位标注见表 7-7。

表 7-7　　　　　　　　　　　　　独立基础的原位标注

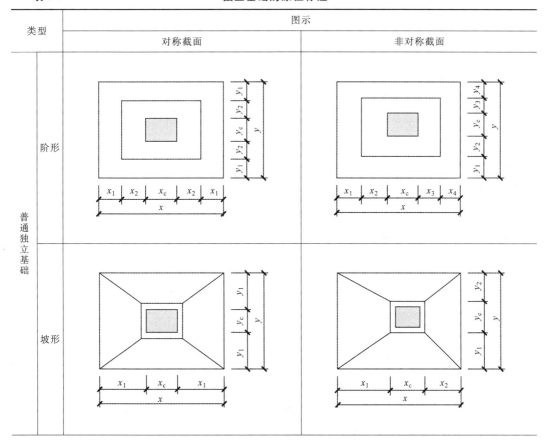

(续表)

类型	图示	
	对称截面	非对称截面
杯口独立基础	阶形 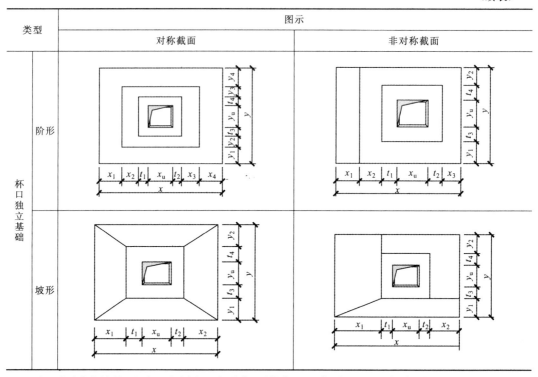	
	坡形	

对于相同编号的基础,可选择一个进行原位标注;当平面图形较小时,可将所选定进行原位标注的基础按比例适当放大;其他相同编号者仅注写编号。

3. 独立基础的平面注写方式

独立基础的平面注写方式见表 7-8。

表 7-8 独立基础的平面注写方式

类型	普通独立基础	杯口独立基础
图示	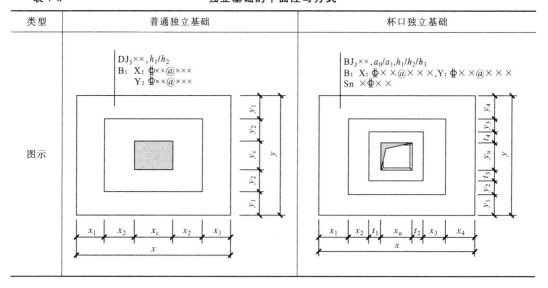	

采用平面注写方式表达的独立基础设计施工图示意如图 7-4 所示。

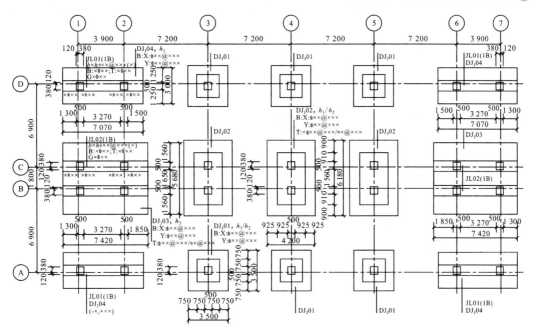

图 7-4 采用平面注写方式表达的独立基础设计施工图示意

7.1.2 独立基础的截面注写方式

独立基础的截面注写方式可分为截面标注和列表注写两种表达方式,在实际工程中,经常把这两种方式结合使用。采用截面标注的普通独立基础如图 7-5 所示。

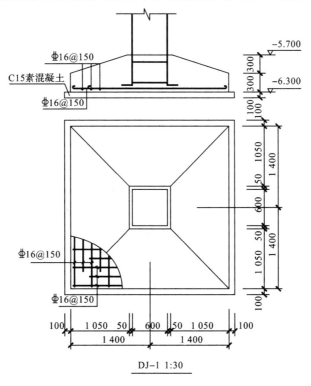

图 7-5 采用截面标注的普通独立基础

普通独立基础列表注写方式见表 7-9。

表 7-9　　　　　　　　　　　普通独立基础列表注写方式

基础截面/截面号	截面几何尺寸				底部配筋(B)	
	x、y	x_c、y_c	x_i、y_i	$h_1/h_2/\cdots\cdots$	X 向	Y 向

对单个基础进行截面标注的内容和形式,与传统的单构件正投影表示方法基本相同。

对多个同类基础,可采用列表注写(结合截面示意图)的方式进行集中表达。表中内容为基础截面的几何数据和配筋等,在截面示意图上应标注与表中栏目相对应的代号。

7.1.3　独立基础钢筋构造

1. 独立基础底部钢筋构造

独立基础底部钢筋一般构造见表 7-10。

表 7-10　　　　　　　　　　　独立基础底部钢筋一般构造

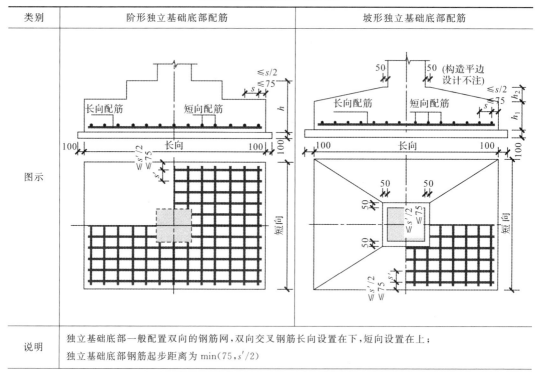

类别	阶形独立基础底部配筋	坡形独立基础底部配筋
图示		
说明	独立基础底部一般配置双向的钢筋网,双向交叉钢筋长向设置在下,短向设置在上; 独立基础底部钢筋起步距离为 $\min(75, s'/2)$	

【**例 7-1**】　某现浇独立基础平面图和断面图如图 7-6 所示,混凝土强度等级 C30,混凝土保护层 40 mm,下设 C15 素混凝土垫层,求基础内钢筋长度及根数。

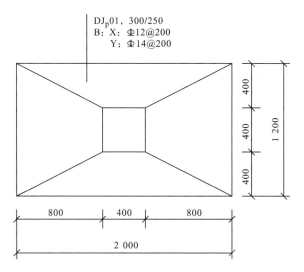

DJ$_p$01，300/250
B：X：Φ12@200
　　Y：Φ14@200

图 7-6　独立基础配筋图

解：根据施工图可以知道独立基础 X 向与 Y 向长度及配筋值。

解题过程见表 7-11。

表 7-11　　　　　　　　　　　基础内钢筋计算过程(1)

板底钢筋	X 向钢筋长度	2 000－40－40＝1 920 mm
	X 向钢筋根数	min(75,s'/2)＝ min(75,200/2)＝75 mm (1 200－2×75)/200＋1＝7 根
	Y 向钢筋长度	1 200－40－40＝1 120 mm
	Y 向钢筋根数	min(75,s'/2)＝ min(75,200/2)＝75 mm (2 000－2×75)/200＋1＝11 根

独立基础底部钢筋减短 10％构造见表 7-12。

表 7-12　　　　　　　　　　独立基础底部钢筋减短 10％构造

类别	对称独立基础	非对称独立基础
图示	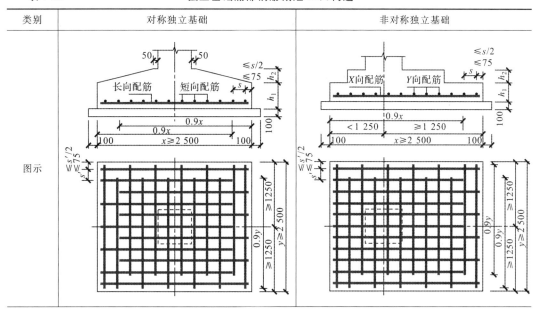	

（续表）

类别	对称独立基础	非对称独立基础
说明	当对称独立基础底板长度≥2 500 mm 时，除外侧钢筋外，底板钢筋长度可取相应方向底板长度的0.9倍，交错放置 当非对称独立基础底板长度≥2 500 mm，但该基础某侧从柱中心至基础底板边缘的距离＜1 250 mm 时，钢筋在该侧不应减短	

【**例7-2**】 某现浇独立基础平面图和断面图如图 7-7 所示，混凝土强度等级 C30，混凝土保护层 40 mm，下设 C15 素混凝土垫层，求基础内钢筋长度及根数。

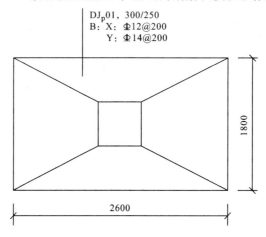

图 7-7　独立基础配筋图

解：根据施工图可以知道独立基础 X 向与 Y 向长度及配筋值。

解题过程见表 7-13。

表 7-13 　　　　　　　　　　　　**基础内钢筋计算过程（2）**

板底钢筋	X 向钢筋长度	X 向长度为 2 600 mm＞2 500 mm，除外侧钢筋外，底板钢筋长度可取相应方向底板长度的 0.9 倍 外侧不减短钢筋长度：2 600－40－40＝2 520 mm 减短钢筋长度：2 600×0.9＝2 340 mm
	X 向钢筋根数	不减短钢筋根数：2 根 减短钢筋根数：$\min(75, s'/2) = \min(75, 200/2) = 75$ mm $(1\,800－2×75)/200＋1－2＝8$ 根
	Y 向钢筋长度	Y 向长度为 1 800 mm＜2 500 mm，底板钢筋不能减短 1 800－40－40＝1 720 mm
	Y 向钢筋根数	$\min(75, s'/2) = \min(75, 200/2) = 75$ mm $(2\,600－2×75)/200＋1＝14$ 根

2. 双柱普通独立基础配筋构造

双柱普通独立基础配置顶部钢筋构造见表 7-14。

表 7-14　　　　　　　　双柱普通独立基础配置顶部钢筋构造

图示	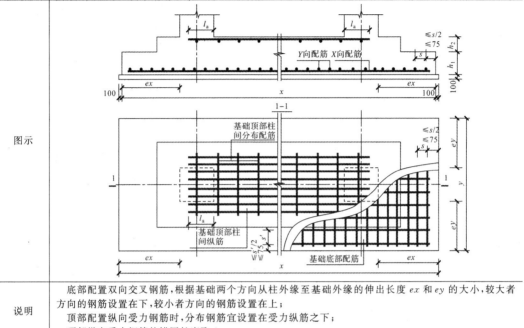
说明	底部配置双向交叉钢筋,根据基础两个方向从柱外缘至基础外缘的伸出长度 ex 和 ey 的大小,较大者方向的钢筋设置在下,较小者方向的钢筋设置在上; 顶部配置纵向受力钢筋时,分布钢筋宜设置在受力纵筋之下; 顶部纵向受力钢筋的锚固长度取 l_a

双柱普通独立基础设置基础梁的构造见表 7-15。

表 7-15　　　　　　　　双柱普通独立基础设置基础梁的构造

图示	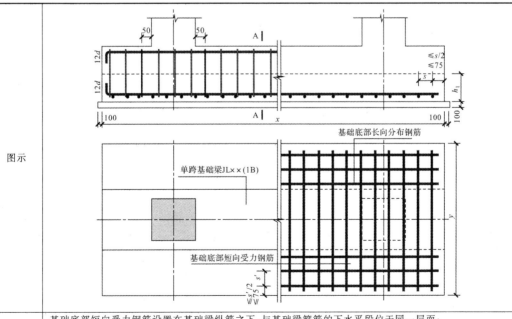
说明	基础底部短向受力钢筋设置在基础梁纵筋之下,与基础梁箍筋的下水平段位于同一层面; 基础梁宽度与柱截面宽度≥100 mm(每边≥50 mm)

7.1.4 独立基础工程实例

【例 7-3】 某现浇独立基础 DJ-1 平面图和断面图如图 7-5 所示,混凝土强度等级为 C25,混凝土保护层厚度为 40 mm,下设 C10 素混凝土垫层,求基础内钢筋长度及根数。

解:根据施工图可以知道 DJ-1 的 X 向与 Y 向长度、配筋均相同,可以归并计算。

解题过程见表 7-16。

表 7-16 基础内钢筋计算过程(3)

底部钢筋	不减短钢筋长度	$2\,800-40-40=2\,720$ mm
	不减短钢筋根数	4 根
	减短钢筋长度	$2\,800\times0.9=2\,520$ mm
	减短钢筋根数	$\min(75,s'/2)=\min(75,150/2)=75$ mm; 单向:$(2\,800-2\times75)/150+1-2=17$ 根; 共计:$2\times17=34$ 根

7.2 条形基础平法识图

条形基础是指基础长度远远大于宽度的一种基础形式。按上部结构不同分为墙下条形基础和柱下条形基础。当建筑物荷载较大且地基土较软时,为了增强基础的整体刚度,减少不均匀沉降,可在柱网纵横方向设置双向条形基础,工程上称为十字交叉条形基础。

高层建筑一般较少采用条形基础,但在多层建筑中,它却是常用的基础形式之一。

条形基础的特点是布置在一条轴线上且与两条以上轴线相交,有时也和独立基础相连,但截面尺寸与配筋不尽相同。另外横向配筋为主要受力钢筋,纵向配筋为次要受力钢筋或者是分布钢筋。主要受力钢筋布置在下面。

条形基础整体上可分为两类:梁板式条形基础(条基上有基梁)和板式条形基础(条基上无基础梁),如图 7-8 所示。

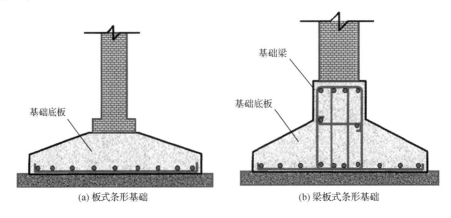

(a) 板式条形基础　　　　　　　　　　(b) 梁板式条形基础

图 7-8 条形基础分类

板式条形基础适用于钢筋混凝土剪力墙结构和砌体结构。平法施工图仅表达条形基础底板。

梁板式条形基础适用于钢筋混凝土框架结构、框架-剪力墙结构、部分框支剪力墙结构和钢结构。平法施工图将梁板式条形基础分解为基础梁和条形基础底板分别进行表达。

条形基础编号见表 7-17。

表 7-17　　　　　　　　　　　　　　　　　　**条形基础编号**

类型		代号	跨数及有无外伸
基础梁		JL	（××）端部无外伸
条形基础底板	坡形	TJB_P	（××A）一端有外伸
	阶形	TJB_J	（××B）两端有外伸

注：条形基础通常采用坡形截面或单阶形截面。

7.2.1　基础梁的平面注写方式

基础梁的平面注写包括集中标注和原位标注两部分，如图 7-9 所示。

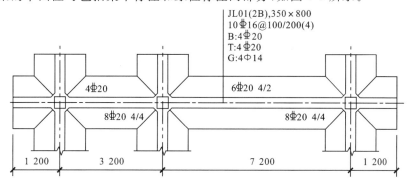

图 7-9　基础梁的平面注写方式

1. 基础梁的集中标注

基础梁的集中标注内容包括基础梁编号、截面尺寸和配筋三项必注内容以及基础梁底面标高和必要的文字注解两项选注内容。

（1）基础梁编号

基础梁编号见表 7-17，即 JL××。

（2）基础梁截面尺寸

对于一般矩形基础梁，基础梁截面尺寸为梁截面宽度与高度，即注写为 $b×h$；对于加腋基础梁，还应表示腋长和腋高，即注写为 $b×hYc_1×c_2$，其中 c_1 为腋长，c_2 为腋高。

（3）基础梁配筋

①基础梁箍筋

基础梁箍筋注写内容包括钢筋级别、直径、间距及肢数（肢数写在括号内）。

当基础梁箍筋为相同间距及肢数时，直接写在集中标注中。

当基础梁箍筋加密区与非加密区为不同间距及肢数时，用斜线"/"分隔，按照从基础梁两端向跨中的顺序注写，端部箍筋写在"/"前面并加注箍筋道数，跨中箍筋写在"/"后面，不再加注箍筋道数。

常见基础梁箍筋表示形式见表 7-18。

表 7-18   常见基础梁箍筋表示形式

表示形式	表达含义
⏀10@100(2)	表示箍筋为 HRB400 级钢筋,直径为 10 mm,间距为 100 mm,双肢箍
12⏀10@150/200(4)	表示箍筋为 HRB400 级钢筋,直径为 16 mm,从基础梁的两端向跨内各按间距 150 mm 设置 12 道;基础梁其余部分的间距为 200 mm,均为四肢箍
10⏀16@100/⏀16@200(6)	表示箍筋为 HRB400 级钢筋,直径为 16 mm,从基础梁的两端向跨内各按间距 100 mm 设置 10 道;基础梁其余部分的箍筋间距为 200 mm,均为六肢箍。

②基础梁底部、顶部贯通纵筋

基础梁底部贯通纵筋以 B 打头,不应少于梁底部受力钢筋总截面面积的 1/3。当跨中所注根数少于箍筋肢数时,应在基础梁跨中增设基础梁底部架立筋用以固定箍筋,用"＋"将通长筋和架立筋相连,架立筋写在后面的"()"内。

基础梁顶部贯通纵筋以 T 打头,注写时用分号";"将底部与顶部贯通纵筋分隔开,少数跨不同者,按原位标注进行注写。

基础梁底部或顶部贯通纵筋多于一排时,用斜线"/"将各排纵筋自上而下分开。

常见基础梁底部、顶部贯通纵筋表示形式见表 7-19。

表 7-19   常见基础梁底部、顶部贯通纵筋表示形式

表示形式	表达含义
B:2⏀22+(2⏀12); T:4⏀20	表示基础梁底部配置贯通纵筋为 2⏀22,放在箍筋角部,底部中间配置架立筋为 2⏀12;基础梁顶部贯通纵筋为 4⏀20
B:4⏀22; T:8⏀20 4/4	表示基础梁底部配置贯通纵筋为 4⏀22,基础梁顶部配置贯通纵筋为 8⏀20,两排布置,上一排 4⏀20,下一排 4⏀20
B:4⏀25; T:12⏀25 7/5	表示基础梁底部配置贯通纵筋为 4⏀25;基础梁顶部配置贯通纵筋为 12⏀25,两排布置,上一排 7⏀25,下一排 5⏀25

③基础梁侧面纵筋

当基础梁腹板高度 $h_w \geqslant 450$ mm 时,需在基础梁侧面配置纵筋,此项标注值以大写字母 G 打头,注写梁两侧对称设置的纵筋的总配筋值。

例如,G8⏀14,表示基础梁每个侧面配置纵向构造钢筋 4⏀14,共配置 8⏀14。

(4)基础梁底面标高

当条形基础的底面标高与基础底面基准标高不同时,应将条形基础底面标高直接注写在"()"内。

(5)必要的文字注解

当条形基础的设计有特殊要求时,宜增加必要的文字注解。

2.基础梁的原位标注

基础梁的原位标注内容为基础梁支座底部纵筋、基础梁附加箍筋或(反扣)吊筋、基础梁外伸部位的变截面高度尺寸和原位注写修正内容。

(1)基础梁支座底部纵筋

基础梁支座底部纵筋包括底部非贯通纵筋和已集中注写的底部贯通纵筋。

当底部纵筋多于一排时,用斜线"/"将各排纵筋自上而下分开。当同排纵筋有两种直径

时,用加号"+"将两种直径的纵筋相联。当梁中间支座两边的底部纵筋配置不同时,需在支座两边分别标注;当梁中间支座两边的底部纵筋相同时,可仅在支座的一边标注配筋值。当梁端(支座)区域的底部全部纵筋与集中注写过的贯通纵筋相同时,可不再重复做原位标注。

(2)基础梁附加箍筋或(反扣)吊筋

当两向基础梁十字交叉,但交叉位置无柱时,应根据需要在条形基础主梁上设置附加箍筋或(反扣)吊筋,原位引注纵配筋值。竖向加腋梁加腋部位钢筋,需在设置加腋的支座处以Y打头注写在括号内。

(3)基础梁外伸部位的变截面高度尺寸

当基础梁外伸部位采用变截面高度时,在该部位原位注写 $b \times h_1/h_2$,其中 h_1 为根部截面高度,h_2 为端部截面高度。

(4)原位注写修正内容

当在基础梁上集中标注的某项内容(如截面尺寸、箍筋、底部与顶部贯通纵筋或架立筋、梁侧面纵向构造钢筋、梁底面标高等)不适用某跨或某外伸部位时,将其修正内容原位标注在该跨或该外伸部位,施工时原位标注取值优先。

7.2.2　条形基础底板的平面注写方式

条形基础底板的平面注写包括集中标注和原位标注两部分内容。条形基础底板的平面注写如图 7-10 所示。

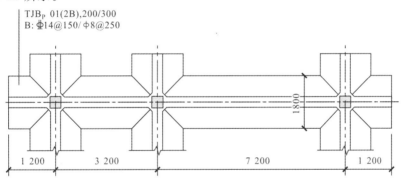

图 7-10　条形基础底板的平面注写

1.条形基础底板的集中标注

条形基础底板的集中标注内容包括条形基础底板编号、截面竖向尺寸和配筋三项必注内容以及条形基础底板底面标高和必要的文字注解两项选注内容。

(1)条形基础底板编号

条形基础底板编号见表 7-17。

(2)条形基础底板截面竖向尺寸

条形基础底板截面竖向尺寸自下而上进行标注,注写为 h_1/h_2。条形基础底板截面竖向尺寸见表 7-20。

表 7-20   条形基础底板截面竖向尺寸

类型	坡形截面	阶形截面
图示	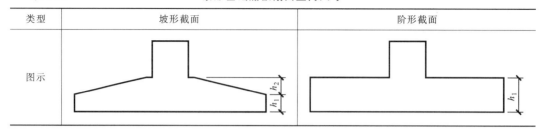	

当条形基础底板为坡形截面 $TJB_p xx$ 时,其截面竖向尺寸注写为 400/300 时,表示 $h_1 =$ 400 mm、$h_2 = 300$ mm,基础底板总厚度为 700 mm。

当条形基础底板为单阶截面 $TJB_J xx$ 时,其截面竖向尺寸注写为 300 时,表示 $h_1 =$ 300 mm,基础底板总厚度为 300 mm。当为多阶时,其竖向尺寸自下而上以"/"分隔注写。

(3)条形基础底板配筋

条形基础底板底部横向受力钢筋以 B 打头;条形基础底板顶部横向受力钢筋以 T 打头;注写时,用斜线"/"分隔条形基础底板的横向受力钢筋与纵向分布钢筋。条形基础底板配筋表示形式见表 7-21。

表 7-21   条形基础底板配筋表示形式

类别	单梁条形基础底板	双梁条形基础底板
图示	B:Φ14@150/Φ8@250 底部横向 底部构造钢筋 受力钢筋	B:Φ14@150/Φ8@250 T:Φ14@200/Φ8@250 顶部横向 顶部构造钢筋 受力钢筋 底部横向 底部构造钢筋 受力钢筋
说明	当为单梁条形基础底板时,条形基础底板底部配置横向受力钢筋为Φ14@150,纵向分布钢筋为Φ8@250	当为双梁条形基础底板时,除底部配置横向受力钢筋为Φ14@150、纵向分布钢筋为Φ8@250 外,顶部还配置横向受力钢筋为Φ14@200,纵向分布钢筋为Φ8@250

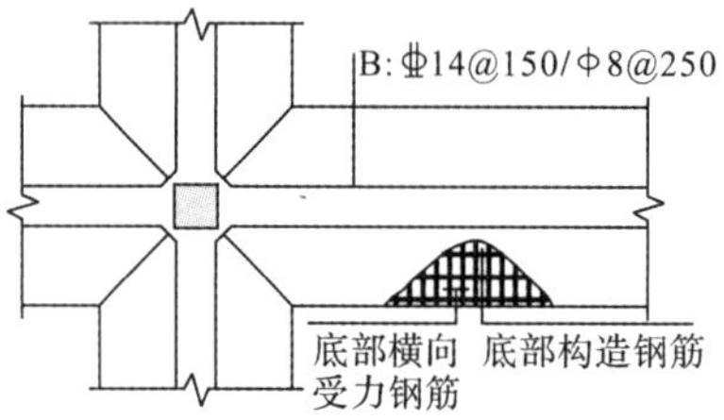

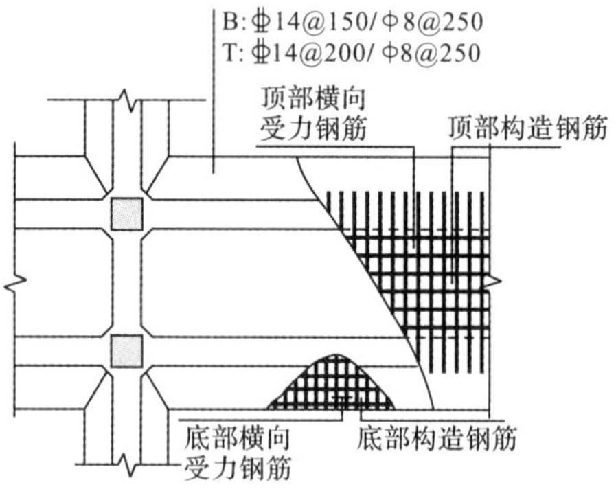

(4)条形基础底板底面标高

当条形基础底板的底面标高与条形基础底面基准标高不同时,应将条形基础底板底面标高注写在"( )"内。

(5)必要的文字注解(选注内容)

当条形基础底板的设计有特殊要求时,应增加必要的文字注解。

2.条形基础底板的原位标注

条形基础底板的原位标注内容包括条形基础底板的平面尺寸和原位注写修正内容。

(1)条形基础底板的平面尺寸

原位标注 b、b_i，$i=1,2,3,\cdots$。其中,b 为条形基础底板总宽度,b_i 为基础底板台阶的宽度。当基础底板采用对称于基础梁的坡形截面或单防形截面时,b_i 可不标注。

(2)原位注写修正内容

当在条形基础底板上集中标注的某项内容不适用某跨或某外伸部位时,将其修正内容原位标注在该跨或该外伸部位,施工时原位标注取值优先。

梁板式条形基础的平面注写如图 7-11 所示。

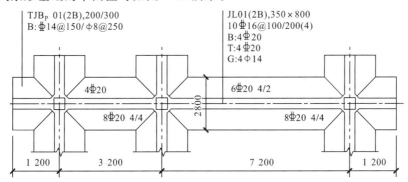

图 7-11　梁板式条形基础的平面注写

7.2.3　条形基础底板钢筋构造

条形基础底板钢筋一般构造见表 7-22。

表 7-22　　　　　　　　　条形基础底板钢筋一般构造

类别	阶形截面 TJB_J	坡形截面 TJB_P
图示	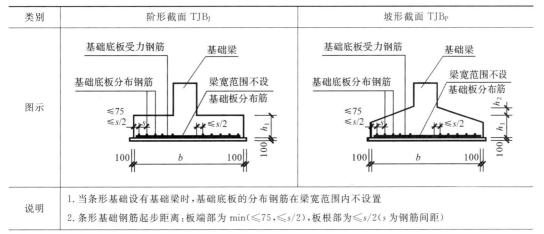	
说明	1.当条形基础设有基础梁时,基础底板的分布钢筋在梁宽范围内不设置 2.条形基础钢筋起步距离:板端部为 min(≤ 75,$\leq s/2$),板根部为 $\leq s/2$(s 为钢筋间距)	

（续表）

类别	阶形截面	坡形截面
图示	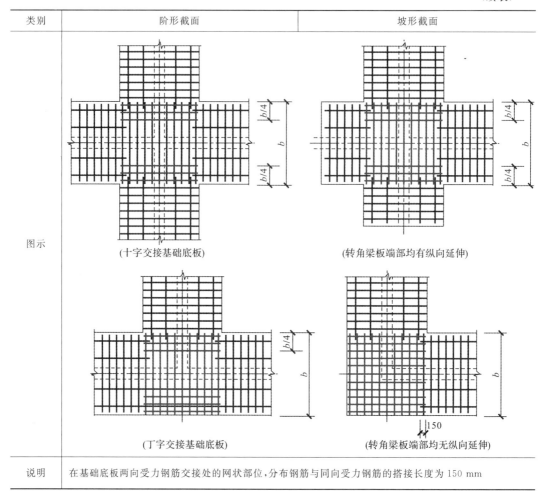	
说明	在基础底板两向受力钢筋交接处的网状部位,分布钢筋与同向受力钢筋的搭接长度为 150 mm	

条形基础底板受力钢筋减短 10％构造见表 7-23。

表 7-23　　　　　　　　条形基础底板受力钢筋减短 10％构造

图示	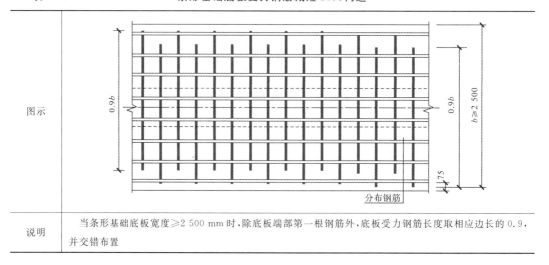
说明	当条形基础底板宽度≥2 500 mm 时,除底板端部第一根钢筋外,底板受力钢筋长度取相应边长的 0.9,并交错布置

7.2.4　条形基础工程实例

【例 7-4】 某现浇条形基础平面注写方式如图 7-12 所示,混凝土强度等级为 C30,混凝土保护层厚度为 40 mm,下设 C15 素混凝土垫层,求条形基础底板受力钢筋的长度。

解:根据施工图可以知道条形基础底板宽度为 2 800 mm>2 500 mm,则除底板端部第一根钢筋外,底板受力钢筋长度取相应边长的 0.9 倍,并交错布置。不减短钢筋长度为 2 800−40−40=2 720 mm;减短钢筋长度为 2 800×0.9=2 520 mm。

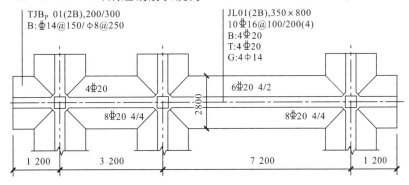

图 7-12　梁板式条形基础配筋示意图

7.3　筏形基础平法识图

当建筑物上部荷载较大,而地基承载力较弱时,采用独立基础或条形基础已经不能满足要求,此时可以在基础处浇注钢筋混凝土底板,做成钢筋混凝土满堂基础,这种满堂基础称为筏形基础,又称为筏板基础。筏形基础抗弯、抗剪能力大,整体性强,能很好地抵抗地基不均匀沉降。

筏形基础按构造不同,可分为梁板式筏形基础和平板式筏形基础两类,如图 7-13 所示。

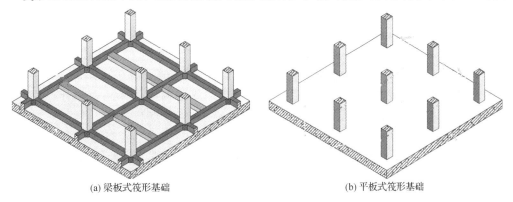

(a) 梁板式筏形基础　　　　　　　　　　(b) 平板式筏形基础

图 7-13　筏形基础的分类

7.3.1 梁板式筏形基础平面注写方式

梁板式筏形基础由基础主梁、基础次梁和梁板式筏形基础平板组成，如图 7-14 所示。梁板式筏形基础构件编号见表7-24。根据基础梁底面标高和基础平板底面标高的关系可以将梁板式筏形基础分为高位板（梁顶与板顶相平）、低位板（梁底与板底相平）、中位板（板在梁的中部）三种情况。本章主要介绍低位板梁板式筏形基础的平法识图。

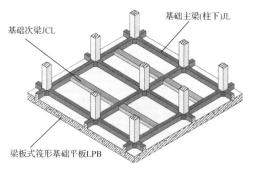

图 7-14　梁板式筏形基础示意

表 7-24　　　　　　　　　　　　　梁板式筏形基础构件编号

类型	代号	跨数及有无外伸
基础主梁（柱下）	JL	（××）端部无外伸
基础次梁	JCL	（××A）一端有外伸
梁板式筏形基础平板	LPB	（××B）两端有外伸

1. 基础主梁与基础次梁的平面注写方式

基础主梁 JL 与基础次梁 JCL 的平面注写包括集中标注和原位标注两部分，如图 7-15 所示。

2. 梁板式筏形基础平板的平面注写方式

梁板式筏形基础平板 LPB 的平面注写包括板底部和顶部贯通纵筋的集中标注和板底部附加非贯通纵筋的原位标注两部分，如图 7-16 所示。当仅设置底部和顶部贯通纵筋而未设置底部附加非贯通纵筋时，则仅做集中标注。

7.3.2 平板式筏形基础平面注写方式

平板式筏形基础可划分为柱下板带和跨中板带，也可以不分板带，按基础平板进行表达。

1. 柱下板带、跨中板带的平面注写方式

柱下板带 ZXB（视为无箍筋的宽扁梁）与跨中板带 KZB 的平面注写方式，分为板带底部与顶部贯通纵筋的集中标注和板带底部附加非贯通纵筋的原位标注两部分，如图 7-17 所示。

2. 平板式筏形基础平板 BPB 的平面注写方式

平板式筏形基础平板 BPB 的平面注写包括板底部与顶部贯通纵筋的集中标注和板底部附加非贯通纵筋的原位标注两部分。平板式筏形基础平板 BPB 的平面标注示意如图 7-18 所示。当仅设置底部和顶部贯通纵筋而未设置底部附加非贯通纵筋时，则仅做集中标注。

图 7-19 为平板式筏形基础示意，编号见表 7-25。

基础主梁JL与基础次梁JCL标注说明

集中标注说明（集中标注应注在第一跨引出）

注写形式	表达内容	附加说明
JL××(×B)或 JCL××(×B)	基础主梁JL或基础次梁JCL编号，具体包括代号、序号、跨数及外伸情况）	(×A)：一端有外伸；(×B)：两端均有外伸；无外伸时（仅注跨数(x))
$b \times h$	截面尺寸：梁宽×梁高	当加腋时，用 $b \times h\ Yc_1 \times c_2$ 表示，其中 c_1 为腋长， c_2 为腋高
××Φ××@×××/Φ××@×××(×)	第一种箍筋道数、强度等级、直径、间距与第二种箍筋肢数	直 Φ—HPB300，Φ—HRB335，Φ—HRB400，Φ—RRB400，下同
B:×Φ××; T:×Φ××	底部(B)贯通纵筋根数、强度等级、直径；顶部(T)贯通纵筋根数、强度等级、直径	底部纵筋应有不少于1/3贯通全跨，顶部通长筋全部连通
G:×Φ×××	梁侧面纵向构造钢筋根数、强度等级、直径	为梁两个侧面构造筋的总根数
(×.×××)	梁底面相对于筏板基础平板底标高的高差	高者前加"+"号，低者前加"-"号，无高差不注

原位标注含贯通筋说明

注写形式	表达内容	附加说明
×Φ××@×××	基础主梁柱下与基础次梁支座区域底部纵筋根数、强度等级、直径以及分隔"/"分隔的各排钢筋根数	为该区域底部包括贯通筋在内的全部纵筋
×Φ××@×××/×Φ××@×××	附加箍筋总根数(两侧均分)、强度等级、直径及肢数	在梁与次梁相交处的主梁上引出
其他原位标注某部位集中标注不同的内容		原位标注取值优先

注：平面注写时，相同的基础主梁或次梁只标注一根，其他仅标注编号。在基础梁支座处位于同一层面的纵筋相交叉时，设计应注明何梁纵筋在下，何梁纵筋在上。

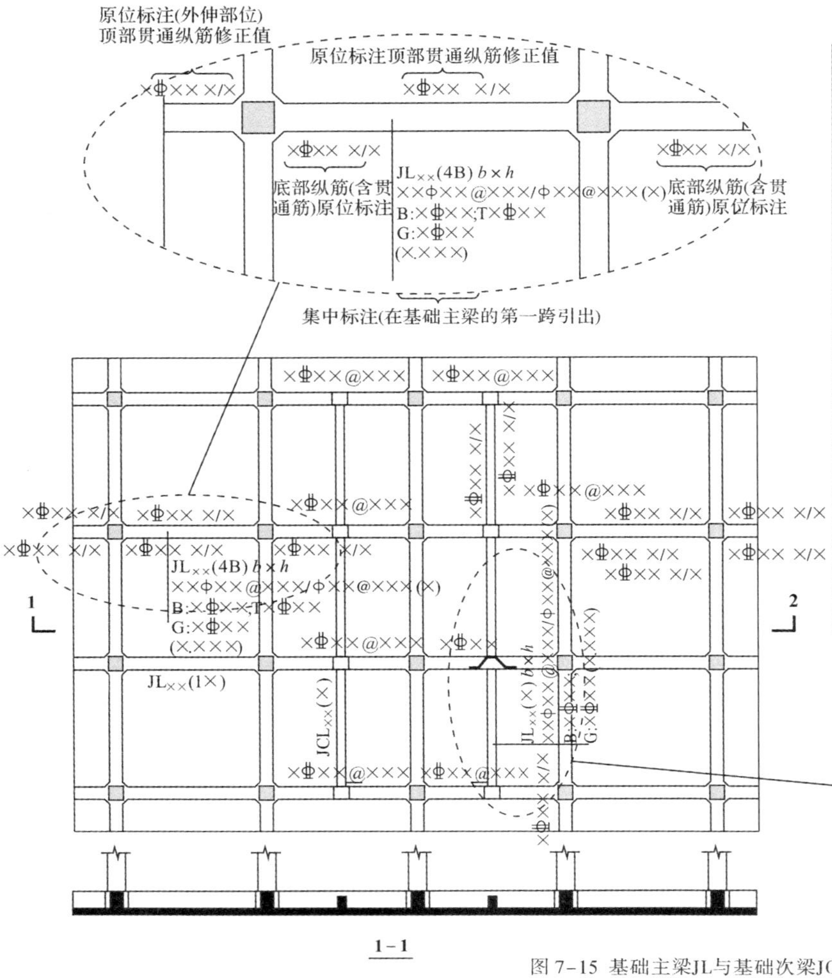

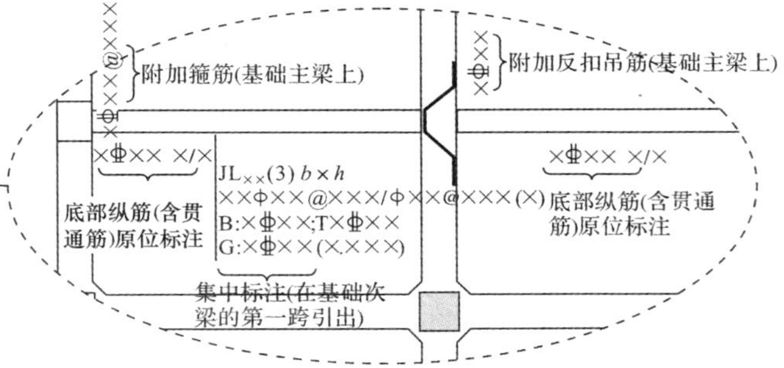

其他规定详见制图规则。

原位标注（外伸部位）
顶部贯通纵筋修正值
原位标注顶部贯通纵筋修正值

底部纵筋含贯通通筋原位标注
集中标注（在基础主梁的第一跨引出）

JL××(4B) $b \times h$
B:×Φ××@×××/Φ××@×××(T)×Φ××
G:×Φ×××(×.×××)
JL××(1×)

附加箍筋（基础主梁上）
底部纵筋含贯通通筋原位标注

JL××(3) $b \times h$
B:×Φ××/×Φ×××(T)×Φ××
G:×Φ×××(×.×××)
集中标注（在基础次梁的第一跨引出）

附加反扣吊筋（基础主梁上）
底部纵筋含贯通筋原位标注

图7-15 基础主梁JL与基础次梁JCL的平面标注示意图

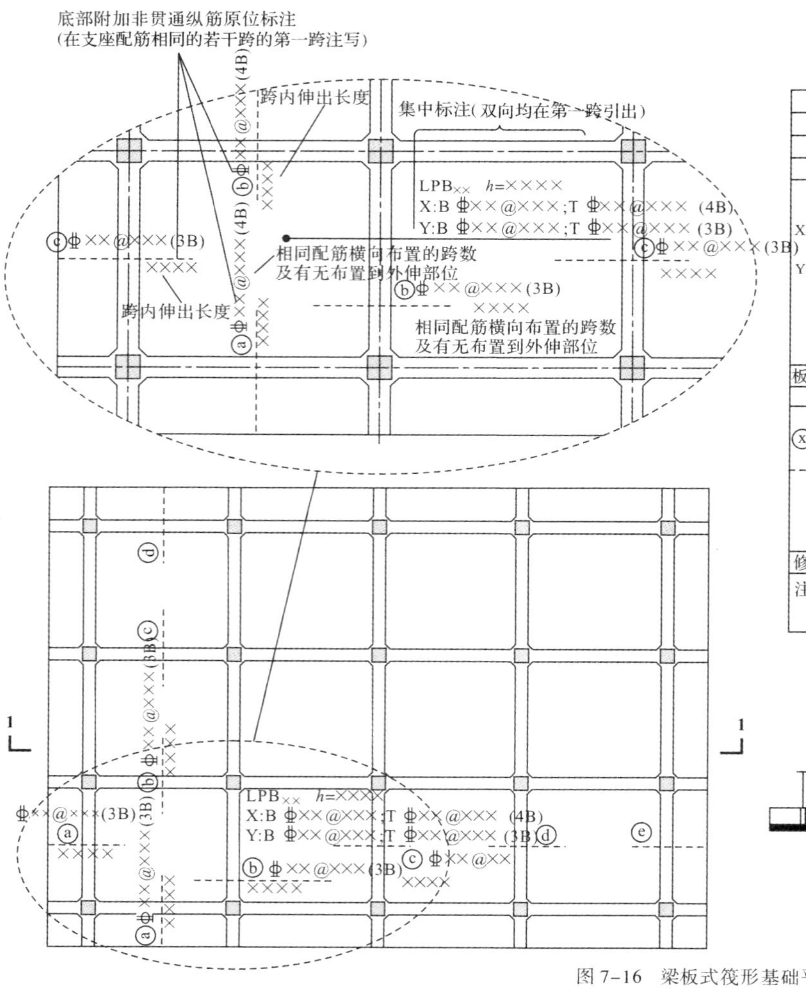

梁板式筏形基础平板LPB标注说明

集中标注说明（集中标注应在双向均为第一跨引出）		
注写形式	表达内容	附加说明
LPB××	基础平板编号，包括代号和序号	—
h=×××××	基础平板厚度	为梁板式基础的基础平板
X:B Φ×××@×××(4B) T Φ×××@×××(4B) Y:B Φ×××@×××(3B) T Φ×××@×××(3B)	X或Y向底部与顶部贯通纵筋强度级别、直径、间距(跨数及外伸情况)	底部纵筋应有不少于1/3贯通全跨，注意与非贯通筋组合设置的具体要求见制图规则；顶部贯通纵筋应全跨连通，用B引导底部贯通纵筋，用T引导顶部贯通纵筋；(××B)：一端有外伸，无外伸则略去；两端贯通纵筋(××B)；两端有外伸(××A)。X向从左至右为X向，Y向从下至上写为Y向

板底部附加非贯通纵筋原位标注说明(原位标注在基础梁下相同配筋跨的第一跨引出)		
注写形式	表达内容	附加说明
⑧ Φ×××@××× (×××B×××B) 基础梁	底部附加非贯通纵筋编号、强度级别、直径、间距(相同配筋横向布置的跨数及外伸情况)；自梁中心线分别向两边跨内的伸出长度值	当向两侧对称伸出时，可只在一侧标注跨内伸出长度值，外伸部位一侧伸出长度与方式按标准构造，设计不注；其他与贯通纵筋组合设置时的具体要求，与贯通纵筋相应配筋组合设置时注写编号，与贯通纵筋相同则略去；具体要求见制图规则

| 修正内容原位标注 | 某部位与集中标注不同的内容 | 原位标注的修正内容优先 |

注：板底支座处实际配筋为集中标注的板底贯通纵筋与原位标注的板底附加非贯通纵筋之和。图注中注明的其他内容见制图规则第4.6.2条，有关标注的其他规定见制图规则。

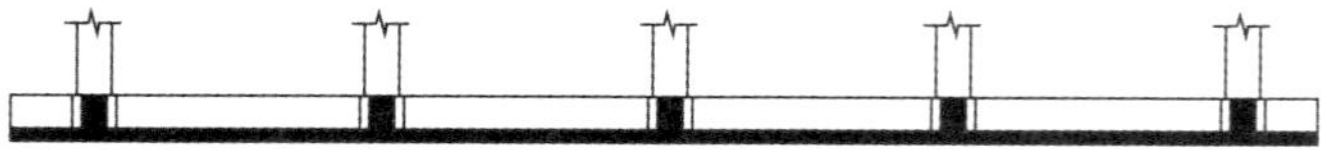

图7-16 梁板式筏形基础平板LPB的平面标注示意图

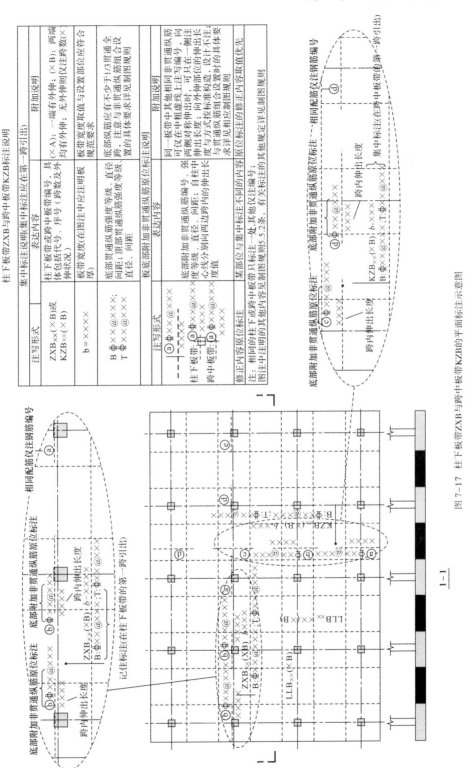

图 7-17 柱下板带ZXB与跨中板带KZB的平面标注示意图

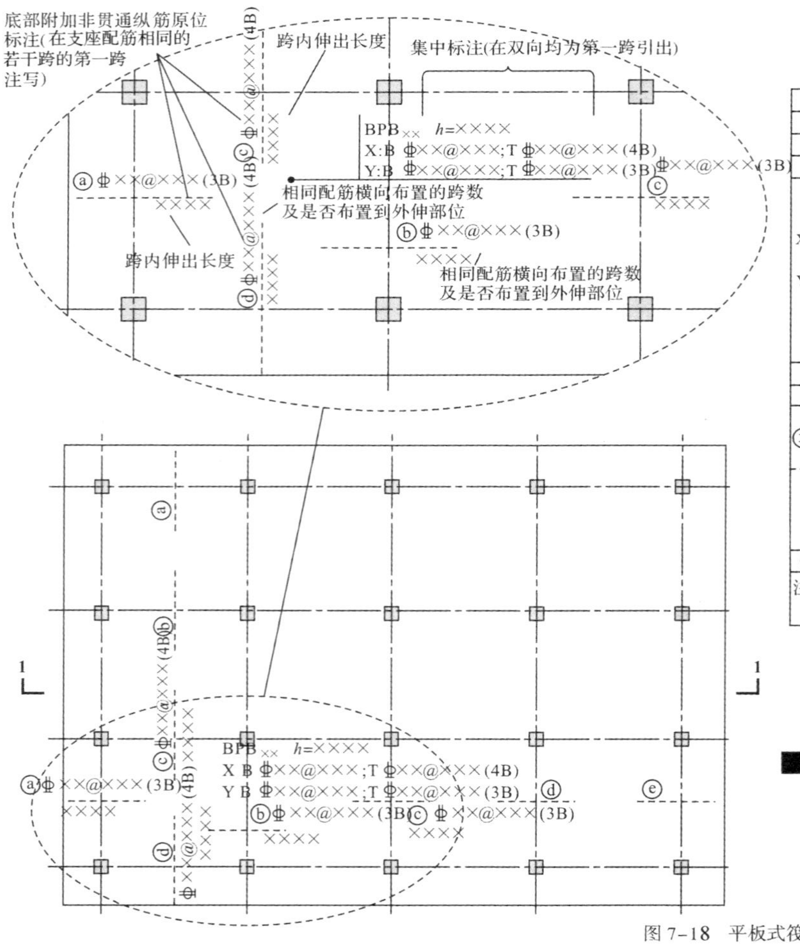

图 7-18　平板式筏形基础平板BPB的平面标注示意图

平板式筏形基础基础平板BPB标注说明

注写形式	表达内容	附加说明
集中标注说明(集中标注应在双向均为第一跨引出)		
注写形式	表达内容	附加说明
$BPB_{××}$	基础平板编号，包括代号和序号	为平板式筏形基础的基础平板
h=××××	基础平板厚度	
X:B Φ××@×××; T Φ××@×××;(4B) Y:B Φ××@×××; T Φ××@×××;(3B)	X或Y向底部与顶部贯通纵筋强度级别、直径、间距(跨数及外伸情况)	底部纵筋应有不少于1/3贯通全跨，注意与非贯通纵筋组合设置的具体要求详见制图规则；顶部纵筋应全跨连通；用B引导底部贯通纵筋，用T引导顶部贯通纵筋；(×A)：一端有外伸，(×B)：两端均有外伸，无外伸则仅注跨数(×)，图面从左至右为X向，从下至上为Y向
板底部附加非贯通纵筋原位标注说明(原位标注应在基础梁下相同配筋跨的第一跨下注写)		
注写形式	表达内容	附加说明
ⓧΦ××@××× (×、×A、×B) ×××× 柱中线	底部附加非贯通纵筋编号、强度等级、直径、间距(相同配筋横向布置的跨数及有无布置到外伸部位；自梁中心线分别向两边跨内的伸出长度值)	当向两侧对称伸出时，可只在一侧注伸出长度值，外伸部位一侧的伸出长度与方式按标准构造，设计不注；相同非贯通纵筋可只注写一处，其他仅在中粗虚线上注写编号，与贯通纵筋组合设置时的具体要求详见相应制图规则
修正内容原位标注	某部位与集中标注不同的内容	原位标注的修正内容取值优先
注：板底支座处实际配筋为集中标注的板底贯通纵筋与原位标注的板底附加非贯通纵筋之和。图注中注明的其他内容见制图规则5.5.2条，有关标注的其他规定详见制图规则		

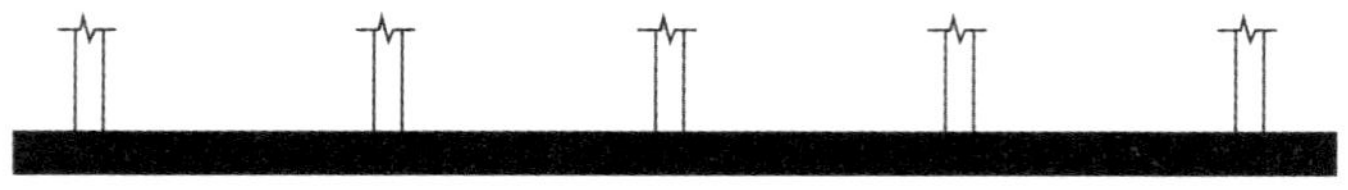

1-1

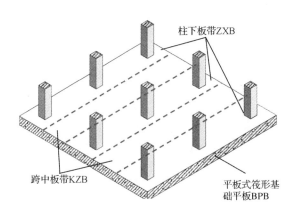

图 7-19 平板式筏形基础示意

表 7-25　　　　　　　　　　　　梁板式筏形基础构件编号

类型	代号	跨数及有无外伸
柱下板带	ZXB	（××）端部无外伸
跨中板带	KZB	（××A）一端有外伸
平板式筏形基础平板	BPB	（××B）两端有外伸

复习思考题

第7章习题答案

1. 简述独立基础平法施工图的表示方法。
2. 简述多柱独立基础配筋形式及特点。
3. 简述独立基础底部钢筋构造要求。
4. 简述梁板式条形基础平面注写方式的内容。
5. 简述梁板式条形基础底板钢筋构造。
6. 简述梁板式筏形基础平面注写方式的内容。

第7章补充例题答案

习　题

1. 某现浇独立基础 DJ1 平面图如图 7-20 所示,混凝土强度等级为 C30,混凝土保护层厚度为 40 mm,下设 C15 素混凝土垫层,求基础内钢筋长度及根数。

2. 某现浇独立基础 DJ2 平面图如图 7-21 所示,混凝土强度等级 C30,混凝土保护层 40 mm,下设 C15 素混凝土垫层,求基础内钢筋长度及根数。

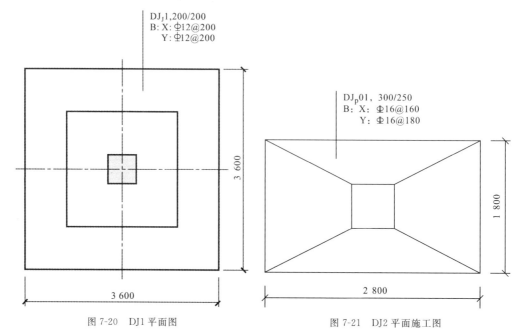

DJ$_J$1,200/200
B: X: Φ12@200
Y: Φ12@200

DJ$_p$01，300/250
B: X: Φ16@160
Y: Φ16@180

3 600

3 600

1 800

2 800

图 7-20 DJ1 平面图

图 7-21 DJ2 平面施工图

3.某现浇独立基础 DJ3 平面图如图 7-22 所示,混凝土强度等级为 C30,混凝土保护层厚度为 40 mm,下设 C15 素混凝土垫层,求基础内顶部钢筋长度。

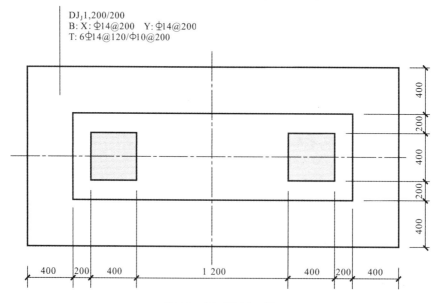

DJ$_J$1,200/200
B: X: Φ14@200 Y: Φ14@200
T: 6Φ14@120/Φ10@200

400

200

400

200

400

400 200 400 1 200 400 200 400

图 7-22 DJ3 平面施工图

参考文献

1. 中国建筑标准设计研究院.16G101-1.混凝土结构施工图平面整体表示方法制图规则和构造详图(现浇混凝土框架、剪力墙、梁、板).北京:中国计划出版社,2016
2. 中国建筑标准设计研究院.16G101-2 混凝土结构施工图平面整体表示方法制图规则和构造详图(现浇混凝土板式楼梯).北京:中国计划出版社,2016
3. 中国建筑标准设计研究院.16G101-3 混凝土结构施工图平面整体表示方法制图规则和构造详图(独立基础、条形基础、筏形基础及桩基承台).北京:中国计划出版社,2016
4. 混凝土结构设计规范(GB 50010-2010).北京:中国建筑工业出版社,2010
5. 建筑抗震设计规范(GB 50011-2010).北京:中国建筑工业出版社,2010
6. 彭波.G101 平法钢筋计算精讲.北京:中国电力出版社,2018
7. 陈达飞.平法识图与钢筋计算.北京:中国建筑工业出版社,2012